MASSON

FLASH

Jacques Boutillon, Daniel Fredon,
Jean-Paul Morvillier
Louis Moulia

LES MATHÉMATIQUES EN 1re STI

ARMAND COLIN

TABLE DES MATIÈRES

*: *Chapitre ne concernant pas la section F12.*
**: *Chapitre ne concernant pas les sections F5, F6 et F12.*

ISBN 2-200-01248-9

Armand Colin Éditeur, 103, boulevard Saint-Michel, 75240 Paris Cedex 05

I PROBLÈMES NUMÉRIQUES ET ALGÉBRIQUES

ÉQUATIONS DU PREMIER DEGRÉ 1

- **Équations du premier degré à une inconnue**
- **Équations du premier degré à deux inconnues**
- **Systèmes de deux équations du premier degré à deux inconnues**
- **Systèmes d'équations du premier degré comportant plus de deux équations ou plus de deux inconnues**

Équations du premier degré à une inconnue

L'équation $\boldsymbol{ax + b = 0}$, dans laquelle x est un réel inconnu, a et b sont deux réels connus, avec $a \neq 0$, est une **équation du premier degré** (ou : équation **affine) à une inconnue.** Cette équation a une solution et une seule dans $\mathbb{R}$:

$$\boldsymbol{x = -\frac{b}{a}}$$

Équations du premier degré à deux inconnues

L'équation $\boldsymbol{ax + by + c = 0}$, dans laquelle x et y sont des réels inconnus, a, b, et c sont trois réels connus, avec $(a, b) \neq (0,0)$, est une **équation du premier degré** (ou : équation **affine) à deux inconnues.** Cette équation admet une infinité de solutions dans $\mathbb{R}^2$.

- Si l'on suppose par exemple $b \neq 0$, les couples (x, y) solutions sont de la forme : $(x, y) = \left(\alpha, -\dfrac{a\alpha + c}{b}\right)$, avec α réel quelconque.
- Tous les couples solutions de l'équation considérée sont les coordonnées des points de la droite d'équation $ax + by + c = 0$, dans un repère donné d'un plan.

Systèmes de deux équations du premier degré à deux inconnues

• **Le système** $\begin{cases} ax + by + c = 0 & \textbf{(1)} \\ a'x + b'y + c' = 0 & \textbf{(2)} \end{cases}$

dans lequel les réels x et y sont inconnus, et les réels a, b, c, a', b', c' sont connus, avec $(a, b) \neq (0,0)$, et $(a', b') \neq (0,0)$, est un **système de deux équations du premier degré** (ou : équations **affines) à deux inconnues.**
Dans la pratique, le système **(1)**, **(2)** peut se présenter aussi sous la forme

$$\begin{cases} ax + by = d \\ a'x + b'y = d' \end{cases} \quad \text{en posant} \quad \begin{cases} d = -c \\ d' = -c' \end{cases}$$

• Le réel $ab' - ba'$, noté $\begin{vmatrix} a & b \\ a' & b' \end{vmatrix}$, est appelé **déterminant** du système proposé :

— si $ab' - ba' \neq 0$, **alors le système (1), (2) a une solution et une seule** (pour trouver cette solution, on peut procéder par combinaisons linéaires ou par substitution : les deux méthodes sont exposées dans l'exercice 7);
— si $ab' - ba' = 0$, alors il y a deux possibilités, et seulement deux :
ou bien le système **(1)**, **(2)** n'a **aucune solution**;
ou bien le système **(1)**, **(2)** a **une infinité de solutions.**

Remarque : si $(a, b) = (0, 0)$ *ou* $(a', b') = (0,0)$, *cas qui n'est pas envisagé dans la définition donnée ci-dessus, alors pour le système* **(1)**, **(2)** *on a nécessairement* $ab' - ba' = 0$, *et la propriété donnée ci-dessus pour* $ab' - ba' = 0$ *subsiste.*

Systèmes d'équations du premier degré comportant plus de deux équations ou plus de deux inconnues

Plusieurs exemples sont donnés dans la partie exercices (on procède généralement soit en se ramenant à un système de deux équations à deux inconnues, soit en procédant par substitution).

Méthode du pivot de Gauss

La méthode dite « du pivot de Gauss », pour résoudre un système d'équations du 1re degré, est basée sur la résolution des systèmes triangulaires.
Le système ci-contre est triangulaire :
l'équation **(1)** a trois inconnues;
l'équation **(2)** n'en a que deux;
l'équation **(3)** n'en a qu'une.

$$\begin{cases} 3x + 5y - 11z = 64 & \textbf{(1)} \\ 7y + 3z = -6 & \textbf{(2)} \\ 2z = 10 & \textbf{(3)} \end{cases}$$

Un tel système est facile à résoudre :
(3) donne $z = 5$;
(2) donne ensuite $y = -3$;
(1) donne enfin $x = 2$.

EXERCICES

■ Équations du premier degré à une inconnue

1 Résolvez dans $\mathbb{R}$ l'équation $4x + 5 = 0$.

2 Résolvez dans $\mathbb{R}$ l'équation $3x = 8$.

3 Résolvez dans $\mathbb{R}$ l'équation $(m - 3)x + 4 = 0$ **(1)**, où m est un réel supposé connu.

4 Résolvez dans $\mathbb{R}$ l'équation $(m + 2)x + 2m^2 + 3m - 2 = 0$ **(1)**, où m est un réel supposé connu.

■ Équations du premier degré à deux inconnues

5 Résolvez dans $\mathbb{R}^2$ l'équation $3x - 5y + 1 = 0$.

6 Déterminez le réel m pour que l'équation $mx - 7y + 4 = 0$ admette le couple (19, 6) pour solution. Résolvez ensuite l'équation ainsi obtenue dans $\mathbb{R}^2$.

■ Systèmes de deux équations du premier degré à deux inconnues

7 Résolvez dans $\mathbb{R}^2$ le système : $\begin{cases} 3x + 4y - 8 = 0 & \textbf{(1)} \\ 5x + 9y + 1 = 0 & \textbf{(2)} \end{cases}$

8 Résolvez dans $\mathbb{R}^2$ le système : $\begin{cases} 5x - 7y = 3 & \textbf{(1)} \\ 8x - 14y = 5 & \textbf{(2)} \end{cases}$

9 Résolvez dans $\mathbb{R}^2$ le système : $\begin{cases} y = 3x - 11 & \textbf{(1)} \\ y = 4x + 20 & \textbf{(2)} \end{cases}$

10 Résolvez dans $\mathbb{R}^2$ le système : $\begin{cases} mx + y = 1 & \textbf{(1)} \\ x + my = 1 & \textbf{(2)} \end{cases}$ où m est un réel donné.

11 Résolvez dans $\mathbb{R}^2$ le système : $\begin{cases} (m - 2)x - (2m + 1)y = 0 & \textbf{(1)} \\ (5m + 6)x + 3y = 0 & \textbf{(2)} \end{cases}$

où m est un réel donné.

■ Systèmes d'équations du premier degré comportant plus de deux équations ou plus de deux inconnues.

12 Résolvez dans $\mathbb{R}^3$ le système : $\begin{cases} 2x + 5y - 7z = 0 & \textbf{(1)} \\ 3x + 7y + 4z = 11 & \textbf{(2)} \end{cases}$

13 Résolvez dans $\mathbb{R}^2$ le système : $\begin{cases} 13x + 8y = 4 & \textbf{(1)} \\ 8x + 5y = 7 & \textbf{(2)} \\ 3x - 15y = m & \textbf{(3)} \text{ (où } m \text{ est un réel donné)} \end{cases}$

14 Résolvez dans $\mathbb{R}^3$ le système : $\begin{cases} 3x - 5y + 4z = 41 & \textbf{(1)} \\ 4x - 6y - z = 21 & \textbf{(2)} \\ 9x + y - 7z = -20 & \textbf{(3)} \end{cases}$

■ Méthode du pivot de Gauss

15 *Exemple de résolution d'un système par la méthode du pivot de Gauss.*

Pour résoudre le système : **(1)**; **(2)**, ci-contre, on peut procéder en deux étapes :

$$\begin{cases} 3x - 5y = -23 & \textbf{(1)} \\ 2x + 11y = 85 & \textbf{(2)} \end{cases}$$

Première étape : dans les deux équations **(1′)** et **(2′)**, le coefficient de x est égal à 1

$$\begin{cases} x - \frac{5}{3}y = -\frac{23}{3} & \textbf{(1')} \\ x + \frac{11}{2}y = \frac{85}{2} & \textbf{(2')} \end{cases}$$

Deuxième étape : dans l'équation **(2″)**

[**(2″)** = **(2′)** – **(1′)**]

il ne reste qu'une inconnue, et le système : **(1′)**; **(2″)**, a la même solution que le système initial : **(1)**; **(2)**.
L'équation **(2″)** donne $y = 7$; **(1′)** donne ensuite $x = 4$.

Application.
Résolvez le système de l'exercice **8** par la méthode du pivot de Gauss.

16 Résolvez le système de l'exercice **12** par la méthode du pivot de Gauss.

17 Résolvez le système de l'exercice **13** par la méthode du pivot de Gauss.

18 Résolvez le système de l'exercice **14** par la méthode du pivot de Gauss.

PROBLÈMES

19 Dans un plan rapporté à un repère, on donne les points : $A(-1, 19)$; $B(1, 9)$; $C(2, 13)$.

1° Démontrez qu'il existe une parabole P, d'équation $y = ax^2 + bx + c$, passant par les points A, B, C, si et seulement si les réels $a, b,$ et c satisfont à trois égalités.

2° Résolvez dans $\mathbb{R}^3$ le système ainsi obtenu. Combien existe-t-il de paraboles P répondant à la question ?

20 On considère le polynôme $f(x) = ax^4 + bx^3 + cx^2 + dx + e$ **(1)**, avec $a \neq 0$.

1° Démontrez que ce polynôme s'annule pour les valeurs : -4 ; 1 ; 2 ; 3, si, et seulement si, les réels a, b, c, d et e satisfont à quatre égalités.

2° Résolvez dans $\mathbb{R}^5$ le système ainsi obtenu. Combien existe-t-il de polynômes de la forme **(1)** répondant à la question ?

21 Madame D. a acheté : un pull, une paire de bottes, et une veste. Calculez le prix de chacun de ces trois articles sachant que : Madame D. a dépensé en tout 1 920 F ; les bottes ont coûté deux fois plus que le pull ; la veste a coûté, à elle seule, autant que les deux autres articles.

SOLUTIONS DES EXERCICES

1 $x = -\frac{5}{4}\cdot$ *Observez que dans* $\mathbb{N}$ *ou dans* $\mathbb{Z}$ *cette équation n'a pas de solution. Par contre, dans* $\mathbb{D}$ *ou dans* $\mathbb{Q}$*, cette équation a toujours pour solution* $-\frac{5}{4}\cdot$

2 $x = \frac{8}{3}\cdot$ *Observez que l'équation* $\mathrm{ax} + \mathrm{b} = 0$ *présentée dans le résumé peut s'écrire aussi* $\mathrm{ax} = \mathrm{c}$, *en posant* $\mathrm{c} = -\mathrm{b}$.

3 Si $m \neq 3$, l'équation **(1)** est du premier degré et a une seule solution : $\frac{-4}{m-3}\cdot$ Par contre, si $m = 3$, l'équation **(1)** s'écrit $0x + 4 = 0$ et n'a aucune solution.

4 Si $m \neq -2$, l'équation **(1)** a une seule solution : $x = -\frac{2m^2 + 3m - 2}{m + 2}$;
si $m = -2$, l'équation **(1)** s'écrit $0x + 0 = 0$, elle est satisfaite quel que soit le réel x (n'importe quel réel est solution de cette équation).

5 $(x, y) = \left(\alpha, \frac{3\alpha + 1}{5}\right)$, avec α réel quelconque.

On aurait pu aussi bien prendre $(x, y) = \left(\frac{5\beta - 1}{3}, \beta\right)$, *avec* β *réel quelconque.*

6 L'égalité $19m - 42 + 4 = 0$ donne $m = 2$. L'équation $2x - 7y + 4 = 0$ admet pour solutions les couples $(x, y) = \left(\alpha, \frac{2\alpha + 4}{7}\right)$, où α est un réel quelconque.

7 Le déterminant du système **(1)**, **(2)** est égal à $3 \times 9 - 5 \times 4 = 7$; il est différent de zéro, donc le système considéré admet une solution et une seule dans $\mathbb{R}^2$.
Nous exposons ci-dessous, sur cet exemple, les deux principales méthodes permettant de trouver la solution du système **(1)**, **(2)**.

Méthode par substitution

L'égalité **(1)** donne $x = \frac{-4y + 8}{3}$ **(3)**. En remplaçant, dans **(2)**, x par le second membre de **(3)**, autrement dit en **substituant** $\frac{-4y + 8}{3}$ à x dans **(2)**, d'où le nom de la méthode, on obtient :

$$5\left(\frac{-4y + 8}{3}\right) + 9y + 1 = 0 \quad \textbf{(4)} ; \textbf{(4)} \Leftrightarrow -20y + 40 + 27y + 3 = 0 \Leftrightarrow y = -\frac{43}{7}\cdot$$

L'égalité **(3)** donne alors : $3x = -4\left(-\frac{43}{7}\right) + 8$, d'où : $x = \frac{76}{7}\cdot$

La solution du système **(1)**, **(2)** est donc : $(x, y) = \left(\frac{76}{7}, -\frac{43}{7}\right)$.

Nous vous conseillons de reprendre les calculs en exprimant x *en fonction de* y *à partir de l'équation* **(2)** *ou (et) en exprimant* y *en fonction de* x *— au lieu de* x *en fonction de* y *— à partir de l'une des deux équations* **(1)** *ou* **(2)**.

Méthode par élimination (ou par combinaison linéaire)

Multiplions les deux membres de **(1)** par 9 et les deux membres de **(2)** par −4, puis ajoutons membre à membre les égalités ainsi obtenues :

système	**calcul de x**	**calcul de y**
$\begin{cases} 3x + 4y - 8 = 0 \\ 5x + 9y + 1 = 0 \end{cases}$	9 -4	-5 3
	$\begin{array}{r} 27x + 36y - 72 = 0 \\ -20x - 36y - 4 = 0 \\ \hline 7x + 0y - 76 = 0 \end{array}$ $x = \dfrac{76}{7}$	$\begin{array}{r} -15x - 20y + 40 = 0 \\ 15x + 27y + 3 = 0 \\ \hline 0x + 7y + 43 = 0 \end{array}$ $y = -\dfrac{43}{7}$

On a **éliminé** y, ce qui permet de calculer x.

De même, en multipliant les deux membres de **(1)** par −5 et les deux membres de **(2)** par 3, puis en ajoutant membre à membre les égalités ainsi obtenues, on a **éliminé** x, ce qui permet de calculer y. On retrouve ainsi le couple solution $\left(\dfrac{76}{7}, -\dfrac{43}{7}\right)$ du système **(1)**, **(2)**.

Remarque *: Dans la pratique, on écrit plus simplement :*

$$\begin{cases} 3x + 4y - 8 = 0 & \textbf{(1)} \\ 5x + 9y + 1 = 0 & \textbf{(2)} \end{cases} \left| \begin{array}{r} 9 \\ -4 \end{array} \right| \begin{array}{r} -5 \\ 3 \end{array} \Bigg| \Leftrightarrow \begin{cases} 7x = 76 \\ 7y = -43 \end{cases} \Leftrightarrow (x, y) = \left(\frac{76}{7}, -\frac{43}{7}\right)$$

en mettant en évidence, dans deux colonnes placées à droite du système, les ***multiplicateurs*** *qui permettent de calculer directement x et y.*

8 Le système proposé a un déterminant non nul $(5(-14) - 8(-7) = -14)$, donc il a une solution et une seule, que nous trouvons à l'aide des multiplicateurs placés ci-dessous à droite du système :

$$\begin{cases} 5x - 7y = 3 \\ 8x - 14y = 5 \end{cases} \left| \begin{array}{r} 2 \\ -1 \end{array} \right| \begin{array}{r} 8 \\ -5 \end{array} \Bigg| \Leftrightarrow \begin{cases} 2x = 1 \\ 14y = -1 \end{cases} \Leftrightarrow (x, y) = \left(\frac{1}{2}, \frac{-1}{14}\right)$$

Nous vous conseillons de retrouver cette solution par substitution.

9 Le système proposé admet une solution et une seule. En effet, il est équivalent au système $\begin{cases} 3x - y - 11 = 0 \\ 4x - y + 20 = 0 \end{cases}$ dont le déterminant n'est pas nul.

On peut aussi voir que les droites d'équations respectives **(1)** *et* **(2)**, *dans un plan rapporté à un repère, ne sont pas parallèles (coefficients directeurs distincts), donc elles sont concourantes en un point dont les coordonnées constituent l'unique solution du système.*

La solution du système est $(x, y) = (-31, -104)$.

Nous vous conseillons de faire les calculs pour justifier ce résultat. Utilisez, si possible, deux méthodes distinctes.

10 Le déterminant D du système est égal à $m^2 - 1$.

1er cas : $m \in \{-1, +1\}$

Pour $m = 1$, le système s'écrit : $\begin{cases} x + y = 1 \\ x + y = 1 \end{cases}$ Il est équivalent à la seule équation $x + y = 1$ et admet une infinité de couples solutions : $(x, y) = (\alpha, 1-\alpha)$, $\alpha \in \mathbb{R}$	Pour m $= -1$, le système s'écrit : $\begin{cases} -x + y = 1 \\ x - y = 1 \end{cases}$ ou encore : $\begin{cases} x - y = -1 \\ x - y = 1 \end{cases}$ ce qui prouve qu'il n'admet aucune solution.

2e cas : $m \notin \{-1, +1\}$

On a $D \neq 0$, donc le système **(1)**, **(2)** admet une solution et une seule, que nous trouvons à l'aide des multiplicateurs placés ci-dessous à droite du système :

$$\begin{cases} mx + y = 1 \\ x + my = 1 \end{cases} \left| \begin{matrix} m \\ -1 \end{matrix} \right| \begin{matrix} -1 \\ m \end{matrix} \Bigg| \Leftrightarrow \begin{cases} x(m^2 - 1) = m - 1 \\ y(m^2 - 1) = m - 1 \end{cases} \Leftrightarrow (x, y) = \left(\frac{1}{m+1}, \frac{1}{m+1}\right)$$

Retrouvez la solution donnée par substitution.

11 Le déterminant D du système est égale à $10m(m + 2)$.

1er cas : $m \in \{-2, 0\}$

Pour $m = -2$, le système s'écrit : $\begin{cases} -4x + 3y = 0 \\ -4x + 3y = 0 \end{cases}$ Il est équivalent à la seule équation $-4x + 3y = 0$ et admet une infinité de couples solutions : $(x, y) = (3\alpha, 4\alpha)$, $\alpha \in \mathbb{R}$	Pour m $= 0$, le système s'écrit : $\begin{cases} -2x - y = 0 \\ 6x + 3y = 0 \end{cases}$ Il est équivalent à la seule équation $y = -2x$ et admet une infinité de couples solutions : $(x, y) = (\beta, -2\beta)$, $\beta \in \mathbb{R}$

Remarque : *On peut observer que le système proposé admet toujours la solution* $(0, 0)$; *donc, quand* $D = 0$, *le système admet toujours une infinité de solutions.*

2e cas : $m \notin \{-2, 0\}$

On a $D \neq 0$, donc le système **(1)**, **(2)** admet une solution et une seule.

D'après la remarque faite ci-dessus, cette solution est $(x, y) = (0, 0)$.

12 Supposons z connu. Le déterminant du système **(1)**, **(2)**, aux seules inconnues x et y, est égal à -1 ; ce système admet alors une solution et une seule, trouvée ci-dessous à l'aide des multiplicateurs placés à droite du système :

$$\begin{cases} 2x + 5y - 7z = 0 \\ 3x + 7y + 4z = 11 \end{cases} \left| \begin{matrix} -7 \\ 5 \end{matrix} \right| \begin{matrix} 3 \\ -2 \end{matrix} \right| \Leftrightarrow \begin{cases} x = -69z + 55 \\ y = 29z - 22 \end{cases}$$

Le système proposé admet donc une infinité de triplets solutions :

$(x, y, z) = (-69\alpha + 55, 29\alpha - 22, \alpha)$, avec $\alpha \in \mathbb{R}$.

13 Le système **(1)**, **(2)** a une solution et une seule car son déterminant est non nul $(65 - 64 = 1)$:

$$\begin{cases} 13x + 8y = 4 \\ 8x + 5y = 7 \end{cases} \left| \begin{matrix} 5 \\ -8 \end{matrix} \right| \begin{matrix} -8 \\ 13 \end{matrix} \right| \Leftrightarrow \begin{cases} x = -36 \\ y = 59 \end{cases}$$

Cette solution vérifie l'équation **(3)** si, et seulement si, on a : $3(-36) - 15(59) = m$, soit : $m = -993$.

Conclusion : Si $m \neq -993$, alors le système **(1)**, **(2)**, **(3)** n'a aucune solution ; si $m = -993$, alors le système **(1)**, **(2)**, **(3)** a une solution et une seule : $(x, y) = (-36{,}59)$.

14 Résolvons le système **(1)**, **(2)**, en supposant z connu. Le déterminant de ce système n'est pas nul $(-18 + 20 = 2)$, donc ce système a une solution et une seule :

$$\begin{cases} 3x - 5y + 4z = 41 \\ 4x - 6y - z = 21 \end{cases} \left| \begin{matrix} -6 \\ 5 \end{matrix} \right| \begin{matrix} -4 \\ 3 \end{matrix} \right| \Leftrightarrow \begin{cases} 2x = 29z - 141 \\ 2y = 19z - 101 \end{cases}$$

d'où : $x = \dfrac{29z - 141}{2}$ **(4)** ; $y = \dfrac{19z - 101}{2}$ **(5)**

Les valeurs de x et y obtenues ci-dessus en fonction de z doivent vérifier l'équation **(3)** : $9\left(\dfrac{29z - 141}{2}\right) + \dfrac{19z - 101}{2} - 7z = -20$.

On en déduit : $266z = 1\,330$, d'où : $z = 5$.

Les égalités **(4)** et **(5)** donnent alors : $x = \dfrac{145 - 141}{2} = 2$; $y = \dfrac{95 - 101}{2} = -3$.

Le système **(1)**, **(2)**, **(3)** a une solution et une seule : $(x, y, z) = (2, -3, 5)$.

Autre méthode (par substitution)

L'égalité **(3)** donne : $y = -9x + 7z - 20$. En substituant $-9x + 7z - 20$ à y dans **(1)** et **(2)**, on obtient :

$$\begin{cases} 3x - 5(-9x + 7z - 20) + 4z = 41 \\ 4x - 6(-9x + 7z - 20) - z = 21 \end{cases} \quad \text{ou} \quad \begin{cases} 48x - 31z = -59 \\ 58x - 43z = -99 \end{cases}$$

Le dernier système a une solution et une seule : $(x, z) = (2, 5)$.

Nous vous conseillons de faire les calculs pour trouver cette solution. On obtient ensuite : $y := -9(2) + 7(5) - 20 = -3$.

15 Reprenons la méthode indiquée dans l'exemple.

Première étape :

$\begin{cases} (1) \\ (2) \end{cases}$ est remplacé par le système :
$$\begin{cases} x - \dfrac{7}{5} y = \dfrac{3}{5} & \textbf{(1')} \\ x - \dfrac{7}{4} y = \dfrac{5}{8} & \textbf{(2')} \end{cases}$$

Deuxième étape :

$\begin{cases} (1') \\ (2') \end{cases}$ est remplacé par le système :
$$\begin{cases} x - \dfrac{7}{5} y = \dfrac{3}{5} & \textbf{(1')} \\ \quad - \dfrac{7}{20} y = \dfrac{1}{40} & \textbf{(2'')} \end{cases}$$

L'équation **(2″)** donne : $y = -\dfrac{1}{14}$; **(1′)** donne ensuite : $x = \dfrac{1}{2}$

16 *Première étape :*

$\begin{cases} (1) \\ (2) \end{cases}$ est remplacé par le système :
$$\begin{cases} x + \dfrac{5}{2} y - \dfrac{7}{2} z = 0 & \textbf{(1')} \\ x + \dfrac{7}{3} y + \dfrac{4}{3} z = \dfrac{11}{3} & \textbf{(2')} \end{cases}$$

Deuxième étape :

$\begin{cases} (1') \\ (2') \end{cases}$ est remplacé par le système :
$$\begin{cases} x + \dfrac{5}{2} y - \dfrac{7}{2} z = 0 & \textbf{(1')} \\ \quad - \dfrac{1}{6} y + \dfrac{29}{6} z = \dfrac{11}{3} & \textbf{(2'')} \end{cases}$$

Donnons à z une valeur arbitraire α; **(2″)** donne $y = 29\alpha - 22$; **(1′)** donne ensuite : $x = -69\alpha + 55$

17 *Première étape :*

$\begin{cases} (1) \\ (2) \\ (3) \end{cases}$ est remplacé par le système :
$$\begin{cases} x + \dfrac{8}{13} y = \dfrac{4}{13} & \textbf{(1')} \\ x + \dfrac{5}{8} y = \dfrac{7}{8} & \textbf{(2')} \\ x - \dfrac{15}{3} y = \dfrac{m}{3} & \textbf{(3')} \end{cases}$$

Deuxième étape :

$\begin{cases} (1') \\ (2') \\ (3') \end{cases}$ est remplacé par le système :
$$\begin{cases} x + \dfrac{8}{13} y = \dfrac{4}{13} & \textbf{(1')} \\ \quad \dfrac{1}{104} y = \dfrac{59}{104} & \textbf{(2'')} \\ \quad - \dfrac{219}{39} y = \dfrac{13m - 12}{39} & \textbf{(3'')} \end{cases}$$

L'équation **(2″)** donne $y = 59$; **(1′)** donne ensuite $x = -36$; **(3″)** n'est satisfaite que si l'on a $(-219) \times 59 = 13m - 12$, soit $m = -993$.

Si $m = -993$, alors le système a pour solution $(x, y) = (-36, 59)$; si $m \neq -993$, alors le système proposé n'a aucune solution.

18 *Première étape :*

$\begin{cases} (1) \\ (2) \\ (3) \end{cases}$ est remplacé par le système :
$$\begin{cases} x - \frac{5}{3}y + \frac{4}{3}z = \frac{41}{3} & (1') \\ x - \frac{3}{2}y - \frac{1}{4}z = \frac{21}{4} & (2') \\ x + \frac{1}{9}y - \frac{7}{9}z = -\frac{20}{9} & (3') \end{cases}$$

Deuxième étape :

$\begin{cases} (1') \\ (2') \\ (3') \end{cases}$ est remplacé par le système :
$$\begin{cases} x - \frac{5}{3}y + \frac{4}{3}z = \frac{41}{3} & (1') \\ \frac{1}{6}y - \frac{19}{12}z = -\frac{101}{12} & (2'') \\ \frac{16}{9}y - \frac{19}{9}z = -\frac{143}{9} & (3'') \end{cases}$$

Troisième étape :

$\begin{cases} (2'') \\ (3'') \end{cases}$ est remplacé par le système :
$$\begin{cases} y - \frac{19}{2}z = -\frac{101}{2} & (2'') \\ y - \frac{19}{16}z = -\frac{143}{16} & (3''') \end{cases}$$

Quatrième étape :

$\begin{cases} (2'') \\ (3''') \end{cases}$ est remplacé par le système :
$$\begin{cases} y - \frac{19}{2}z = -\frac{101}{2} & (2'') \\ \frac{133}{16}z = \frac{665}{16} & (3^{IV}) \end{cases}$$

Finalement, le système initial est remplacé par le système triangulaire
$$\begin{cases} x - \frac{5}{3}y + \frac{4}{3}z = \frac{41}{3} & (1') \\ y - \frac{19}{2}z = -\frac{101}{2} & (2'') \\ \frac{133}{16}z = \frac{665}{16} & (3^{IV}) \end{cases}$$

L'équation **(3^{IV})** donne $z = 5$; **(2″)** donne ensuite $y = -3$; **(1′)** donne enfin $x = 2$

19 **1°** La parabole P passe par A si, et seulement si, les coordonnées de A vérifient l'équation $y = ax^2 + bx + c$, soit : $19 = a(-1)^2$ et $+b(-1) + c$. En opérant de même pour B et C, on obtient le système :

$$\begin{cases} a - b + c = 19 & \textbf{(1)} \\ a + b + c = 9 & \textbf{(2)} \\ 4a + 2b + c = 13 & \textbf{(3)} \end{cases}$$

2° Résolvons le système **(1)**, **(2)**, en supposant c connu ; il admet une solution et une seule, car son déterminant est différent de zéro $(1 + 1 = 2)$.
On trouve : $(a, b) = (14 - c, -5)$.

Faites le calcul pour retrouver le résultat donné.
L'égalité **(3)** donne alors : $4\,(14 - c) - 10 + c = 13$, d'où : $c = 11$. On en déduit : $a = 3$.
Le système **(1)**, **(2)**, **(3)** a donc une solution et une seule : $(a, b, c) = (3, -5, 11)$.

Conclusion : Il existe une parabole P et une seule, d'équation $y = ax^2 + bx + c$, passant par les points A, B, et C, son équation est $y = 3x^2 - 5x + 11$.

20 **1°** Le polynôme $f(x)$ s'annule pour la valeur -4 si, et seulement si, on a : $a\,(-4)^4 + b\,(-4)^3 + c\,(-4)^2 + d\,(-4) + e = 0$. En opérant de même pour les valeurs 1, 2 et 3, on obtient le système :

$$\begin{cases} 256a - 64b + 16c - 4d + e = 0 & \textbf{(1)} \\ a + b + c + d + e = 0 & \textbf{(2)} \\ 16a + 8b + 4c + 2d + e = 0 & \textbf{(3)} \\ 81a + 27b + 9c + 3d + e = 0 & \textbf{(4)} \end{cases}$$

2° Résolvons le système **(2)**, **(3)**, aux inconnues d et e, en supposant connus les réels a, b, et c : il a une solution et une seule (car $1 - 2 \neq 0$) :

$$\begin{cases} a + b + c + d + e = 0 & \textbf{(2)} \\ 16a + 8b + 4c + 2d + e = 0 & \textbf{(3)} \end{cases} \quad \begin{vmatrix} 1 \\ -1 \end{vmatrix} \begin{vmatrix} -2 \\ 1 \end{vmatrix} \Leftrightarrow \begin{cases} d = -15a - 7b - 3c & \textbf{(5)} \\ e = 14a + 6b + 2c & \textbf{(6)} \end{cases}$$

En portant les valeurs ainsi obtenues pour d et e dans les égalités **(1)** et **(4)**, on obtient le système :

$$\begin{cases} 330a - 30b + 30c = 0 \\ 50a + 12b + 2c = 0 \end{cases} \quad \text{ou} \quad \begin{cases} 11a - b + c = 0 & \textbf{(7)} \\ 25a + 6b + c = 0 & \textbf{(8)} \end{cases}$$

Résolvons le système **(7)**, **(8)**, aux inconnues b et c, en supposant a connu : il a une solution et une seule (car : $-1 - 6 \neq 0$).

$$\begin{cases} 11a - b + c = 0 \\ 25a + 6b + c = 0 \end{cases} \quad \begin{vmatrix} -1 \\ 1 \end{vmatrix} \begin{vmatrix} 6 \\ 1 \end{vmatrix} \Leftrightarrow \begin{cases} 7b = -14a \\ 7c = -91a \end{cases} \Leftrightarrow (b, c) = (-2a, -13a)$$

En portant ces valeurs de b et c dans les égalités **(5)** et **(6)**, on obtient :

$$d = -15a + 14a + 39a = 38a \;;\; e = 14a - 12a - 26a = -24a.$$

Le système **(1)**, **(2)**, **(3)**, **(4)** a donc une infinité de solutions :

$$(a, b, c, d, e) = (\alpha, -2\alpha, -13\alpha, 38\alpha, -24\alpha), \text{ avec } \alpha \in \mathbb{R}$$

Conclusion : Il existe une infinité de polynômes de la forme **(1)** qui s'annulent pour les valeurs : -4 ; 1 ; 2 ; 3, ce sont les polynômes :
$f(x) = \alpha\,(x^4 - 2x^3 - 13x^2 + 38x - 24)$, avec $\alpha \in \mathbb{R}^*$.

21 **Choix des inconnues**

Désignons respectivement par x, y, z le prix, en francs, du pull, de la paire de bottes et de la veste ; on doit avoir : $x > 0$; $y > 0$; $z > 0$

Traduction des données

D'après l'énoncé, on a :

$$\begin{aligned} x + y + z &= 1\,920 \quad (1) \\ y &= 2x \quad (2) \\ z &= x + y \quad (3) \end{aligned}$$

Résolution du système : (1) ; (2) ; (3)

D'après (2), on a $z = x + 2x = 3x$

L'équation (1) donne alors :

$$x + 2x + 3x = 1\,920 \quad , \quad \text{d'où } x = \frac{1\,920}{6} = 320.$$

L'équation (2) donne ensuite $y = 640$;

l'équation (3) donne enfin $z = 960$

Conclusion

Les valeurs trouvées étant positives, elles conviennent. Le pull coûte 320 F, la paire de bottes 640 F et la veste 960 F.

INÉQUATIONS DU PREMIER DEGRÉ

2

- **Inéquations du premier degré à une inconnue**
- **Inéquations du premier degré à deux inconnues**

Inéquations du premier degré à une inconnue

- Les inéquations : $ax + b > 0$; $ax + b \geqslant 0$;
  $ax + b < 0$; $ax + b \leqslant 0$,

où a et b sont des réels connus, avec $a \neq 0$, sont des **inéquations du premier degré** (ou : inéquations **affines) à une inconnue**.

- On peut représenter graphiquement l'ensemble des solutions d'une inéquation affine en hachurant la demi-droite formée par l'ensemble des points d'un axe $x'x$ dont l'abscisse satisfait à l'inéquation considérée.

Exemples :

Inéquation : $3x - 8 > 0$

Solutions : $x > \frac{8}{3}$

Représentation graphique de l'ensemble des solutions :

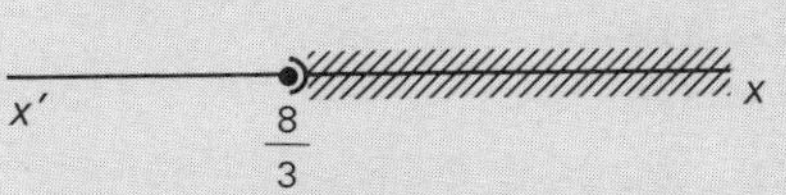

Inéquation : $3x - 8 \leqslant 0$

Solutions : $x \leqslant \frac{8}{3}$

Représentation graphique de l'ensemble des solutions :

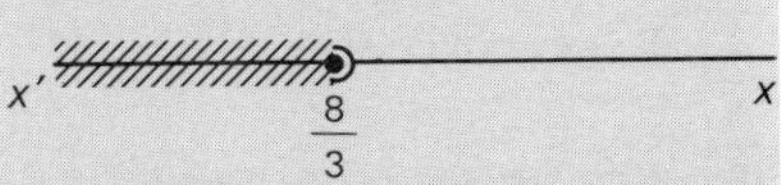

Inéquations du premier degré à deux inconnues

- les inéquations : $ax + by + c > 0$; $ax + by + c \geqslant 0$;
  $ax + by + c < 0$; $ax + by + c \leqslant 0$,

où a, b et c sont des réels connus, avec $(a, b) \neq (0, 0)$, sont des **inéquations du premier degré** (ou : inéquations **affines) à deux inconnues**.

- Dans un plan P rapporté à un repère $(O, \vec{i}, \vec{j})$, soit D la droite d'équation $ax + by + c = 0$, P_1 et P_2 les deux demi-plans ouverts déterminés par D :

$$(P_1 \cup P_2 \cup D = P \; ; \; P_1 \cap P_2 = \varnothing)$$

L'ensemble des points dont les coordonnées (x,y) sont telles que l'on ait $ax+by+c>0$ est l'un des demi-plans P_1 ou P_2 ; l'autre demi-plan est l'ensemble des points dont les coordonnées (x, y) sont telles que l'on ait $ax + by + c < 0$.

Exemple : Soit D la droite d'équation $3x - 4y + 6 = 0$, P_1 le demi-plan ouvert déterminé par D et contenant O, P_2 le demi-plan ouvert déterminé par D et ne contenant pas O. Les coordonnées $(x, y) = (0, 0)$ du point O sont telles que l'on ait $3x - 4y + 6 > 0$. Donc les coordonnées (x, y) de tout point de P_1 sont telles que l'on ait $3x - 4y + 6 > 0$; les coordonnées (x, y) de tout point de P_2 sont telles que l'on ait $3x - 4y + 6 < 0$.

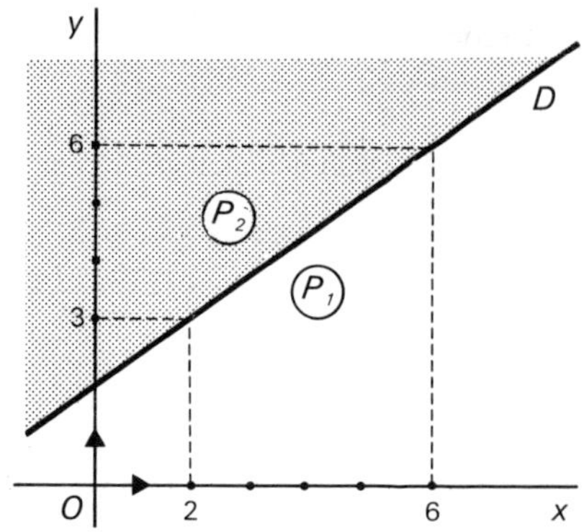

EXERCICES

- **Inéquations du premier degré à une inconnue**
  ***Dans les exercices 1 à 9**, nous désignerons par* S *l'ensemble des solutions de l'inéquation proposée (ou : du système d'inéquations proposées).*

1 Résolvez dans ℝ l'inéquation $4x - 37 > 0$.

2 Représentez graphiquement l'ensemble des solutions réelles de l'inéquation $3x + 14 \leqslant 0$.

3 Résolvez dans ℝ le système : $\begin{cases} 5x + 8 > 0 & \textbf{(1)} \\ 3x - 4 \leqslant 0 & \textbf{(2)} \end{cases}$

4 Résolvez dans ℝ le système : $\begin{cases} 3x + 5 < 0 & \textbf{(1)} \\ 4x - 7 \geqslant 0 & \textbf{(2)} \end{cases}$

5 Résolvez dans ℤ le système : $\begin{cases} 5x + 8 > 0 & \textbf{(1)} \\ 3x - 4 \leqslant 0 & \textbf{(2)} \end{cases}$

6 Résolvez dans ℝ l'inéquation $x^2 > 4$ **(1)**

7 Résolvez dans ℝ l'inéquation : $\dfrac{4}{x+2} - \dfrac{5}{x-3} \leqslant \dfrac{1}{1-x}$ **(1)**

8 Résolvez dans ℝ l'inéquation : $|x + 4| < 7$ **(1)**

9 Résolvez dans ℝ l'inéquation : $(m^2 - 1)x < m + 1$ **(1)**, où m désigne un réel donné.

- **Inéquations de premier degré à deux inconnues**
  ***Dans les exercices 10 à 12**, la partie du plan constituée par les points dont les coordonnées* (x, y) *satisfont au système d'inéquations proposé (ou : à l'inéquation proposée) est désignée par* R *et apparaît en grisé sur le dessin.*

10 Résolvez graphiquement le système d'inéquations : $\begin{cases} x - y + 4 > 0 \\ x + 2 \leqslant 0 \end{cases}$

11 Résolvez graphiquement le système d'inéquations : $\begin{cases} 5x + 2y - 9 \geqslant 0 \\ 2x - 5y + 8 > 0 \\ 7x - 3y - 30 < 0 \end{cases}$

12 Résolvez graphiquement l'inéquation : $(5x + 3y - 24)(x - 2y + 3)(7x - y - 44) < 0$.

PROBLÈMES

13 Le gérant d'un magasin doit acheter un certain nombre d'articles de type A et un certain nombre d'articles de type B (au moins trois de chaque sorte) et dispose pour cela d'un budget maximum de 35 000 F. Le gérant achète 2 000 F chaque article A, 2 500 F chaque article B ; il les vend respectivement 3 000 F et 4 000 F. Le gérant doit aussi tenir compte de la contrainte suivante : l'entretien coûte 50 F pour l'article A et 90 F pour l'article B, et la dépense totale correspondant à cet entretien ne doit pas dépasser 1 030 F.

1° On désigne par x le nombre d'articles A et par y le nombre d'articles B achetés par le gérant du magasin. Écrivez les inégalités vérifiées par x et y, et déduisez-en, graphiquement, tous les couples (x, y) possibles.

2° Trouvez les couples (x, y) pour lequel la différence entre le prix de vente et le prix d'achat, des x articles A et des y articles B, est la plus grande possible.

14 La municipalité de la ville V s'adresse à une société S pour louer des autocars afin d'amener en colonie de vacances 500 enfants et 10 tonnes de bagages. La société S possède 11 autocars d'un premier type : chacun d'eux, loué 4 000 F, peut transporter 40 enfants et 1 tonne de bagages. La société S possède aussi 9 autocars d'un deuxième type : chacun d'eux, loué 7 000 F, peut transporter 50 enfants et 0,9 tonne de bagages.

1° On désigne par x et y, respectivement, le nombre d'autocars loués par la ville V à la société S pour le transport des 500 enfants et des 10 tonnes de bagages. Écrivez les inégalités vérifiées par x et y et déduisez-en, graphiquement, tous les couples (x, y) possibles.

2° Trouvez le couple (x, y) pour lequel la location des autocars à la société S coûtera le moins cher possible à la ville V.

SOLUTIONS DES EXERCICES

1 $x > \frac{37}{4}$; $S = \left]\frac{37}{4}, +\infty\right[$

2 $x \leqslant -\frac{14}{3}$; $S = \left]-\infty, -\frac{14}{3}\right]$

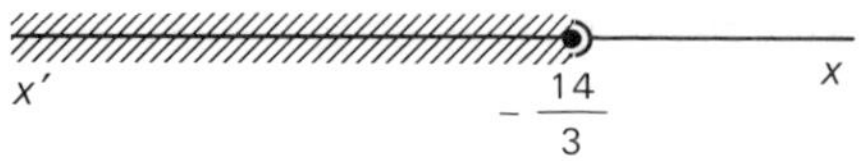

3 **(1)** $\Leftrightarrow x > -\frac{8}{5}$;

(2) $\Leftrightarrow x \leqslant \frac{4}{3}$;

donc : $S = \left]-\frac{8}{5}, \frac{4}{3}\right]$.

4 **(1)** $\Leftrightarrow x < -\frac{5}{3}$;

(2) $\Leftrightarrow x \geqslant \frac{7}{4}$;

donc : $S = \varnothing$.

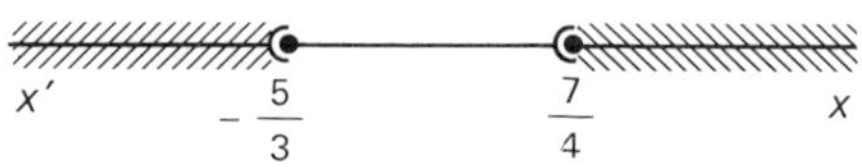

5 $S = \{-1,0,1\}$ (cf. exercice **3**).

6 **(1)** $\Leftrightarrow x^2 - 4 > 0 \Leftrightarrow (x-2)(x+2) > 0$.
On sait résoudre les inéquations x − 2 > 0 *et* x − 2 < 0, *donc on connaît le signe de l'expression* x − 2 ; *de même pour* x + 2.
Le tableau ci-dessous :

x	$-\infty$		-2		2		$+\infty$
$x-2$		$-$	|	$-$	0	$+$	
$x+2$		$-$	0	$+$	|	$+$	
$(x-2)(x+2)$		$+$	0	$-$	0	$+$	

donne $S =]-\infty, -2[\cup]2, +\infty[$

7 Observons que : $\{-2,1,3\} \not\subset S$

(1) $\Leftrightarrow \quad \frac{4}{x+2} - \frac{5}{x-3} - \frac{1}{1-x} \leqslant 0$

(1) $\Leftrightarrow \quad \frac{4(x-3)(1-x) - 5(x+2)(1-x) - (x+2)(x-3)}{(x+2)(x-3)(1-x)} \leqslant 0$

(1) $\Leftrightarrow \quad \frac{22x - 16}{(x+2)(x+3)(1-x)} \leqslant 0$

Le tableau de la page suivante :

x	$-\infty$		-2		$\frac{8}{11}$		1		3		$+\infty$
$22x - 16$		$-$	|	$-$	0	$+$	|	$+$	|	$+$	
$x + 2$		$-$	0	$+$	|	$+$	|	$+$	|	$+$	
$x - 3$		$-$	|	$-$	|	$-$	|	$-$	0	$+$	
$1 - x$		$+$	|	$+$	|	$+$	0	$-$	|	$-$	
$\dfrac{22x - 16}{(x + 2)(x - 3)(1 - x)}$		$-$	||	$+$	0	$-$	||	$+$	||	$-$	

donne : $S = \left]-\infty, -2\right[\cup \left[\frac{8}{11}, 1\right[\cup \left]3, +\infty\right[$

8 Considérons deux cas :

1er cas : $x \geqslant -4$ (ou : $x + 4 \geqslant 0$)

(1) $\Leftrightarrow x + 4 < 7 \Leftrightarrow x < 3$

2e cas : $x \leqslant -4$ (ou : $x + 4 \leqslant 0$)

(1) $\Leftrightarrow -(x + 4) < 7 \Leftrightarrow x > -11$

Conclusion : $S = [-4, 3[\cup]-11, -4] =]-11, 3[$

Autre méthode :

On a : $|x + 4| \in \mathbb{R}_+$ et $7 \in \mathbb{R}_+$, donc :

(1) $\Leftrightarrow$ $(|x + 4|)^2 < 7^2$ $\Leftrightarrow$ $(x + 4)^2 < 7^2$ $\Leftrightarrow$ $(x + 4)^2 - 7^2 < 0$

(1) $\Leftrightarrow$ $(x + 4 - 7)(x + 4 + 7) < 0$ $\Leftrightarrow$ $(x - 3)(x + 11) < 0$

Le tableau ci-contre : donne $S =]-11, 3[$

x	$-\infty$		-11		3		$+\infty$
$x - 3$		$-$	|	$-$	0	$+$	
$x + 11$		$-$	0	$+$	|	$+$	
$(x - 3)(x + 11)$		$+$	0	$-$	0	$+$	

9 Étudions d'abord le signe de $m^2 - 1$ en formant le tableau ci-dessous : (car : $m^2 - 1 = (m - 1)(m + 1)$) :

m	$-\infty$		-1		1		$+\infty$
$m - 1$		$-$	|	$-$	0	$+$	
$m + 1$		$-$	0	$+$	|	$+$	
$(m - 1)(m + 1)$		$+$	0	$-$	0	$+$	

1er cas : $m^2 - 1 > 0$ $(m \in]-\infty, -1[\cup]1, +\infty[)$

(1) $\Leftrightarrow x < \dfrac{m+1}{m^2-1}$; $S =]-\infty, \dfrac{1}{m-1}[\ ]$

2e cas : $m^2 - 1 < 0$ $(m \in]-1, 1[)$

(1) $\Leftrightarrow \ x > \dfrac{m+1}{m^2-1}$; $S = \left]\dfrac{1}{m-1}, +\infty\right[$

3e cas : $m - 1 = 0$ $(m \in \{-1, 1\})$

a) $m = -1$

(1) s'écrit : $0x < 0$; $S = \varnothing$

b) $m = 1$

(1) s'écrit : $0x < 2$; $S = \mathbb{R}$

10 Traçons la droite D d'équation $x - y + 4 = 0$ et la droite D' d'équation $x + 2 = 0$; on a : $0 - 0 + 4 > 0$ et $0 + 2 > 0$. Donc R est l'intersection du demi-plan **ouvert** déterminé par D, contenant O, et du demi-plan **fermé** déterminé par D', ne contenant pas O.

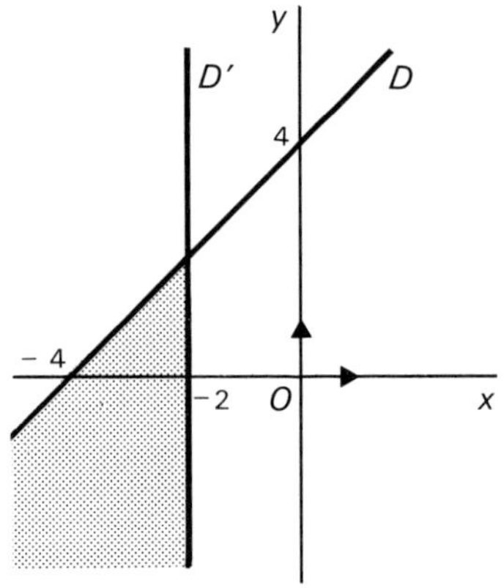

11 Traçons les droites D, D' et D'' d'équations respectives :
$5x + 2y - 9 = 0$; $2x - 5y + 8 = 0$; $7x - 3y - 30 = 0$. On a : $5 \times 0 + 2 \times 0 - 9 < 0$; $2 \times 0 - 5 \times 0 + 8 > 0$; $7 \times 0 - 3 \times 0 - 30 < 0$. Donc R est l'intersection du demi-plan **fermé** déterminé par D et ne contenant pas O ; du demi-plan **ouvert** déterminé par D' et contenant O ; du demi-plan **ouvert** déterminé par D'' et contenant O.

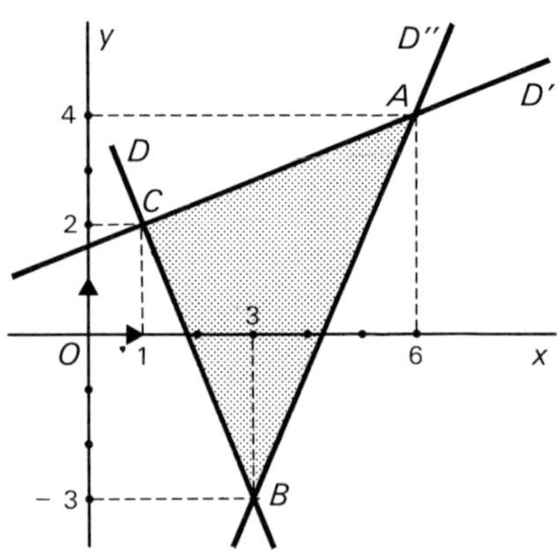

12 Traçons les droites D, D' et D'' d'équations respectives : $5x + 3y - 24 = 0$; $x - 2y + 3 = 0$; $7x - y - 44 = 0$. Nous avons marqué sur la figure, de gauche à droite, le signe respectif des expressions : $5x + 3y - 24$; $x - 2y + 3$; $7x - y - 44$, dans chacune des sept parties du plan déterminées par les trois droites D, D' et D'' (par exemple, dans la partie du plan contenant le point O, on a : $5x + 3y - 24 < 0$; $x - 2y + 3 > 0$; $7x - y - 44 < 0$, ce qui est noté sur le dessin : $- + -$). La partie R (en grisé sur le dessin) en résulte.

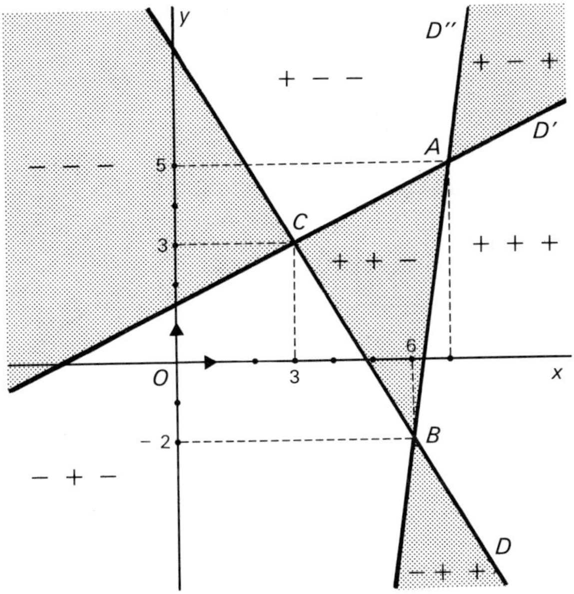

SOLUTIONS DES PROBLÈMES

13 **1° Inégalités demandées**

$x \geqslant 3$; $y \geqslant 3$; $2\,000x + 2\ \ 500y \leqslant 35\,000$ **(1)** ; $50x + 90y \leqslant 1\,030$ **(2)**

On peut observer que :

$$\textbf{(1)} \Leftrightarrow 4x + 5y - 70 \leqslant 0 \quad \textbf{(1')}$$
$$\textbf{(2)} \Leftrightarrow 5x + 9y - 103 \leqslant 0 \quad \textbf{(2')}$$

Traçons, dans un repère, la droite D d'équation $4x + 5y - 70 = 0$ (elle passe par les points (5, 10) et (10, 6)) ; les points du demi-plan **fermé** P_1 déterminé par D et contenant O ont des coordonnées vérifiant l'inégalité **(1')**, donc aussi l'inégalité **(1)**.

Traçons la droite D' d'équation $5x + 9y - 103 = 0$ (elle passe par les points (8, 7) et (17, 2)) ; les points du demi-plan **fermé** P_1' déterminé par D' et contenant O ont des coordonnées vérifiant l'inégalité **(2')** donc aussi l'inégalité **(2)**.

Les couples (x, y) cherchés sont les coordonnées des points à coordonnées entières de $P_1 \cap P_1'$ satisfaisant, en outre, aux inégalités $x \geqslant 3$ et $y \geqslant 3$ (ces points sont marqués dans la partie R du plan en grisé sur le dessin ci-après).

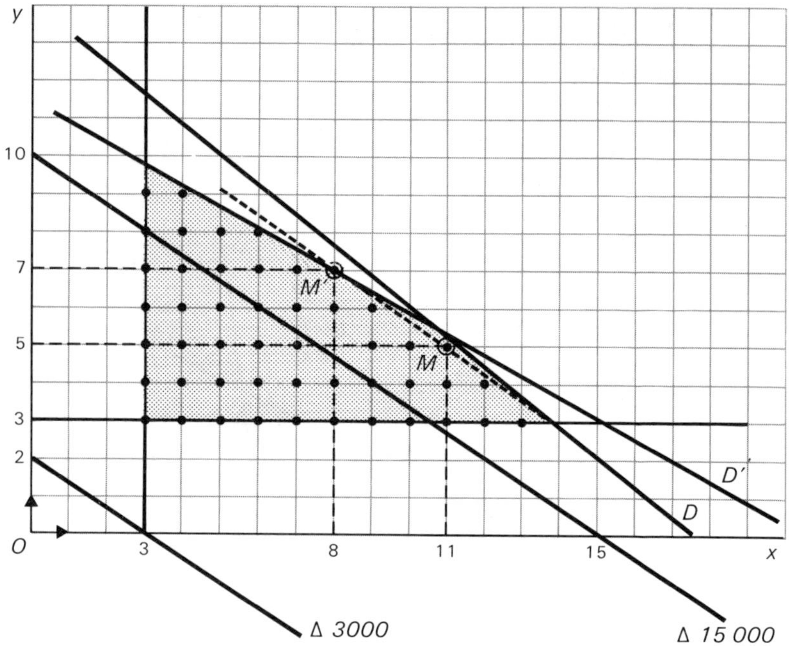

2° Recherche des couples (x, y)

La différence entre le prix de vente et le prix d'achat, en francs, est $d = (3\,000 - 2\,000)\,x + (4\,000 - 2\,500)\,y$, soit $d = 1\,000x + 1\,500y$ **(3)**. Considérons la droite Δ_d d'équation **(3)**. Cette droite variable garde une direction fixe ; nous avons tracé sur le dessin du 1° les droites $\Delta_{3\,000}$ et $\Delta_{15\,000}$. On est donc amené, graphiquement, à choisir les points à coordonnées **entières** de la partie R du plan, précisée au **1°**, pour lesquels d est le plus grand possible (ou : h_d le plus grand possible, en désignant par h_d l'ordonnée du point où Δ_d rencontre Oy ; pour les deux droites Δ_d tracées, on a : $h_{3\,000} = \dfrac{3\,000}{1\,500} = 2$; $h_{15\,000} = \dfrac{15\,000}{1\,500} = 10$). On trouve que les points répondant à la question sont $M(11, 5)$ et $M'(8, 7)$.

Conclusion : Pour répondre au problème posé, le gérant du magasin doit acheter 11 articles de type A et 5 articles de type B (ou : 8 articles de type A et 7 articles de type B). La différence entre le prix de vente et le prix d'achat de ces articles sera de 11 000 + 7 500 = 18 500 F (ou : 8 000 + 10 500 = 18 500 F).

14 **1° Inégalités demandées**

$x \leqslant 11$; $y \leqslant 9$; $40x + 50y \geqslant 500$ **(1)** ; $x + 0{,}9y \geqslant 10$ **(2)**

On peut observer que : **(1)** $\Leftrightarrow$ $4x + 5y - 50 \geqslant 0$ **(1′)**

(2) $\Leftrightarrow$ $x + 0{,}9y - 10 \geqslant 0$ **(2′)**

Traçons, dans un repère, la droite D d'équation $4x + 5y - 50 = 0$ (elle passe par les points (5, 6) et (10, 2) ; les points du demi-plan **fermé** P_1 déterminé par D et ne contenant pas O ont des coordonnées vérifiant l'inégalité **(1′)**, donc aussi l'inégalité **(1)**.

Traçons la droite D' d'équation $x + 0{,}9y - 10 = 0$ (elle passe par les points (10, 0) et (1, 10) ; les points du demi-plan **fermé** P_1' déterminé par D' et ne contenant pas O ont des coordonnées vérifiant l'inégalité **(2')**, donc aussi l'inégalité **(2)**.

Les couples (x, y) cherchés sont les coordonnées des points à coordonnées **entières** de $P_1 \cap P_1'$ satisfaisant, en outre, aux inégalités $x \leqslant 11$ et $y \leqslant 9$ (ces points sont marqués dans la partie R du plan en grisé sur le dessin ci-dessous).

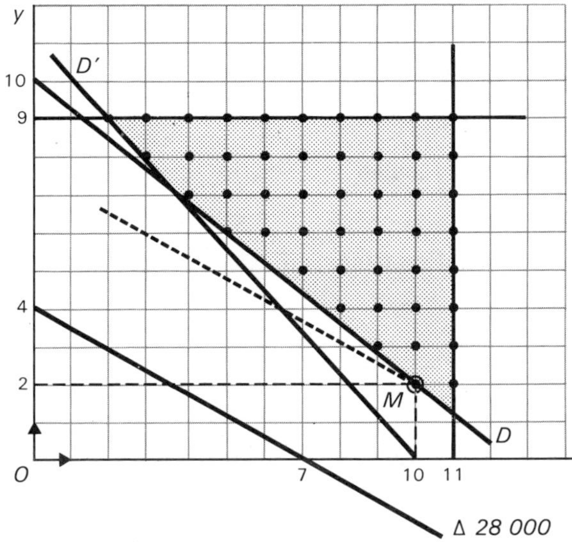

2° Recherche du couple (x, y)

Le prix de la location des autocars, en francs, est $L = 4\,000x + 7\,000\,y$ **(3)**. Considérons la droite Δ_L d'équation **(3)**. Cette droite variable garde une direction fixe, nous avons tracé sur le dessin du **1°** la droite $\Delta_{28\,000}$. On est donc amené, graphiquement, à choisir le point à coordonnées **entières** de la partie R du plan, précisée au **1°**, pour lequel L est le plus petit possible (ou : h_L le plus petit possible, en désignant par h_L l'ordonnée du point où Δ_L rencontre Oy ;

on a par exemple $h_{28\,000} = \dfrac{28\,000}{7\,000} = 4$). On trouve que le point répondant à la question est $M(10, 2)$.

Conclusion : La ville V doit louer à la société S : 10 autocars du premier type et 2 autocars du deuxième type.
Le prix de la location sera alors : 40 000 + 14 000 = 54 000 F.

3 ÉQUATIONS ET INÉQUATIONS DU SECOND DEGRÉ

- **Équations du second degré**
- **Somme et produit des racines**
- **Équations bicarrées**
- **Signe et factorisation d'un trinôme du second degré**

■ Équations du second degré

Soit l'équation du second degré $ax^2 + bx + c = 0$ **(1)**, avec $a \neq 0$; son **discriminant** est le réel $b^2 - 4ac$; ce réel est désigné par la lettre Δ.

1er cas : $\Delta < 0$. L'équation **(1)** n'admet aucune solution dans $\mathbb{R}$.

2e cas : $\Delta = 0$. L'équation **(1)** a une seule solution (ou : une solution double ; ou encore : une racine double) : $-\dfrac{b}{2a}$.

3e cas : $\Delta > 0$. L'équation **(1)** a deux solutions distinctes (ou : deux racines distinctes) : x' et x'', avec :

$$x' = \frac{-b - \sqrt{\Delta}}{2a} \; ; \; x'' = \frac{-b + \sqrt{\Delta}}{2a}.$$

Remarque. Quand $b = 2b'$, on utilise aussi le **discriminant réduit** $\Delta' = b'^2 - ac$; Δ et Δ' ont le même signe ($\Delta = 4\Delta'$). Quand l'équation $ax^2 + bx + c = 0$ a deux racines distinctes x' et x'', on a :

$$x' = \frac{-b' - \sqrt{\Delta'}}{a} \; ; \; x'' = \frac{-b' + \sqrt{\Delta'}}{a}.$$

■ Somme et produit des racines

Lorsque $b^2 - 4ac$ est positif, l'équation du second degré $ax^2 + bx + c = 0$ ($a \neq 0$) a deux racines x' et x'' (éventuellement égales). On a :

$$x' + x'' = -\frac{b}{a} \; ; \; x'x'' = \frac{c}{a}.$$

■ Équations bicarrées

L'équation $ax^4 + bx^2 + c = 0$ ($a \neq 0$) est dite bicarrée. On est ramené à la résolution d'une équation du second degré en posant $x^2 = X$.

■ Signe et factorisation d'un trinôme du second degré

• La fonction $f : x \mapsto ax^2 + bx + c$ ($a \neq 0$) est une fonction polynôme du second degré ; on l'appelle aussi fonction trinôme du second degré. Le polynôme $f(x)$ est appelé trinôme du second degré.

• Soit le trinôme $f(x) = ax^2 + bx + c$ ($a \neq 0$) et $\Delta = b^2 - 4ac$.

1er cas : $\Delta < 0$ $f(x)$ est toujours du signe de a.

2e cas : $\Delta = 0$ $f(x)$ a un zéro double : $-\dfrac{b}{2a}$.

On a : $f(x) = a\left(x + \dfrac{b}{2a}\right)^2$. Pour tout $x \neq -\dfrac{b}{2a}$, $f(x)$ est du signe de a.

3e cas : $\Delta > 0$ $f(x)$ a deux zéros distincts x' et x'' ; pour tout x distinct de x' et x'', alors $f(x)$ est du signe de $-a$ si x est compris entre x' et x'', sinon $f(x)$ est du signe de a.

On a :

$$f(x) = a(x - x')(x - x'')$$

• Observons que la connaissance du signe du trinôme $f(x)$ permet de résoudre les inéquations du second degré : $f(x) > 0$; $f(x) \geqslant 0$; $f(x) < 0$; $f(x) \leqslant 0$.

EXERCICES

■ Équations du second degré

1 Résolvez dans $\mathbb{R}$ l'équation $5x^2 + 8x = 0$ **(1)**.

2 Résolvez dans $\mathbb{R}$ l'équation $4x^2 + 19 = 0$ **(1)**.

3 Résolvez dans $\mathbb{R}$ l'équation $x^2 - 9 = 0$ **(1)**.

4 Résolvez dans $\mathbb{R}$ l'équation $3x^2 - 11 = 0$ **(1)**.

5 Résolvez dans $\mathbb{R}$ l'équation $6x^2 - x - 15 = 0$ **(1)**.

6 Résolvez dans $\mathbb{R}$ l'équation $8x^2 + 6x - 35 = 0$ **(1)**.

7 Résolvez dans $\mathbb{R}$ l'équation $x^2 - x - 56 = 0$ **(1)**.

8 Résolvez dans $\mathbb{R}$ l'équation $x^2 + 3x - 14 = 0$ **(1)**.

9 Résolvez dans $\mathbb{R}$ l'équation $x^2 - 4x + 15 = 0$ **(1)**.

10 Résolvez dans $\mathbb{R}$ l'équation $2x^2 - 5x + 4 = |3x - 2|$ **(1)**.

11 Soit l'équation $4x^2 + 3x + m - 1 = 0$ **(1)**, où x est l'inconnue et m un paramètre réel. Peut-on déterminer m afin que cette équation admette une racine double ? Si oui, calculez cette racine double.

12 Étudiez, suivant les valeurs du paramètre m, le nombre de solutions de l'équation $(m - 2)x^2 + 2mx + m - 5 = 0$ **(1)**.

- **Somme et produit de racines**

13 Montrez que 1 est solution de l'équation $2x^2 - 5x + 3 = 0$ **(1)**.
Déduisez-en la deuxième solution de cette équation.

14 Déterminez le réel m pour que -3 soit solution de l'équation :
$(m - 4)x^2 + 4x - 1 - 2m = 0$ **(1)**.
Achevez la résolution de cette équation.

- **Équations bicarrées**

15 Résolvez dans $\mathbb{R}$ l'équation $x^4 - 9x^2 + 20 = 0$ **(1)**.

16 Résolvez dans $\mathbb{R}$ l'équation $x^4 - 8x^2 - 9 = 0$ **(1)**.

- **Signe et factorisation d'un trinôme du second degré**

17 Précisez le signe du trinôme $3x^2 - 5x + 7$ suivant les valeurs de x.

18 Précisez le signe du trinôme $x^2 + 6x - 55$ suivant les valeurs de x.

19 Résolvez dans $\mathbb{R}$ l'inéquation $\dfrac{x^2 + 2x - 15}{x^2 + 9x + 14} \leqslant 0$.

PROBLÈMES

20 Soit l'équation $(m - 2)x^2 + (2m + 3)x + 2m + 3 = 0$ **(1)**, dans laquelle x désigne l'inconnue et m un paramètre réel.

1° Résolvez l'équation **(1)** pour $m = 2$. On supposera $m \neq 2$ dans toute la suite du problème.

2° Calculez le discriminant Δ de **(1)** et déduisez-en l'ensemble E des valeurs m pour lesquelles l'équation **(1)** a deux racines distinctes ou confondues.

3° *a*) Précisez le sous-ensemble E_1 de E pour lequel l'équation **(1)** a deux racines non nulles et de signes contraires.

b) Précisez le sous-ensemble E_2 de E pour lequel **(1)** a deux racines strictement négatives.

21 Soit l'équation $(m + 2)x^2 - (m + 5)x + 1 - 3m = 0$ **(1)**, dans laquelle x désigne l'inconnue et m un paramètre.

1° Étudiez, suivant les valeurs de m, le nombre de solutions de l'équation **(1)**.

2° Démontrez que, lorsque **(1)** a deux solutions distinctes ou confondues, x' et x'', il existe entre x' et x'' une égalité indépendante de m.

3° *a*) Déterminez m pour que l'équation **(1)** admette $x' = 3$ comme solution. Trouvez alors l'autre solution x'' de **(1)**.

b) Est-il toujours possible de trouver m pour que l'équation **(1)** admette un réel k donné pour solution ?

22 Calculez les dimensions d'un rectangle sachant que son périmètre est de 68 cm et que la longueur de chaque diagonale est de 26 cm.

23 Deux villes A et B sont distantes de 75 km.
Un cycliste, roulant à vitesse constante, part de A et se dirige vers B. Alors que le cycliste a déjà parcouru 20 km, un automobiliste, roulant à vitesse constante, part de B et se dirige vers A, puis, après un arrêt de 5 min dans la ville A, repart vers B qu'il a atteint 27 min avant le cycliste.
Calculez la vitesse horaire du cycliste et de l'automobiliste, sachant que l'automobiliste parcourt 65 km de plus que le cycliste en une heure.

SOLUTIONS DES EXERCICES

1 $5x^2 + 8x = x(5x + 8)$. L'équation **(1)** a donc deux solutions distinctes, 0 et $-\frac{8}{5}$.

2 Pour tout réel x on a : $4x^2 \geqslant 0$, donc : $4x^2 + 19 \geqslant 19$, ce qui prouve que l'équation **(1)** n'a aucune solution réelle.

3 $x^2 - 9 = (x - 3)(x + 3)$. L'équation **(1)** a donc deux solutions opposées -3 et $+3$.

4 $$(1) \Leftrightarrow x^2 - \frac{11}{3} = 0 \Leftrightarrow x^2 - \left(\sqrt{\frac{11}{3}}\right)^2 = 0 \Leftrightarrow \left(x - \sqrt{\frac{11}{3}}\right)\left(x + \sqrt{\frac{11}{3}}\right) = 0.$$

L'équation **(1)** a donc deux solutions opposées : $-\sqrt{\frac{11}{3}}$ et $+\sqrt{\frac{11}{3}}$.

On aurait pu aussi écrire : $3x^2 - 11 = (x\sqrt{3})^2 - (\sqrt{11})^2 = (x\sqrt{3} + \sqrt{11})(x\sqrt{3} - \sqrt{11})$; *on aboutit au même résultat.*

5 $\Delta = 1 + (4 \times 6 \times 15) = 361$. L'équation **(1)** a deux solutions :

$$x' = \frac{1 - \sqrt{361}}{12} = \frac{1 - 19}{12} = -\frac{3}{2}\,;\quad x'' = \frac{1 + \sqrt{361}}{12} = \frac{1 + 19}{12} = \frac{5}{3}.$$

Observez la différence avec les exercices précédents : le calcul du discriminant est inutile et maladroit lorsqu'une équation du second degré $ax^2 + bx + c = 0$ $(a \neq 0)$ *est incomplète, c'est-à-dire lorsque* b *ou* c *est nul.*

6 $\Delta = 36 + (4 \times 8 \times 35) = 1\,156$. L'équation **(1)** a deux solutions :

$$x' = \frac{-6-\sqrt{1\,156}}{16} = \frac{-6-34}{16} = \frac{-5}{2} \quad ; \quad x'' = \frac{-6+\sqrt{1\,156}}{16} = \frac{-6+34}{16} = \frac{7}{4}$$

Ici, il était plus simple d'utiliser le discriminant réduit :
b' = 3, *donc* $\Delta' = 9 - 8(-35) = 289$. *On a alors :*

$$x' = \frac{-3-\sqrt{289}}{8} = \frac{-3-17}{8} = \frac{-5}{2} \quad ; \quad x'' = \frac{-3+\sqrt{289}}{8} = \frac{-3+17}{8} = \frac{7}{4}$$

7 $\Delta = 1 + (4 \times 56) = 225$. L'équation **(1)** a deux solutions :

$$x' = \frac{1-\sqrt{225}}{2} = \frac{1-15}{2} = -7 \quad ; \quad x'' = \frac{1+15}{2} = 8$$

8 $\Delta = 9 + (4 \times 14) = 65$. L'équation **(1)** a deux solutions :

$$x' = \frac{-3-\sqrt{65}}{2} \quad ; \quad x'' = \frac{-3+\sqrt{65}}{2}$$

9 $\Delta = 16 - 60 = -44$. L'équation **(1)** n'a aucune solution réelle.
On aurait pu ici calculer Δ', *avec* $b' = -2 : \Delta' = 4 - 15 = -11$.

10 Il faut étudier deux cas :

1er cas : $x \geqslant \frac{2}{3}$; **(1)** $2x^2 - 5x + 4 = +(3x - 2) \Leftrightarrow 2x^2 - 8x + 6 = 0$;

(1) $\Leftrightarrow x^2 - 4x + 3 = 0$ **(2)** ; $\Delta' = 4 - 3 = 1$; les solutions de **(2)** sont $\frac{2-1}{1} = 1$ et $\frac{2+1}{1} = 3$; 1 et 3 satisfont à la condition $x \geqslant \frac{2}{3}$, donc ces deux réels sont solutions de **(1)**.

2e cas : $x \leqslant \frac{2}{3}$; **(1)** $\Leftrightarrow 2x^2 - 5x + 4 = -(3x - 2) \Leftrightarrow 2x^2 - 2x + 2 = 0$;
(1) $\Leftrightarrow x^2 - x + 1 = 0$ **(3)** ; $\Delta = 1 - 4 = -3$. L'équation **(3)** n'a aucune solution dans $\mathbb{R}$.

Conclusion : L'équation **(1)** a deux solutions dans $\mathbb{R}$: $x' = 1$ et $x'' = 3$.

11 $\Delta = 9 - 16(m - 1) = 25 - 16m$. L'équation **(1)** a une racine double si, et seulement si, on a $\Delta = 0$, soit : $m = \frac{25}{16}$ · L'équation **(1)** s'écrit alors : $4x^2 + 3x + \frac{9}{16} = 0$, ou $\left(2x + \frac{3}{4}\right)^2 = 0$. La racine double est $x = -\frac{3}{8}$ ·

Lorsque $\Delta = 0$, *on sait que la racine double est égale à* $-\frac{b}{2a}$; *cependant, nous vous conseillons de vous assurer que l'équation proposée est équivalente à une équation de la forme* $(a'x + b')^2 = 0$.

12 Si $m = 2$, l'équation **(1)** est du premier degré et s'écrit : $4x - 3 = 0$. Elle a une solution : $x = \frac{3}{4}$.

Si $m \neq 2$, l'équation **(1)** est du second degré ; son discriminant réduit est $\Delta' = m^2 - (m - 2)(m - 5) = 7m - 10$. Il en résulte que :

Si $m \in \left]-\infty, \frac{10}{7}\right[$, **(1)** n'a aucune solution dans $\mathbb{R}$.

Si $m = \frac{10}{7}$, **(1)** a deux solutions confondues $\left(x' = x'' = \frac{5}{2}\right)$.

Si $m \in \left]\frac{10}{7}, 2\right[\cup \left]2, +\infty\right[$, **(1)** a deux solutions distinctes.

13 On a : $2(1^2) - 5(1) + 3 = 0$, donc : $x' = 1$ est solution de **(1)**. Soit x'' la deuxième solution : $x'x'' = \frac{c}{a} = \frac{3}{2}$ donne $1 \times x'' = \frac{3}{2}$, d'où : $x'' = \frac{3}{2}$.

On aurait pu aussi utiliser l'égalité $x' + x'' = -\frac{b}{a}$, *d'où :* $1 + x'' = \frac{5}{2}$.

14 (-3 solution de **(1)**) $\Leftrightarrow$ $((m - 4)(-3)^2 + 4(-3) - 1 - 2m = 0)$ $\Leftrightarrow$ $m = 7$ l'équation **(1)** s'écrit alors $3x^2 + 4x - 15 = 0$. Si x'' est la deuxième solution de cette équation, on a : $(-3)\,x'' = -\frac{15}{3}$, d'où : $x'' = \frac{5}{3}$.

Retrouvez ce résultat en utilisant l'égalité : $(-3) + x'' = -\frac{4}{3}$.

15 **(1)** $\Leftrightarrow$ $\begin{cases} x^2 = X & \textbf{(2)} \\ X^2 - 9X + 20 = 0 & \textbf{(3)} \end{cases}$

Le discriminant de **(3)** est $\Delta = 81 - 80 = 1$; **(3)** a pour solutions $X' = \frac{9 - 1}{2} = 4$ et $X'' = \frac{9 + 1}{2} = 5$. Compte tenu de **(2)**, **(1)** a quatre solutions : $-\sqrt{5}$; -2 ; 2 ; $\sqrt{5}$.

16 **(1)** $\Leftrightarrow$ $\begin{cases} x^2 = X & \textbf{(2)} \\ X^2 - 8X - 9 = 0 & \textbf{(3)} \end{cases}$

Le discriminant réduit de **(3)** est $\Delta = 16 + 9 = 25$;
(3) a pour solutions $X' = 4 - 5 = -1$ et $X'' = 4 + 5 = 9$. Compte tenu de **(2)**, **(1)** a deux solutions : -3 ; 3.

17 $\Delta = 25 - 84 = -59$. Donc : $3x^2 - 5x + 7$ est strictement positif (du signe de $a = 3$) pour tout réel x.

18 $\Delta' = 9 + 55 = 64$; le trinôme considéré a deux zéros : $x' = 3 - 8 = -5$;
$x'' = 3 + 8 = 11$. Donc :

$x^2 + 6x - 55 = 0 \Leftrightarrow x \in \{-5, 11\}$;
$x^2 + 6x - 55 > 0 \Leftrightarrow x \in \left]-\infty, -5\right[\cup \left]11, +\infty\right[$
$x^2 + 6x - 55 < 0 \Leftrightarrow x \in \left]-5, 11\right[$

19 Le trinôme $x^2 + 2x - 15$ a deux zéros : -5 et 3 ; le trinôme $x^2 + 9x + 14$ a deux zéros : -7 et -2.

Nous vous laissons le soin de justifier les résultats donnés.

Le tableau ci-dessous :

x	$-\infty$		-7		-5		-2		3		$+\infty$
$x^2 + 2x - 15$		$+$		$+$	0	$-$		$-$	0	$+$	
$x^2 + 9x + 14$		$+$	0	$-$		$-$	0	$+$		$+$	
$\dfrac{x^2 + 2x - 15}{x^2 + 9x + 14}$		$+$	$\Vert$	$-$	0	$+$	$\Vert$	$-$	0	$+$	

montre que : $\dfrac{x^2 + 2x - 15}{x^2 + 9x + 14} \leqslant 0 \iff x \in \left]-7, -5\right] \cup \left]-2, +3\right]$

SOLUTIONS DES PROBLÈMES

20 **1°** L'équation **(1)** est du premier degré et s'écrit : $7x + 7 = 0$, elle a une seule solution : -1.

2° $\Delta = (2m + 3)^2 - 4\,(m - 2)\,(2m + 3) = (2m + 3)\,(11 - 2m)$;

$$\Delta \geqslant 0 \iff m \in \left[-\frac{3}{2}, \frac{11}{2}\right], \text{ donc : } E = \left[-\frac{3}{2}, 2\right[\cup \left]2, \frac{11}{2}\right]$$

3° ***a***) Lorsque m est élément de E, les deux racines x' et x'' de **(1)** sont non nulles et de signes contraires si, et seulement si, on a : $x'x'' < 0$ **(2)**.

Comme $x'x'' = \dfrac{c}{a} = \dfrac{2m + 3}{m - 2}$, **(2)** $\iff \dfrac{2m + 3}{m - 2} < 0$ **(3)**. Or le signe du quotient $\dfrac{2m + 3}{m - 2}$ est le même que celui du produit $(2m + 3)\,(m - 2)$, trinôme du second degré dont les zéros sont $-\dfrac{3}{2}$ et 2 : **(3)** $\iff m \in \left]-\dfrac{3}{2}, 2\right[$

Conclusion : $E_1 = \left]-\dfrac{3}{2}, 2\right[$

b) Lorsque m est élément de E, les deux racines x' et x'' de **(1)** sont strictement négatives si, et seulement si, on a : $x'x'' > 0$ et $x' + x'' < 0$.

Or : $x'x'' = \dfrac{c}{a} = \dfrac{2m + 3}{m - 2}$ et $x' + x'' = -\dfrac{b}{a} = -\dfrac{2m + 3}{m - 2}$

$x'x'' > 0 \iff \dfrac{2m + 3}{m - 2} > 0$ **(4)** ; $x' + x'' < 0 \iff \dfrac{2m + 3}{m - 2} > 0$ **(5)**

Les conditions **(4)** et **(5)** constituent une seule et même condition, qui est satisfaite pour : $m \in \left]-\infty, -\dfrac{3}{2}\right[\cup \left]2, +\infty\right[$

Conclusion : $E_2 = \left]2, \dfrac{11}{2}\right[$

21 **1°** **1^er^cas :** $m = -2$. L'équation **(1)** est du premier degré et s'écrit : $-3x + 7 = 0$; elle a une solution et une seule : $\frac{7}{3}$.

2e cas : $m \neq -2$. L'équation **(1)** est du second degré. Son discriminant est :
$\Delta = (m+5)^2 - 4(m+2)(1-3m) = 13m^2 + 30m + 17$.
On peut observer que $13 - 30 + 17 = 0$, donc : $m' = -1$ est un zéro de Δ ;
l'autre zéro m'' est tel que $m'm'' = \frac{17}{13}$; d'où : $m'' = -\frac{17}{13}$.

On a donc : $\Delta \leqslant 0 \Leftrightarrow m \in \left[-\frac{17}{13}, -1\right]$. On en déduit :

Si $m \in \left]-\frac{17}{13}, -1\right[$, alors **(1)** n'a aucune solution.

Si $m \in]-\infty, -2[\cup]-2, -\frac{17}{13}[\cup]-1, +\infty[$, alors **(1)** a deux solutions distinctes.

Si $m \in \left\{-\frac{17}{13}, -1\right\}$, alors **(1)** a une racine double.

Pour $\mathrm{m} = -\frac{17}{13}$, *on trouve* $\mathrm{x}' = \mathrm{x}'' = \frac{8}{3}$; *pour* $\mathrm{m} = -1$, *on trouve* $\mathrm{x}' = \mathrm{x}'' = 2$

2° On a : $x'x'' = \frac{c}{a} = \frac{1-3m}{m+2}$ **(2)** ; $x' + x'' = -\frac{b}{a} = \frac{m+5}{m+2}$ **(3)**.

D'après **(2)**, on a : $m(x'x'' + 3) = 1 - 2x'x''$, d'où : $m = \frac{1-2x'x''}{x'x''+3}$ (car : d'après **(2)**, il est impossible d'avoir $x'x'' = -3$). En portant cette valeur de m dans l'égalité **(3)**, on obtient l'égalité $3x'x'' - 7(x' + x'') + 16 = 0$ **(4)** liant x' et x'' lorsque ces réels existent, c'est-à-dire pour

$$m \in \left]-\infty, -2\right[\cup \left]-2, -\frac{17}{13}\right] \cup \left[-1, +\infty\right[$$

Nous vous laissons le soin de faire le calcul indiqué pour trouver l'égalité **(4)**. *Vous pouvez, d'autre part, vérifier que* **(4)** *est satisfaite quand* $\mathrm{x}' = \mathrm{x}'' = \frac{8}{3}$ *et* $\mathrm{x}' = \mathrm{x}'' = 2$, *valeurs trouvées dans* **1°**.

3° ***a***) (3 solution de **(1)**) $\Leftrightarrow (m+2)(3)^2 - (m+5)(3) + 1 - 3m = 0$ **(5)** ;
(5) $\Leftrightarrow 3m + 4 = 0 \Leftrightarrow m = -\frac{4}{3}$

Calcul de x''
Première méthode
$3x'' = \frac{c}{a} = \frac{1-3m}{m+2} = \frac{3+12}{-4+6} = \frac{15}{2}$, d'où : $x'' = \frac{5}{2}$.
Deuxième méthode
Pour $m = -\frac{4}{3}$, **(1)** s'écrit $\left(-\frac{4}{3} + 2\right)x^2 - \left(-\frac{4}{3} + 5\right)x + 1 + 4 = 0$, équation équivalente à $2x^2 - 11x + 15 = 0$. On peut vérifier que 3 est bien solution de cette équation (c'est l'avantage de la méthode) ; on a ensuite :
$3x'' = \frac{15}{2}$, d'où : $x'' = \frac{5}{2}$.

Troisième méthode
D'après l'égalité **(4)** obtenue dans *2*, en remplaçant x' par 3,

on obtient $9x'' - 7(3 + x'') + 16 = 0$, d'où : $2x'' = 5$, ce qui donne : $x'' = \frac{5}{2}$.

b) (k solution de **(1)**) $\Leftrightarrow$ $((m + 2)k^2 - (m + 5)k + 1 - 3m = 0$ **(6)** ;
(6) $\Leftrightarrow$ $m(k^2 - k - 3) = -(2k^2 - 5k + 1)$ **(7)**.
Cherchons les zéros du trinôme $k^2 - k - 3$: son discriminant est $\Delta = 13$,

donc : $k^2 - k - 3 = 0 \Leftrightarrow k \in \left\{\frac{1 - \sqrt{13}}{2}, \frac{1 + \sqrt{13}}{2}\right\}$

Cherchons les zéros du trinôme $2k^2 - 5k + 1$: son discriminant est $\Delta = 17$,

donc : $2k^2 - 5k + 1 = 0 \Leftrightarrow k \in \left\{\frac{5 - \sqrt{17}}{4}, \frac{5 + \sqrt{17}}{4}\right\}$

Discussion

Si $k \in \left\{\frac{1 - \sqrt{13}}{2}, \frac{1 + \sqrt{13}}{2}\right\}$, l'étude précédente montre que le premier membre de **(7)** prend la valeur 0 quel que soit le réel m, alors que le second membre de **(7)** ne prend pas la valeur 0. Aucun réel m n'est solution de **(7)**, donc aucune équation **(1)** n'admet k pour solution.

Si $k \notin \left\{\frac{1 - \sqrt{13}}{2}, \frac{1 + \sqrt{13}}{2}\right\}$, alors on a : $k^2 - k - 3 \neq 0$, l'égalité **(7)** est satisfaite pour une valeur et une seule : $m = \frac{-(2k^2 - 5k + 1)}{k^2 - k - 3}$. Pour cette valeur m, l'équation **(1)** admet k pour solution.

22 **Choix de l'inconnue**
Soit x la mesure, en cm, de la longueur du rectangle ; la largeur a alors pour mesure : $34 - x$, et on a $x \geqslant 17$ (1).

Mise en équation
D'après le théorème de Pythagore, on a :
$x^2 + (34 - x)^2 = 26^2$ (2).

Résolution de l'équation (2)
(2) $\Leftrightarrow$ $2x^2 - 68x + 34^2 - 26^2 = 0$;
(2) $\Leftrightarrow$ $2x^2 - 68x + 480 = 0$;
(2) $\Leftrightarrow$ $x^2 - 34x + 240 = 0$
$\Delta = 34^2 - 4 \times 240 = 196 = 14^2$.
L'équation (2) a deux solutions :
$\frac{34 + 14}{2} = 24$; $\frac{34 - 14}{2} = 10$
D'après (1), on a : $x = 24$.

Conclusion
Le rectangle a pour longueur 24 cm et pour largeur 10 cm (car $10 = 34 - 24$).
Si l'on avait désigné par x la largeur, on aurait obtenu la même équation (2) ; c'est la raison pour laquelle l'équation (2) a pour solutions la mesure de la longueur et la mesure de la largeur.

23 **Choix de l'inconnue**

Soit x la vitesse du cycliste, exprimée en km/h ; la vitesse de l'automobiliste est donc égale à $x + 65$, et l'on a $x > 0$ (1).

Mise en équation

Soit t_1 le temps, exprimé en minutes, mis par le cycliste pour parcourir les 55 derniers kilomètres : $t_1 = \left(\frac{55}{x}\right) \times 60$ $\left[\text{formule : } t = \frac{d}{v}\right]$

Soit t_2 le temps, exprimé en minutes, mis en tout par l'automobiliste :

$$t_2 = \frac{75 \times 60}{x + 65} + 5 + \frac{75 \times 60}{x + 65}.$$

D'après l'énoncé, on a : $t_1 = t_2 + 27$, d'où :

$$\frac{55 \times 60}{x} = \frac{150 \times 60}{x + 65} + 32.$$

En multipliant les deux membres par $x\ (x + 65)$, et en regroupant les termes, on obtient l'équation :

$32x^2 + 7\,780x - 214\,500 = 0$,

puis, en divisant les deux membres par 4 :

$8x^2 + 1\,945x - 53\,625 = 0$ (2).

Résolution de l'équation (2)

$\Delta = 1\,945^2 + 4 \times 8 \times 53\,625 = (2\,345)^2$

L'équation (2) a deux solutions :

$$\frac{-\,1\,945 + 2\,345}{16} = 25 \quad ; \quad \frac{-\,1\,945 - 2\,345}{16} = -\,268{,}125.$$

D'après (1), on a : $x = 25$

Conclusion

La vitesse du cycliste est de 25 km/h ; la vitesse de l'automobiliste est de 90 km/h ($25 + 65 = 90$).

4 FACTORISATION D'UN POLYNÔME

- **Polynômes (généralités)**
- **Factorisation par $(x-a)$**

Polynômes (généralités)

- **Fonction polynôme**

Soit a_0, a_1, ..., a_n une suite de $(n + 1)$ nombres réels. La fonction numérique réelle $f : x \mapsto a_n x^n + ... + a_1 x + a_0$ est appelée fonction polynôme de la variable réelle x, ou plus simplement, fonction polynôme.

Les réels a_0, a_1, ... a_n sont les *coefficients* de cette fonction polynôme.

- **Polynôme**

On appelle polynôme de la variable réelle x, ou, plus simplement, polynôme, l'image $f(x)$ de x par une fonction polynôme f.

– La fonction polynôme f est dite associée au polynôme $f(x)$. Les coefficients du polynôme $f(x)$ sont les coefficients de la fonction polynôme qui lui est associée.

– Sous la forme : $f(x) = a_n x^n + ... + a_1 x + a_0$, on dit que le polynôme $f(x)$ est ordonné suivant les puissances décroissantes de x.

Sous la forme : $f(x) = a_0 + a_1 x + ... + a_n x^n$, on dit que le polynôme $f(x)$ est ordonné suivant les puissances croissantes de x.

- **Fonction monôme**

La fonction $x \mapsto a_p x^p$ ($a_p \in \mathbb{R}$ et $p \in \mathbb{N}$) est une fonction monôme.

– $a_p x^p$ est un *monôme* : si $a_p = 0$, $a_p x^p$ est le monôme nul ; si $a_p \neq 0$, $a_p x^p$ a pour coefficient a_p et pour exposant p.

– Deux monômes non nuls de même exposant sont dits *semblables* ; dans le cas contraire ils sont dits *dissemblables*.

– Toute fonction polynôme peut être considérée comme somme de fonctions monômes.

- La **somme** de deux fonctions polynômes f et g est une fonction polynôme. Le polynôme $(f + g)(x)$ est la somme des polynômes $f(x)$ et $g(x)$.

- Le **produit** de deux fonctions polynômes f et g est une fonction polynôme. Le polynôme $(fg)(x)$ est le produit des polynômes $f(x)$ et $g(x)$.

- Une fonction polynôme f est la **fonction nulle** si, et seulement si, tous ses coefficients sont nuls : $f(x)$ est alors le **polynôme nul**.

• Deux fonctions polynômes sont *égales* (les polynômes correspondants sont dits *égaux* ou *identiques*) si, et seulement si, elles ont les mêmes coefficients.

• **Degré d'une fonction polynôme**

La fonction $f : x \mapsto a_n x^n + \ldots + a_1 x + a_0$, avec $a_n \neq 0$, a pour degré n. Le polynôme $f(x)$ a également pour degré n (ou : $f(x)$ est du n-ième degré) ;
on écrit : $\deg[f(x)] = n$.

– La notion de degré n'est pas définie pour le polynôme nul.

– Si $a_p \neq 0$, le monôme $a_p x^p$ est de degré p.

Factorisation par $(x - a)$

• *Définition*

On dit que le polynôme $f(x)$ est factorisable par $(x - a)$ lorsqu'on peut écrire $f(x) = (x - a) f_1(x)$, où $f_1(x)$ est un polynôme.

• *Propriété*

Le polynôme $f(x)$ est factorisable par $(x - a)$ si, et seulement si, on a $f(a) = 0$.
Lorsque $f(a) = 0$, on dit indifféremment que a est un **zéro du polynôme $f(x)$** ou que a est une **solution** (ou : une **racine**) de l'équation $f(x) = 0$.

• Pour le polynôme $f(x)$, le réel a est un zéro :

– *simple* (ou : d'ordre un), quand $f(x) = (x - a) f_1(x)$, avec $f_1(a) \neq 0$;

– *double* (ou : d'ordre deux), quand $f(x) = (x - a)^2 f_2(x)$, avec $f_2(a) \neq 0$;

– *triple* (ou : d'ordre trois), quand $f(x) = (x - a)^3 f_3(x)$, avec $f_3(a) \neq 0$.

EXERCICES

Polynômes (généralités)

1 Précisez l'ensemble $\mathcal{D}$ de définition de la fonction :

$f : x \mapsto (3x + \sqrt{x + 2})^2 + (3x - \sqrt{x + 2})^2$

et montrez que f coïncide sur $\mathcal{D}$ avec une fonction polynôme.

2 On donne les fonctions polynômes $f : x \mapsto 3x - 1$ et $g : x \mapsto x^2 + 2$.
Ordonnez les polynômes $(g \circ f)(x)$ et $(f \circ g)(x)$ suivant les puissances décroissantes de x.

3 On donne les polynômes :
$f(x) = x^3 - 3x + 1$; $g(x) = 4x^4 - 5x^2 + x$; $h(x) = x^2 - 8$.
Ordonnez, suivant les puissances croissantes de x le polynôme
$k(x) = f(x) + 2g(x) - h(x)$.

4 On donne les polynômes :
$f(x) = 3x^2 - 5x + 1$ et $g(x) = x^3 - 4x + 7$.
Ordonnez le polynôme $h(x) = f(x) \times g(x)$ suivant les puissances décroissantes de x.

5 On considère le polynôme $f(x) = 4x^2 - 3x + 2$.
Ordonnez le polynôme $g(x) = [f(x)]^2$ suivant les puissances décroissantes de x.

6 Montrez que le polynôme $f(x) = x^4 + 2x^2 + 9$ peut être considéré comme le produit de deux polynômes du second degré.

7 Montrez que le polynôme $f(x) = x^4 - 3x^2 + 16$ peut être considéré comme le produit de deux polynômes du second degré.

8 *(d'après bac)*
On considère un polynôme P tel que :
$P(x) = ax^2 + bx + c$; $P(1) = 0$; $P(5) = 0$; $P(2) = -3$.
Calculez a, b, c.

■ **Factorisation par $x - a$**

9 *(d'après bac)*
On considère le polynôme $P(x) = 3x^3 - 8x^2 - x + 10$. Calculez $P(2)$. Factorisez $P(x)$ par $x - 2$ et déduisez-en que $P(x)$ peut s'écrire sous la forme du produit de trois polynômes du premier degré.

10 *(d'après bac)*
Résolvez dans $\mathbb{R}$ l'équation $2x^3 - 3x^2 - 2x + 3 = 0$ **(1)** après avoir observé que 1 est solution de cette équation.

11 *(d'après bac)*
Soit P la fonction polynôme de la variable réelle x définie par :
$P(x) = x^4 + x^3 - 7x^2 - x + 6$. Calculez $P(1)$ et $P(-1)$.
Déduisez-en une factorisation de $P(x)$ et résolvez dans $\mathbb{R}$ l'équation $P(x) = 0$.

PROBLÈMES

12 On considère le polynôme $P(x) = 9x^4 - 25x^2 + 16$.

1° *a*) Résolvez dans $\mathbb{R}$ l'équation $P(x) = 0$ en considérant cette équation comme une équation bicarrée (voir chapitre précédent).
b) Déduisez de *a*) une factorisation du polynôme $P(x)$.

2° Démontrez que -1 et 1 sont des zéros du polynôme $P(x)$; déduisez-en une factorisation de $P(x)$, puis la résolution de l'équation $P(x) = 0$.

3° *a*) En observant que $9x^4 + 16 = (3x^2 + 4)^2 - 24x^2$, montrez que $P(x)$ est le produit de deux polynômes du second degré.
b) Déduisez de *a) que* $P(x)$ est le produit de quatre polynômes du premier degré.

13 *(d'après bac)*

On admet que le polynôme à coefficients réels $P(x) = \frac{1}{3}x^3 + ax^2 + bx$ vérifie, pour tout nombre réel x, l'égalité $P(x+1) - P(x) = x^2$.

1° Sans déterminer a et b, calculez $P(0)$, $P(1)$ et $P(-1)$.

2° Calculez a et b.

3° *Applications :*

a) Montrez par récurrence que pour tout entier $n \geqslant 0$, $P(n)$ est entier.

b) On pose $S_1 = 1$ et $S_n = 1^2 + 2^2 + \dots + n^2$ (somme des carrés des n premiers entiers naturels). Démontrez les égalités $S_n = P(n+1) = \frac{n(n+1)(2n+1)}{6}$.

14 On considère le polynôme $f(x) = x^3 + 3(\sqrt{2} - 1)x^2 - 6\sqrt{2}x + 2 - 4\sqrt{2}$.

1° *a*) On pose $X = x + \sqrt{2}$. Précisez le polynôme en X : $g(X) = f(X - \sqrt{2})$.

b) Calculez $g(1)$ et déduisez-en une factorisation de $g(X)$.

c) Montrez que $g(X)$ peut s'écrire sous la forme d'un produit de trois polynômes du premier degré en X.

2° Déduisez du **1°** que $f(x)$ peut s'écrire sous la forme d'un produit de trois polynômes du premier degré en x.

SOLUTIONS DES EXERCICES

1 $\mathscr{D} = [-2, +\infty[$; sur $\mathscr{D}$, $f(x) = 18x^2 + 2x + 4$.

2 $(g \circ f)(x) = (3x-1)^2 + 2$, d'où : $(g \circ f)(x) = 9x^2 - 6x + 3$;
$(f \circ g)(x) = 3(x^2+2) - 1 = 3x^2 + 5$.

3 $k(x) = 9 - x - 11x^2 + x^3 + 8x^4$.

4 $h(x) = 3x^5 - 5x^4 - 11x^3 + 41x^2 - 39x + 7$.

5 $g(x) = 16x^4 - 24x^3 + 25x^2 - 12x + 4$.

6 $x^4 + 9 = (x^2+3)^2 - 6x^2$, d'où : $f(x) = (x^2+3)^2 - 4x^2$.
On en déduit : $f(x) = (x^2-2x+3)(x^2+2x+3)$.

7 $x^4 + 16 = (x^2+4)^2 - 8x^2$, d'où : $f(x) = (x^2+4)^2 - 11x^2$.
On en déduit $f(x) = (x^2-x\sqrt{11}+4)(x^2+x\sqrt{11}+4)$.

8 On a : $a + b + c = 0$ **(1)** ; $25a + 5b + c = 0$ **(2)** ; $4a + 2b + c = -3$ **(3)**.
D'après **(1)**, $c = -a - b$. En remplaçant c par $-a - b$ dans les égalités **(2)** **(3)**, on obtient : $24a + 4b = 0$; $3a + b = -3$. On en déduit : $(a, b) = (1, -6)$, puis : $c = -1 + 6 = 5$. On a donc : $P(x) = x^2 - 6x + 5$.

9 $P(2) = 3(2^3) - 8(2^2) - 2 + 10 = 24 - 32 - 2 + 10 = 0$. Il existe donc un polynôme $Q(x)$ tel que : $P(x) = (x-2)\,Q(x)$.
Pour déterminer $Q(x)$, nous vous proposons deux méthodes classiques :
Première méthode
$P(x) = P(x) - P(2) = 3x^3 - 8x^2 - x + 10 - (3\times 2^3 - 8\times 2^2 - 2 + 10)$;
$P(x) = 3(x^3-2^3) - 8(x^2-2^2) - (x-2)$;
$P(x) = (x-2)\,[3(x^2+2x+4) - 8(x+2) - 1]$;
$P(x) = (x-2)(3x^2-2x-5)$.
L'utilisation de cette première méthode suppose connue l'identité remarquable :
$a^3 - b^3 = (a-b)(a^2+ab+b^2)$.

Deuxième méthode (dite des coefficients indéterminés)
$Q(x)$ est un polynôme de degré $3 - 1 = 2$, donc : $Q(x) = ax^2 + bx + c$.
On a alors : $P(x) = (x-2)(ax^2+bx+c)$,
d'où : $3x^3 - 8x^2 - x + 10 = ax^3 + (-2a+b)\,x^2 + (-2b+c)\,x - 2c$.
La dernière égalité doit être satisfaite pour tout x réel (ou : les polynômes qui constituent les deux membres de cette égalité sont égaux), on a donc :
$3 = a$; $-8 = -2a + b$; $-1 = -2b + c$; $10 = -2c$,
on en déduit : $(a, b, c) = (3, -2, -5)$, d'où : $P(x) = (x-2)(3x^2-2x-5)$.

Les zéros du polynôme $3x^2 - 2x - 5$ sont -1 et $\frac{5}{3}$ (voir chapitre précédent pour les calculer). d'où : $3x^2 - 2x - 5 = 3(x+1)\left(x - \frac{5}{3}\right) = (x+1)(3x-5)$.

Conclusion : $P(x) = (x-2)(x+1)(3x-5)$.

10 Soit $f(x)$ le polynôme premier membre de l'équation (**1**).
On a : $f(1) = 2 - 3 - 2 + 3 = 0$, donc : $f(x) = (x-1)\,g(x)$. Un calcul analogue à celui qui a été fait dans l'exercice précédent donne : $g(x) = 2x^2 - x - 3$.
Nous vous recommandons d'utiliser les deux méthodes exposées sur l'exemple proposé dans l'exercice précédent pour retrouver g(x).
L'équation (**1**) s'écrit : $(x-1)(2x^2-x-3) = 0$; elle est satisfaite quand on a :
$x - 1 = 0$ (**2**) ou $2x^2 - x - 3 = 0$ (**3**). Les solutions de l'équation (**3**) sont : -1 ; $\frac{3}{2}$ (voir chapitre précédent pour trouver ces solutions). L'équation (**1**) a donc trois solutions : 1 ; -1 ; $\frac{3}{2}$.

11 $P(1) = 1 + 1 - 7 - 1 + 6 = 0$; $P(-1) = 1 - 1 - 7 + 1 + 6 = 0$. Puisque 1 est un zéro de $P(x)$, on a : $P(x) = (x-1)\,Q(x)$. Mais $P(-1) = 0$ donne $0 = -2\,Q(-1)$, d'où : $Q(-1) = 0$, ce qui prouve que : $Q(x) = (x+1)\,Q_1(x)$.
Conclusion : $P(x) = (x-1)\,(x+1)\,Q_1(x)$, soit encore $P(x) = (x^2-1)\,Q_1(x)$. Le degré du polynôme $Q_1(x)$ est $4 - 2 = 2$, donc : $P(x) = (x^2-1)(ax^2+bx+c)$,
ou encore : $x^4 + x^3 - 7x^2 - x + 6 = ax^4 + bx^3 + (-a+c)\,x^2 - bx - c$.
Les deux membres de la dernière égalité étant des polynômes égaux, on a :
$1 = a$; $1 = b$; $-7 = -a + c$; $-1 = -b$; $6 = -c$.
On en déduit : $(a, b, c) = (1, 1, -6)$; $P(x) = 0 \Leftrightarrow (x-1)(x+1)(x^2+x-6) = 0$.
D'autre part : $x^2 + x - 6 = 0 \Leftrightarrow x \in \{-3, 2\}$ (voir chapitre précédent).
Les solutions de l'équation $P(x) = 0$ sont donc : -1 ; 1 ; -3 ; 2.

12 1° a) **Résolution de l'équation $P(x) = 0$**

$$P(x) = 0 \Leftrightarrow \begin{cases} x^2 = X & (1) \\ 9X^2 - 25X + 16 = 0 & (2) \end{cases}$$

On peut observer que $X' = 1$ est solution de (**2**) ; l'autre solution est X'' telle que $X'X'' = \frac{16}{9}$, d'où : $X'' = \frac{16}{9}$. Pour $X = 1$, (**1**) donne $x \in \{-1 ; 1\}$; pour $X = \frac{16}{9}$, (**1**) donne $x \in \left\{-\frac{4}{3}, \frac{4}{3}\right\}$.

Conclusion : L'équation $P(x) = 0$ a pour solutions : $-1 ; 1 ; -\frac{4}{3} ; \frac{4}{3}$.

b) **Factorisation de $P(x)$**

On a : $P(x) = 9(X-X')(X-X'') = 9(x^2-1)\left(x^2 - \frac{16}{9}\right) = (x^2-1)(9x^2-16)$.

D'où : $P(x) = (x-1)(x+1)(3x-4)(3x+4)$.

2° *Notez que cette deuxième méthode ne doit pas faire intervenir les résultats obtenus dans la résolution de la question* **1**.
On a : $P(1) = P(-1) = 9 - 25 + 16 = 0$, donc : $P(x) = (x-1)(x+1)\,Q(x)$; $Q(x)$ est un polynôme du second degré $(4-2=2)$.
D'où : $P(x) = (x^2-1)(ax^2+bx+c)$.
On a donc : $9x^4 - 25x^2 + 16 = ax^4 + bx^3 + (-a+c)\,x^2 - bx - c$.
Le premier membre et le second membre de cette égalité étant deux polynômes égaux, on a : $9 = a$; $0 = b$; $-25 = -a + c$; $16 = -c$.
D'où : $(a, b, c) = (9, 0, -16)$; $P(x) = (x^2-1)(9x^2-16)$.
$P(x) = 0 \Leftrightarrow (x^2-1=0$ ou $9x^2-16=0)$.
On retrouve les mêmes solutions pour $P(x) = 0$ que dans **1°**.

3° a) **$P(x)$ produit de deux polynômes du second degré**
On a : $P(x) = [(3x^2+4)^2 - 24x^2] - 25x^2 = (3x^2+4)^2 - 49x^2$.
D'où : $P(x) = (3x^2+4-7x)(3x^2+4+7x) = (3x^2-7x+4)(3x^2+7x+4)$.

b) **$P(x)$ produit de quatre polynômes du premier degré**
Observons que : $3 - 7 + 4 = 0$, donc : 1 est un zéro du polynôme $3x^2 - 7x + 4$.
On en déduit que : $3x^2 - 7x + 4 = (x-1)(3x-4)$. De même : $3 - 7 + 4 = 0$, donc : -1 est un zéro du polynôme $3x^2 + 7x + 4$.
On en déduit que : $3x^2 + 7x + 4 = (x+1)(3x+4)$.

Conclusion : $P(x) = (x-1)(3x-4)(x+1)(3x+4)$.

13 1° **Calcul de $P(0)$, $P(1)$; $P(-1)$**

$P(0) = \frac{1}{3}(0) + a(0) + b(0) = 0$;
$P(1) - P(0) = 0$, donc : $P(1) = 0$;
$P(2) - P(1) = 1$, donc : $P(2) = 1$;

2° Calcul de a et b

$P(1) = 0 \Rightarrow \frac{1}{3} + a + b = 0$ (**1**) ; $P(2) = 1 \Rightarrow \frac{8}{3} + 4a + 2b = 1$ (**2**)

Les égalités (**1**) et (**2**) donnent sans difficulté : $(a, b) = \left(-\frac{1}{2}, \frac{1}{6}\right)$.

3° *a*) $P(n)$ entier
$P(0)$ est entier. Soit h un entier supérieur ou égal à zéro ; supposons que l'on ait $P(h)$ entier : l'égalité $P(h+1) = P(h) + h^2$ prouve que $P(h+1)$ est aussi entier. On a ainsi démontré par récurrence que $P(n)$ est entier pour tout $n \geqslant 0$.
La propriété « P(n) est entier » étant vrai pour n = 0, *elle l'est encore pour* n = 1 (h=0) ; *vraie pour* n=1, *elle l'est encore pour* n = 2 (h=1), *etc.*

b) **Égalité $S_n = P(n+1)$**
Écrivons l'égalité $P(h+1) - P(h) = h^2$, pour $h \in \{1, 2, ..., n\}$:

$$\begin{aligned} P(2) &- P(1) &&= 1 \\ P(3) &- P(2) &&= 2^2 \\ P(4) &- P(3) &&= 3^2 \\ P(n) &- P(n-1) &&= (n-1)^2 \\ P(n+1) &- P(n) &&= n^2 \end{aligned}$$

En additionnant membre à membre ces n égalités, on obtient :
$P(n+1) - P(1) = S_n$, d'où : $S_n = P(n+1)$, car : $P(1) = 0$.

Égalité $P(n+1) = \dfrac{n(n+1)(2n+1)}{6}$

D'après **2°**, on a : $P(x) = \dfrac{1}{3}x^3 - \dfrac{1}{2}x^2 + \dfrac{1}{6}x = \dfrac{x(2x^2-3x+1)}{6}$
D'autre part, 1 est un zéro du polynôme $2x^2 - 3x + 1$, car : $2 - 3 + 1 = 0$.
Donc : $2x^2 - 3x + 1 = (x-1)(2x-1)$.
Conclusion : $P(x) = \dfrac{x(x-1)(2x-1)}{6}$. *On en déduit :*

$$P(n+1) = \frac{(n+1)\,n[2(n+1)-1]}{6} = \frac{n(n+1)(2n+1)}{6}$$

14 1° *a*) **Calcul de $g(X)$**

$g(X) = (X-\sqrt{2})^3 + 3(\sqrt{2}-1)(X-\sqrt{2})^2 - 6\sqrt{2}\,(X-\sqrt{2}) + 2 - 4\sqrt{2}$. On en déduit : $g(X) = X^3 - 3X^2 - 6X + 8$.
Nous vous conseillons vivement de faire le calcul pour retrouver le résultat donné.

b) **Factorisation de $g(X)$**
On a : $g(1) = 1 - 3 - 6 + 8 = 0$, d'où : $g(X) = (X-1)(aX^2+bX+c)$. L'égalité : $X^3 - 3X^2 - 6X + 8 = aX^3 + (-a+b)X^2 + (-b+c)X - c$ étant vraie pour tout réel X, on a : $1 = a$; $-3 = -a + b$; $-6 = -b+c$; $8 = -c$,
d'où : $(a, b, c) = (1, -2, -8)$.
Donc : $g(X) = (X-1)(X^2-2X-8)$.

c) **Calculons les zéros du polynôme $X^2 - 2X - 8$:**

$\Delta' = 1 + 8 = 9$; $X' = \dfrac{1-3}{1} = -2$; $X'' = \dfrac{1+3}{1} = 4$.
D'où : $X^2 - 2X - 8 = (X+2)(X-4)$.
Conclusion : $g(X) = (X-1)(X+2)(X-4)$, d'après b.

2° $f(x)$ produit de trois polynômes du premier degré
En remplaçant X par $x + \sqrt{2}$, dans l'égalité obtenue à la question **1° c**, on obtient : $f(x) = (x+\sqrt{2}-1)(x+\sqrt{2}+2)(x+\sqrt{2}-4)$.

SUITES ARITHMÉTIQUES ET GÉOMÉTRIQUES

5

- **Suites numériques (généralités)**
- **Suites arithmétiques**
- **Suites géométriques**

Suites numériques (généralités)

Définitions et notations

• Une **suite numérique réelle** (ou, plus simplement **suite réelle**), définie sur l'ensemble $\mathbb{N}$ des entiers naturels, est une application u de $\mathbb{N}$ dans $\mathbb{R}$.

• L'image de n par l'application u est notée $\boldsymbol{u_n}$ [au lieu de : $u(n)$] ; la suite considérée est notée (u_n), ou encore : $(\boldsymbol{u_n})_{n \in \mathbb{N}}$; u_n est appelé le **terme général** de la suite (u_n).

• u_0, u_1, ..., u_n sont respectivement le premier terme, le deuxième terme, ..., le $(n+1)$-ième terme (ou : terme de rang $n+1$) de la suite (u_n). Le nombre des termes de cette suite est illimité (ou : infini) ; on dit que **la suite (u_n) est infinie**.

• Si I est une partie de $\mathbb{N}$, une application de I dans $\mathbb{R}$ est une **suite réelle définie sur *I*** :
– il est fréquent d'avoir $I = \mathbb{N}^* = \mathbb{N} \backslash \{0\}$;
– lorsque I comprend un nombre limité (ou : fini) d'éléments, on dit que la suite (u_n) est finie.

Exemples

• Une suite peut être **définie par son terme général**.
– Par exemple, la suite (u_n) définie sur $\mathbb{N}$ par $\boldsymbol{u_n = (-2)^n + 5}$.
On a : $u_0 = 1 + 5 = 6$; $u_1 = -2 + 5 = 3$; $u_2 = 4 + 5 = 9$; ...

– La suite (v_n) définie sur $\{0, 1, 2, ..., 10\}$ par son terme général $\boldsymbol{v_n = \sqrt{10 - n}}$ est une suite finie : $v_0 = \sqrt{10}$; $v_1 = 3$; ... ; $v_{10} = 0$.

• Une suite peut être **définie par une relation de récurrence**.
– Par exemple, la suite (u_n) définie sur $\mathbb{N}$ par $\boldsymbol{u_0 = 1}$ et $\boldsymbol{u_n = u_{n-1}^2} + 2$, pour $n \geqslant 1$. On a : $u_1 = 1^2 + 2 = 3$; $u_2 = 3^2 + 2 = 11$; ...
– Autre exemple : la suite (u_n) définie sur $\mathbb{N}$ par : $\boldsymbol{u_0 = -1}$; $\boldsymbol{u_1 = 2}$, et, pour $n \geqslant 2$: $\boldsymbol{u_n = u_{n-1} - 2u_{n-2}}$. On a : $u_2 = 2 - 2(-1) = 4$; $u_3 = 4 - 2(2) = 0$; ...

Suites arithmétiques

• *Définition.* Une suite arithmétique (ou : *progression arithmétique*) est une suite de nombres où chacun d'eux, sauf le premier, est la somme du précédent et d'un nombre fixe appelé **raison** de la suite.

– Une suite arithmétique est donc déterminée par la connaissance de son premier terme, de sa raison, et, si elle est finie, du nombre de ses termes.

– Il résulte de la définition qu'une suite est une suite arithmétique si, et seulement si, elle satisfait à la relation de récurrence :

$$u_{n+1} = u_n + r, \text{ où } r \text{ est la raison de la suite.}$$

• *Calcul du terme de rang* n. Si u_1 et n_n sont respectivement le premier et le n-ième terme d'une suite arithmétique de raison r, on a alors :

$$u_n = u_1 + (n - 1)r.$$

• *Somme des termes équidistants des termes extrêmes.* Dans une suite arithmétique finie $u_1, \ldots, x, \ldots, y, \ldots, u_n$, x et y sont équidistants des termes extrêmes u_1 et u_n lorsque le nombre de termes compris entre u_1 et x est égal au nombre de termes compris entre y et u_n . On a alors : $x + y = u_1 + u_n$.

• *Somme des* n *premiers termes d'une suite arithmétique.* Soit S_n la somme $u_1 + u_2 + \ldots + u_n$ des n premiers termes d'une suite arithmétique de raison r. On a :

$$S_n = \frac{n(u_1 + u_n)}{2} \quad \text{ou encore :} \quad S_n = \frac{n[2u_1 + (n - 1)r]}{2}.$$

– *Autre écriture.* Pour écrire une somme de n termes, on utilise parfois le symbole $\sum$ (grand sygma).

$\sum_{i=1}^{i=n} u_i$ se lit « somme de $i = 1$ à $i = n$ de u_i » et on a : $\sum_{i=1}^{i=n} u_i = u_1 + u_2 + \ldots + u_n$.

On peut donc écrire :

$$\sum_{i=1}^{i=n} [u_1 + (i - 1)r] = \frac{n\,[2u_1 + (n - 1)r]}{2}.$$

Suites géométriques

• *Définition.* Une suite géométrique (ou : *progression géométrique*) est une suite de nombres où chacun d'eux, sauf le premier, est le produit du précédent et d'un nombre fixe non nul, appelé **raison** de la suite.

– Une suite géométrique est donc déterminée par la connaissance de son premier terme, de sa raison, et, si elle est finie, du nombre de ses termes.

– Il résulte de la définition qu'une suite est une suite géométrique si, et seulement si, elle satisfait à la relation de récurrence $u_{n+1} = u_n q$, où q est la raison de la suite.

• *Calcul du terme de rang* n. Si u_1 et u_n sont respectivement le premier et le n-ième terme d'une suite géométrique de raison q, on a alors : $u_n = u_1 q^{n-1}$.

• *Propriété.* La suite géométrique de terme général $u_n = q^n$, définie sur $\mathbb{N}$, tend vers plus l'infini quand : $q > 1$.

• *Somme des* n *premiers termes d'une suite géométrique.* Soit S_n la somme $u_1 + u_2 + \ldots + u_n$ des n premiers termes d'une suite géométrique de raison q (avec $q \neq 1$).

On a :

$$S_n = u_1 \frac{1 - q^n}{1 - q}$$

Autre formulation :

$$u_1 + u_1 q + u_1 q^2 + ... + u_1 q^{n-1} = u_1 \frac{1 - q^n}{1 - q}$$

Conséquence :

$$(u_1 = 1) : 1 + q + q^2 + ... + q^{n-1} = \frac{1 - q^n}{1 - q} (q \neq 1).$$

On peut aussi écrire (*cf.* ci-dessus :

$$\sum_{i=1}^{i=n} q^{i-1} = \frac{1 - q^n}{1 - q} (q \neq 1).$$

EXERCICES

■ **Suites numériques (généralités)**

1 Soit la suite (u_n) de terme général $u_n = (-2)^n$, avec $n \in \mathbb{N}$. Calculez ses six premiers termes.

2 Soit la suite (u_n) définie sur $\mathbb{N}$ par $u_n = 3n - 19$. Calculez le rang du plus petit terme de cette suite supérieur à 10 000.

3 Une suite (u_n) est définie par $u_1 = 5$, et par la relation de récurrence $u_{n+1} = -3u_n + 7$, pour $n \geqslant 1$. Précisez ses cinq premiers termes.

4 Une suite (u_n) est définie par : $u_0 = 1$ et $u_1 = -2$; pour tout $n \geqslant 2$, $u_n = 4u_{n-1} - u_{n-2}$. Précisez ses cinq premiers termes.

5 Montrez que la suite (u_n), définie sur $\mathbb{N}$ par son terme général $u_n = 5^n$, est **strictement croissante**, c'est-à-dire que l'on a, pour tout n : $\boldsymbol{u_{n+1} > u_n}$ (ou : $\boldsymbol{u_{n+1} - u_n > 0}$).

6 Montrez que la suite (u_n), définie sur $\mathbb{N}$ par son terme général $u_n = \dfrac{6}{2n + 3}$, est **strictement décroissante**, c'est-à-dire que l'on a, pour tout n : $\boldsymbol{u_{n+1} < u_n}$ (ou : $\boldsymbol{u_{n+1} - u_n < 0}$).

■ **Suites arithmétiques**

7 Le premier terme u_1 d'une suite arithmétique est 8, sa raison est 7. Calculez u_{180} .

8 Le premier terme u_0 d'une suite arithmétique est 5, sa raison est -10. Calculez u_{180} .

9 Déterminez le réel x pour que la suite 115, x, 365 soit une suite arithmétique.

10 Calculez les réels $u_2, \ldots, u_{14}$ de telle sorte que la suite : 131, $u_2, \ldots, u_{14}$, 19, soit une suite arithmétique de 15 termes.

Dans les exercices 11 à 16*, on considère une suite arithmétique de premier terme* u_1 *de n-ième terme* u_n . *On désigne sa raison par* r *et la somme* $u_1 + u_2 + \ldots + u_n$ *par* S_n .

11 Calculez u_n et S_n sachant que : $u_1 = 18$; $n = 53$; $r = 11$.

12 Calculez u_1 et S_n sachant que : $u_n = 382$; $n = 21$; $r = -5$.

13 Calculez u_1 et u_n sachant que : $n = 36$; $S_n = 3\,762$; $r = 7$.

14 Calculez r et n sachant que : $u_1 = 25$; $u_n = 445$; $S_n = 14\,335$.

15 Calculez r et S_n sachant que : $u_1 = -15$; $n = 48$; $u_n = 549$.

16 Calculez n et u_n sachant que : $u_1 = 23$; $r = -6$; $S_n = -1\,920$.

---

17 Déterminez trois termes consécutifs a, b, c d'une suite arithmétique sachant que leur somme est égale à 99 et que le produit est égal à 33 825.

■ Suites géométriques

18 Le premier terme d'une suite géométrique est $u_1 = -7$, sa raison est 3. Calculez u_{10} .

19 Le premier terme d'une suite géométrique est $u_0 = 5$, sa raison est -2. Calculez u_{10} .

20 Déterminez le réel x pour que la suite 18, x, 1 458 soit une suite géométrique.

21 Déterminez les réels u_2, u_3, u_4, de telle sorte que la suite 11, u_2, u_3, u_4, 314 171 soit une suite géométrique.

Dans les exercices 22 à 26*, on considère une suite géométrique de premier terme* u_1, *de n-ième terme* u_n . *On désigne sa raison par* q *et la somme* $u_1 + u_2 + \ldots u_n$ *par* S_n .

22 Calculez u_n et S_n sachant que : $u_1 = 8$; $n = 12$; $q = -2$.

23 Calculez u_1 et S_n sachant que : $u_n = 17$; $n = 8$; $q = \frac{1}{4}$

24 Calculez q et n sachant que : $u_1 = -7$; $u_n = -875$; $S_n = -1\,092$.

25 Calculez u_1 et u_n sachant que : $n = 8$; $q = 4$; $S_n = 196\,605$.

26 Calculez n et u_n sachant que : $u_1 = 15$; $q = -2$; $S_n = 40\,965$.

---

27 Déterminez les réels a, b, c sachant qu'ils constituent trois termes consécutifs d'une suite géométrique, que leur somme est égale à 372 et leur produit à 216 000.

28 *(d'après bac)*
La production d'une entreprise est en progression arithmétique et atteint 12 000 exemplaires la sixième année. La production totale au cours de ces six années aura été de 58 500 exemplaires (on pourra appeler u_n la production de la n-ième année).
1° Calculez la production u_1 de la première année et la raison r de la progression.
2° Au bout de combien d'années, si la politique de production ne change pas, la production de l'entreprise dépassera-t-elle le double de la production initiale ?

29 *(d'après bac)*
Une entreprise a commencé sa production avec 7 500 exemplaires. Elle augmente sa production de 10 % chaque année par rapport à la production de l'année précédente.
1° En appelant v_n la production de cette entreprise la n-ième année, montrez que la suite (v_n) est une suite géométrique dont vous déterminerez la raison q .
2° Calculez la production v_6 de cette entreprise la sixième année.
3° Au bout de combien d'années, dans ces conditions, la production dépassera-t-elle le double de la production initiale ?

30 *(d'après bac)*
On considère une suite géométrique croissante (u_n), $n \in \mathbb{N}^*$, dont tous les termes sont négatifs.
1° Calculez u_1, u_2, u_3 sachant que : $u_1 \times u_3 = \frac{4}{9}$; $u_1 + u_2 + u_3 = -\frac{19}{9}$.
2° Calculez u_n en fonction de n, avec $S_n = u_1 + \ldots + u_n$.

31 *(d'après bac)*
On considère une suite géométrique (u_n), $n \in \mathbb{N}^*$, dont les termes sont strictement positifs.
1° Déterminez la raison et le premier terme de cette suite sachant que :
$u_1 \times u_5 = 729 = 27^2$; $u_2 - u_4 = 72$ (on pourra commencer par calculer u_3).
2° Calculez u_n et S_n en fonction de n, avec $S_n = u_1 + \ldots u_n$.

32 *(d'après bac)*
La suite numérique (v_n) est définie sur $\mathbb{N}$ par : $v_{n+1} = \frac{1}{3}v_n + \frac{4}{3}$; $v_0 = 3$.
1° On pose $u_n = v_n - 2$. Démontrez que la suite (u_n) est une suite géométrique.
2° *a*) Calculez $S_n = u_0 + u_1 + \ldots + u_{n-1} + u_n$.
b) Déduisez-en $S'_n = v_0 + v_1 + \ldots + v_{n-1} + v_n$.
3° *a*) Calculez $S_n = 1 + 2 + \ldots + (n-1) + n$.
b) Déduisez-en $P_n = u_0 \times u_1 \times \ldots \times u_{n-1} \times u_n$.

SOLUTIONS DES EXERCICES

1 $u_0 = 1$; $u_1 = -2$; $u_2 = 4$; $u_3 = -8$; $u_4 = 16$.

2 $u_n > 10\ 000 \Leftrightarrow 3n - 19 > 10\ 000 \Leftrightarrow n > 3\ 339{,}66\ldots$
Comme n est entier, on a : $u_n > 10\ 000 \Leftrightarrow n \geqslant 3\ 340$.
Le plus petit terme cherché est $u_{3\ 340} = 10\ 001$.

3 $u_1 = 5$; $u_2 = -8$; $u_3 = 31$; $u_4 = -86$; $u_5 = 265$.

4 $u_0 = 1$; $u_1 = -2$; $u_2 = -9$; $u_3 = -34$; $u_4 = -127$.

5 $u_{n+1} - u_n = 5^{n+1} - 5^n = 5^n(5 - 1) = 5^n \times 4$.
On a bien $u_{n+1} - u_n > 0$ pour tout n de $\mathbb{N}$.

6 $u_{n+1} - u_n = \dfrac{6}{2(n+1)+3} - \dfrac{6}{2n+3} = \dfrac{-12}{(2n+5)(2n+3)}$.
On a bien $u_{n+1} - u_n < 0$ pour tout n de $\mathbb{N}$.

7 $u_{180} = 8 + (180 - 1) \times 7 = 1\ 261$.

8 $u_{180} = 5 + 180 \times (-10) = -1\ 795$.
Observez la différence avec la réponse donnée dans l'exercice précédent : dans la suite considérée ici, u_{180} *est le terme de rang* 181.

9 Soit r la raison de cette suite. On a $x = 115 + r = 365 - r$, d'où : $2r = 365 - 115$.
On en déduit : $r = 125$, puis : $x = 115 + 125 = 240$.

10 Si r est la raison de cette suite, on a : $19 = 131 + 14r$, d'où : $r = \dfrac{-112}{14} = -8$. On a alors $u_2 = 131 - 8 = 123$; $u_3 = 115$; $u_4 = 107$; $u_5 = 99$; $u_6 = 91$; $u_7 = 83$; $u_8 = 75$; $u_9 = 67$; $u_{10} = 59$; $u_{11} = 51$; $u_{12} = 43$; $u_{13} = 35$; $u_{14} = 27$.

11 $u_n = 18 + (53 - 1) \times 11 = 590$; $S_n = \dfrac{53(18 + 590)}{2} = 16\ 112$.

12 $382 = u_1 + (21 - 1)(-5)$, d'où : $u_1 = 482$;
$S_n = \dfrac{21(482 + 382)}{2} = 9\ 072$.

13 $3\ 762 = \dfrac{362u_1 + 35 \times 7}{2}$, d'où : $u_1 = -18$, puis : $u_n = 227$.

14 $14\ 335 = \dfrac{n(25 + 445)}{2}$, d'où : $n = 61$; $445 = 25 + 60r$, d'où : $r = 7$

15 $549 = -15 + 47r$, d'où : $r = 12$; $S_n = \dfrac{48(-15 + 549)}{2} = 12\ 816$.

16 $n[46 + (n - 1)(-6)] = -1\ 920 \times 2$. Donc, n est solution de l'équation :
$6n^2 - 52n - 3\ 840 = 0$. La dernière équation est équivalente à : $n^2 - \dfrac{26}{3}n - 640 = 0$, qui peut s'écrire : $\left(n - \dfrac{13}{3}\right)^2 - \dfrac{169}{9} - 640 = 0$, ou encore : $\left(n - \dfrac{13}{3}\right)^2 - \left(\dfrac{77}{3}\right)^2 = 0$.

On a donc : $\left(n - \frac{13}{3} - \frac{77}{3}\right)\left(n - \frac{13}{3} + \frac{77}{3}\right) = 0$. Comme $n \in \mathbb{N}$, la seule solution possible est $n = \frac{90}{3} = 30$. On a ensuite : $u_n = 23 + 29\,(-6) = -151$.

17 Soit r la raison de cette suite. On a : $a = b - r$; $c = b + r$, donc : $a + b + c = 3b$. On en déduit : $3b = 99$, d'où : $b = 33$. D'autre part, $abc = b(b^2 - r^2)$. On en déduit : $33\,(1\,089 - r^2) = 33\,825$, ou $1\,089 - r^2 = 1\,025$. On a donc : $r^2 = 64$, d'où : $r \in \{-8, +8\}$. Il y a deux solutions : $(a, b, c) = (25, 33, 41)$; $(a, b, c) = (41, 33, 25)$.
Reprenez les calculs en désignant les trois termes : a, a+r, a+2r.

18 $u_{10} = (-7) \times (3)^9 = -137\,781$.

19 $u_{10} = 5 \times (-2)^{10} = 5\,120$.
Observez la différence avec la réponse de l'exercice précédent : ici, u_{10} *est le onzième terme de la suite.*

20 Soit q la raison de cette suite. On a : $x = 18q$ et $x = \frac{1\,458}{q}$;
d'où : $x^2 = 18 \times 1\,458 = 26\,244$; or : $26\,244 = (162)$. On en déduit qu'il y a deux solutions : 18, − 162, 1 458 (la raison est −9) et 18, + 162, 1 458 (la raison est +9).
Remarque : On aurait pu procéder ainsi : $x = 18q$; $1\,458 = xq = 18q^2$,
d'où : $q^2 = \frac{1\,458}{18} = 81$, *ce qui donne :* $q \in \{-9, +9\}$.

21 Soit q la raison de cette suite. On a : $314\,171 = 11q^4$, d'où : $q^4 = 28\,561$. On en déduit : $q^2 = \sqrt{28\,561} = 169$ (car : $q^2 > 0$), puis $q \in \{-13, 13\}$.
Il y a deux solutions : $(u_2, u_3, u_4) = (-143, +1\,859, -24\,167)$, pour $q = -13$ et $(u_2, u_3, u_4) = (143, 1\,859, 24\,167)$, pour $q = 13$.

22 $u_n = 8\,(-2)^{11} = -2\,048$; $S_n = 8\left(\frac{1 - (-2)^{12}}{1 - (-2)}\right) = -10\,920$.

23 $17 = u_1\left(\frac{1}{4}\right)^7$, d'où : $u_1 = 278\,528$; $S_n = 278\,528\left(\frac{1 - \left(\frac{1}{4}\right)^8}{1 - \frac{1}{4}}\right) = 371\,365$.

24 $-875 = (-7)q^{n-1}$, d'où : $q^{n-1} = 125$; $-1\,092 = -7\left(\frac{1 - 125q}{1 - q}\right)$,

d'où : $q = \frac{1\,085}{217} = 5$. Comme $q^3 = 125$, on a : $n = 4$.

25 $196\,605 = u_1\left(\frac{1 - 4^8}{1 - 4}\right)$, d'où : $u_1 = \frac{196\,605}{21\,845} = 9$; $u_n = 9 \times 4^7 = 147\,456$.

26 $40\,965 = 15\left(\frac{1 - (-2)^n}{1 - (-2)}\right)$, d'où : $(-2)^n = -8\,192$, puis : $n = 13$.

On a ensuite : $u_n = 15 \times (-2)^{12} = 61\,440$.

27 Soit q la raison de cette suite. On a : $a = \frac{b}{q}$ et $c = bq$, d'où : $abc = b^3 = 216\ 000$.

On en déduit : $b = 60$ (à l'aide d'une calculatrice).

Puis l'égalité $\frac{b}{q} + b + bq = 372$ donne : $60q^2 - 312q + 60 = 0$ (1).

$$(1) \Leftrightarrow q^2 - \frac{26}{5}q + 1 = 0 \quad \Leftrightarrow \left(q - \frac{13}{5}\right)^2 - \left(\frac{12}{5}\right)^2 = 0$$

$$(1) \Leftrightarrow (q - 5)\left(q - \frac{1}{5}\right) = 0 \Leftrightarrow q \in \left\{\frac{1}{5}, 5\right\}$$

Il y a donc deux solutions :
$(a, b, c) = (12, 60, 300)$; $(a, b, c) = (300, 60, 12)$.

SOLUTIONS DES PROBLÈMES

28 **1°** Les égalités : $12\ 000 = u_1 + 5r$ et $58\ 500 = 6\,\frac{u_1 + 12\ 000}{2}$ donnent :

$$u_1 = \frac{22\ 500}{3} = 7\ 500\ ;\ r = \frac{4\ 500}{5} = 900.$$

2° On a : $u_n = u_1 + (n - 1)r = 7\ 500 + 900\,(n - 1) = 900n + 6\ 600$;

$$u_n > 2u_1 \Leftrightarrow 900n + 6\ 600 > 15\ 000 \Leftrightarrow n > \frac{8\ 400}{900} \Leftrightarrow n > 9,33, \ldots$$

Réponse : Au bout de 10 ans, la production de l'entreprise dépassera le double de la production initiale.

Un raisonnement analogue montrerait que la production de l'entreprise dépasse le triple de la production initiale au bout de 18 ans. Nous vous conseillons d'en faire vous-même la démonstration.

29 **1°** Pour $n \geqslant 1$, on a : $v_{n+1} = v_n + \frac{10}{100}v_n$, donc : $v_{n+1} = 1,1v_n$, ce qui prouve que (v_n) est une suite géométrique de raison $q = 1,1$.

2° On a : $v_6 = v_1 \times (1,1)^5 = 12\ 078{,}825$. En arrondissant à la dizaine la plus voisine, la production de l'entreprise est donc environ de 12 080 exemplaires la sixième année.

3° On a : $u_n = u_1 \times (1,1)^{n-1}$, donc : $u_n > 2u_1 \Leftrightarrow (1,1)^{n-1} > 2$. Or, à l'aide d'une calculatrice, on obtient : $(1,1)^7 < 2 < (1,1)^8$.
Il en résulte que : $u_n > 2u_1 \Leftrightarrow n - 1 \geqslant 8 \Leftrightarrow n \geqslant 9$.

Réponse : Au bout de 9 ans, la production de l'entreprise dépassera le double de la production initiale.

Un raisonnement analogue montrerait que la production de l'entreprise dépasse le triple de la production initiale au bout de 13 ans. Nous vous conseillons d'en faire vous-même la démonstration. Comparez avec la remarque faite à la fin du problème précédent.

30 **1°** Soit q la raison de cette suite. On a : $u_1 = \frac{u_2}{q}$ et $u_3 = u_2 q$, d'où : $u_1 u_3 = u_2^2 = \frac{4}{9}$.

On en déduit : $u_2 = -\frac{2}{3}$ (car u_2 est négatif par hypothèse).

L'égalité $\frac{u_2}{q} + u_2 + u_2 q = -\frac{19}{9}$ donne alors, après simplification :

$6q^2 - 13q + 6 = 0$ (1).

$$\text{(1)} \Leftrightarrow q^2 - \frac{13}{6}q + 1 = 0 \quad \Leftrightarrow \left(q - \frac{13}{12}\right)^2 - \frac{169}{144} + 1 = 0 ;$$

$$\text{(1)} \Leftrightarrow \left(q - \frac{13}{12}\right)^2 - \left(\frac{5}{12}\right)^2 = 0 \Leftrightarrow \left(q - \frac{3}{2}\right)\left(q - \frac{2}{3}\right) = 0 \Leftrightarrow q \in \left\{\frac{2}{3}, \frac{3}{2}\right\}.$$

La suite considérée étant croissante, on a : $q = \frac{2}{3}$ et $(u_1, u_2, u_3) = \left(-1, -\frac{2}{3}, -\frac{4}{9}\right)$.

2° $u_n = u_1 q^{n-1} = -\left(\frac{2}{3}\right)^{n-1}$.

$$S_n = u_1 \left(\frac{1 - q^n}{1 - q}\right) = -\frac{1 - \left(\frac{2}{3}\right)^n}{1 - \frac{2}{3}} = -3\left(1 - \left(\frac{2}{3}\right)^n\right).$$

Vérifiez que l'on retrouve ainsi $u_1 + u_2 + u_3 = -\frac{19}{9}$.

31 **1°** Soit q la raison de cette suite. On a : $u_1 = u_3 \times \frac{1}{q^2}$ et $u_5 = u_3 \times q^2$,

d'où : $u_1 u_5 = (u_3)^2 = 27^2$.

On en déduit $u_3 = 27$ (car : $u_3 > 0$). L'égalité $u_2 - u_4 = 72$ donne alors :

$\frac{u_3}{q} - u_3 q = 72$, d'où, après simplification : $3q^2 + 8q - 3 = 0$ **(1)**.

$$\text{(1)} \Leftrightarrow q^2 + \frac{8}{3}q - 1 = 0 \Leftrightarrow \left(q + \frac{4}{3}\right)^2 - \left(\frac{5}{3}\right)^2 = 0 ;$$

$$\text{(1)} \Leftrightarrow \left(q + \frac{4}{3} + \frac{5}{3}\right)\left(q + \frac{4}{3} - \frac{5}{3}\right) = 0 \Leftrightarrow q \in \left\{-3, \frac{1}{3}\right\}.$$

Tous les termes de la suite étant positifs, on a : $q > 0$, donc : $q = \frac{1}{3}$.

On a alors : $u_1 = u_3 \times \frac{1}{q^2} = 27 \times 9 = 243$.

2° $u_n = u_1 q^{n-1} = 3^5 \left(\frac{1}{3}\right)^{n-1} = \left(\frac{1}{3}\right)^{n-6}$.

$$S_n = u_1 \left(\frac{1 - q^n}{1 - q}\right) = 243 \left(\frac{1 - \left(\frac{1}{3}\right)^n}{1 - \frac{1}{3}}\right) = \frac{729}{2}\left(1 - \left(\frac{1}{3}\right)^n\right).$$

32 **1°** Les égalités : $u_n = v_n - 2$; $u_{n+1} = v_{n+1} - 2$; $v_{n+1} = \frac{1}{3}v_n + \frac{4}{3}$, donnent :

$(u_{n+1} + 2) = \frac{1}{3}(u_n + 2) + \frac{4}{3}$, d'où $u_{n+1} = \frac{1}{3}u_n$, pour tout n de $\mathbb{N}$, ce qui prouve que (u_n) est une suite géométrique de raison $\frac{1}{3}$; son premier terme est $u_0 = v_0 - 2 = 1$.

2° *a*) $S_n = u_0 \left(\dfrac{1 - \left(\frac{1}{3}\right)^{n+1}}{1 - \frac{1}{3}} \right) = \frac{3}{2}\left(1 - \left(\frac{1}{3}\right)^{n+1}\right)$.

b) Observons que : $S'_n = (u_0 + 2) + (u_1 + 2) + \ldots + (u_n + 2) = S_n + 2\,(n + 1)$.
Donc : $S'_n = \frac{3}{2}\left(1 - \left(\frac{1}{3}\right)^{n+1}\right) + 2\,(n + 1)$.

3° *a*) Observons que s_n est la somme des n premiers termes de la suite arithmétique de raison 1 dont le premier terme est égal à 1.
On a donc : $s_n = n\left(\dfrac{1 + n}{2}\right) = \dfrac{n(n + 1)}{2}$.

b) $P_n = u_0 \times (u_0 q) \times \ldots \times (u_0 q^n) = (1)^{n+1} \times q^{1+2+\ldots+n} = \left(\frac{1}{3}\right)^{\frac{n(n+1)}{2}}$

NOMBRES COMPLEXES. FORME $a + ib$

6

Ce chapitre ne concerne pas la section F12

- **Ensemble $\mathbb{C}$ des nombres complexes**
- **Équation du premier degré**
- **Représentation géométrique d'un nombre complexe**
- **Nombres complexes conjugués**

Ensemble $\mathbb{C}$ des nombres complexes

- **Définition**

On définit dans $\mathbb{R}^2$ une addition et une multiplication :
$\forall(a, b) \in \mathbb{R}^2, \forall(a', b') \in \mathbb{R}^2,$
$(a, b) + (a', b') = (a+a', b+b')$ (1)
$(a, b) \times (a', b') = (aa'-bb', ab'+ba')$ (2)
Muni de ces deux opérations, $\mathbb{R}^2$ est appelé **ensemble des nombres complexes**, et est noté $\mathbb{C}$.

- **Partie de $\mathbb{C}$ assimilée à $\mathbb{R}$**

Soit E le sous-ensemble de $\mathbb{C}$ formé des nombres complexes de la forme $(x, 0)$, avec $x \in \mathbb{R}$. On a :
$(a, 0) + (a', 0) = (a+a', 0)$, d'après (1) ;
$(a, 0) \times (a', 0) = (aa', 0)$, d'après (2)
On assimile alors E à $\mathbb{R}$, et le nombre complexe $(a, 0)$ est noté a.

- **Nombre *i***

On a : $(0,1) \times (0,1) = (-1,0)$, d'après (2). En notant **i** le nombre complexe $(0,1)$, on en déduit que : $\boldsymbol{i^2 = -1}$.

- **Notation définitive d'un nombre complexe**

On a : $(a, b) = (a, 0) + (0, b)$
Or, $(0, b) = b(0,1) = bi$
On est conduit à la notation définitive du nombre complexe (a, b) sous laforme $\boldsymbol{a + ib}$ (écriture **cartésienne** ou : **algébrique**) d'un nombre complexe.
Il est commode de désigner par une lettre, par exemple z, un nombre complexe.
Si $\boldsymbol{z = a + ib}$ avec $a \in \mathbb{R}$ et $b \in \mathbb{R}$, on dit que a est la **partie réelle** de z et que b est sa **partie imaginaire**. On note : $\boldsymbol{a = \mathrm{Re}(z)}$; $\boldsymbol{b = \mathrm{Im}(z)}$. Lorsque $b = 0$; on a $\boldsymbol{z = a}$, z est alors un *nombre réel* ; si $a = 0$, on a $\boldsymbol{z = ib}$, z est alors *un nombre complexe pur*.
Remarque importante
La notation $a + bi$, ou $a + ib$, est parfois remplacée par $\boldsymbol{a + bj}$ (dans ce cas : $a \in \mathbb{R}$; $b \in \mathbb{R}$; $j^2=-1$), en particulier en électricité.

- **Égalité de deux nombres complexes**

Si $z = a + ib$ et $z' = a' + ib'$, où a, b, a', b' sont des réels, on a :
$z = z' \Leftrightarrow (a=a' \text{ et } b=b')$.

- **Règles de calcul dans $\mathbb{C}$**

Les règles de calcul dans $\mathbb{C}$ sont les mêmes que dans $\mathbb{R}$, et, chaque fois que l'on rencontre i^2 on le remplace par -1. Soit a, b, a', b' des réels. On a :
$(a+ib) + (a'+ib') = (a+a') + i(b+b')$
[on en déduit que l'opposé de $a + ib$ est $-a + i(-b)$] ;
$(a+ib) \times (a'+ib') = aa'-bb' + i(ab'+ba')$.
[on en déduit que l'inverse de $a + ib$, en supposant $(a, b) \neq (0,0)$, est

$\frac{a}{a^2+b^2} + i\,\frac{(-b)}{a^2+b^2}$].

■ Équation du premier degré

- **Factorisation d'un polynôme**

$f(z) = a_n z^n + a_{n-1} z^{n-1} + \ldots + a_1 z + a_0$, où a_n, a_{n-1}, ..., a_1, a_0, z sont des nombres complexes, est un **polynôme complexe** de la variable complexe z, ou, plus brièvement, un **polynôme en** z de degré n (en supposant $a_n \neq 0$).
Comme dans $\mathbb{R}$:
– l'égalité $f(z_0) = 0$ exprime indifféremment que z_0 est *une solution* de l'équation $f(z) = 0$ ou que z_0 est *un zéro* du polynôme $f(z)$;
– le polynôme $f(z)$ est *factorisable* par $z - z_0$, c'est-à-dire que l'on a $f(z) = (z-z_0)\,g(z)$, où $g(z)$ est un polynôme en z, si, et seulement si, $f(z_0) = 0$.

- **Résolution d'une équation du premier degré dans $\mathbb{C}$**

Le polynôme $f(z) = az + b$, avec $a \in \mathbb{C}\backslash\{0\}$ et $b \in \mathbb{C}$, est un polynôme du premier degré en z. L'équation $az + b = 0$ est une équation du premier degré dont la seule solution, comme dans $\mathbb{R}$, est $-\frac{b}{a}$.

- **Représentation géométrique d'un nombre complexe**

Le plan P étant rapporté à un repère orthonormé $(O\,;\vec{i}, \vec{j})$, l'application φ, de $\mathbb{C}$ dans P, qui à tout nombre complexe $z = x + iy$ (avec $x \in \mathbb{R}$ et $y \in \mathbb{R}$) fait correspondre le point M de coordonnées (x, y), est bijective. Muni de cette application φ, on dit que :

P est le plan complexe ;
$z = x + iy$ est l'affixe du point M ;
$z = x + iy$ est l'affixe du vecteur

$\vec{v} = x\vec{i} + y\vec{j}$.

On note : $z =$ **affixe** (M) ; $z =$ **affixe** $(\vec{v})$.

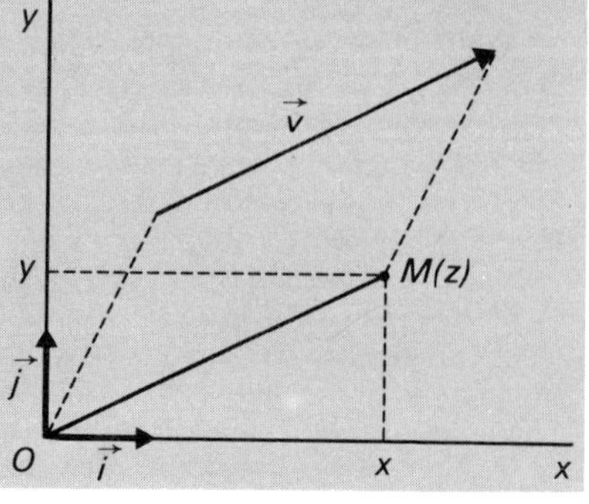

- **Propriétés**

Soit $\mathscr{V}$ l'ensemble des vecteurs du plan P :

$\forall(\vec{u}, \vec{v}) \in \mathscr{V}^2$:

affixe $(\vec{u} + \vec{v})$
$=$ **affixe** $(\vec{u})$ $+$ **affixe** $(\vec{v})$

$\forall k \in \mathbb{R}, \forall \vec{v} \in \mathscr{V}$:

affixe $(k\vec{u}) = k$ **affixe** $(\vec{u})$.

$\forall (A, B) \in P^2$:

$$\text{affixe } (\overrightarrow{AB}) = \text{affixe } (B) - \text{affixe } (A)$$

- **Nombres complexes conjugués**

  Soit $z = a + ib$ un nombre complexe, avec $a \in \mathbb{R}$ et $b \in \mathbb{R}$; le **conjugué de** z est le nombre complexe $a - ib$, noté $\bar{z}$. Comme le conjugué de $\bar{z}$ est $z\,(\bar{\bar{z}} = z)$, on dit que z **et** $\bar{z}$ **sont deux nombres complexes conjugués.** Leurs images dans le plan complexe sont deux points symétriques par rapport à Ox.

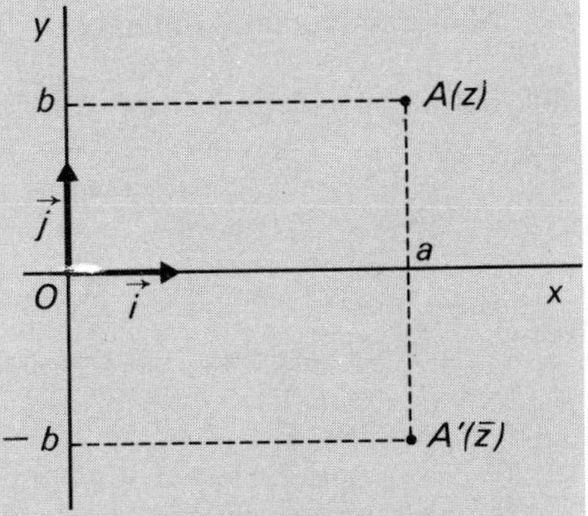

On a les propriétés suivantes ($\forall (z, z') \in \mathbb{C}^2$) :

$\overline{z + z'} = \bar{z} + \bar{z}'$; $\overline{z \times z'} = \bar{z} \times \bar{z}'$;

si $z' \neq 0$: $\overline{\left(\dfrac{z}{z'}\right)} = \dfrac{\bar{z}}{\bar{z}'}$

EXERCICES

■ Ensemble $\mathbb{C}$ des nombres complexes

1 On donne les nombres complexes $z = 2 - 3i$ et $z' = 5 + 4i$; calculez $z + z'$; zz' ; z^2 ; z^3.

2 Calculez i^n pour $n \in \{2, 3, 4, 5, 6, 7, 8, 9\}$.

3 Déterminez le nombre complexe z tel que $z\,(3+2i) = 1$ (1).

■ Équation du premier degré

4 Résolvez l'équation $2z + 1 - 3i = 4$ (1).

5 Résolvez l'équation $(2+i)\,z = 3 - 4i$ (1).

6 Résolvez dans $\mathbb{C}^2$ le système :

$$\begin{cases} (1+i)z + (3i+2)z' = i & (1) \\ iz + 2z' = 4 - 5i & (2) \end{cases}$$

7 Vérifiez que $3i$ est une solution de l'équation
$2z^2 + z(3-11i) - 15 - 9i = 0$ (1)
Résolvez ensuite l'équation (1) dans $\mathbb{C}$.

- **Représentation géométrique d'un nombre complexe**

8 Marquez, dans le plan complexe, les points : A ; B ; C, d'affixes respectives : $2 + i$; $6 + 3i$; i, et démontrez que le triangle ABC et rectangle et isocèle.

9 Soit $M(x, y)$ l'image, dans le plan complexe, de $z = x + iy$.
Trouvez l'ensemble E des points M tels que z^2 soit réel et l'ensemble F des points M tels que z^2 soit un nombre complexe pur.

- **Nombres complexes conjugués**

10 Soit $z = a + ib$ ($a \in \mathbb{R}$ et $b \in \mathbb{R}$) un nombre complexe, calculez le produit $z\bar{z}$.

11 Trouvez la partie réelle et la partie imaginaire des nombres complexes
$z = \dfrac{3+i}{2-5i}$ et $z' = \dfrac{3-4i}{2+i}$

12 Trouvez la partie réelle et la partie imaginaire de l'inverse du nombre complexe $3 + 2i$.

13 Précisez l'ensemble E des nombres complexes z tels que $\bar{z} = z$, et l'ensemble F des nombres complexes z tels que $\bar{z} = -z$.

14 *(d'après bac)*
Déterminez deux nombres complexes z_1 et z_2 tels que l'on ait :

$$\begin{cases} 2z_1 + z_2 = 4 & (1) \\ 2i\bar{z}_1 + \bar{z}_2 = 0 & (2) \end{cases}$$

PROBLÈMES

15 *(d'après bac)*

Le plan est rapporté au repère orthonormé $(O, \vec{i}, \vec{j})$.
A tout nombre complexe $z = x + iy$ (avec : $x \in \mathbb{R}$; $y \in \mathbb{R}$; $i^2 = -1$),
on associe le point M du plan de coordonnées x et y. Soit $Z = \dfrac{z+2}{z-4}$

1° Écrivez Z sous la forme $Z = A + iB$ (avec A et B réels).
2° Trouvez et construisez l'ensemble E des points M tels que Z soit réel.
3° Trouvez et construisez l'ensemble F des points M tels que Z soit imaginaire pur.

16 *(d'après bac)*
j est le nombre complexe dont le carré est égal à -1.
On considère les nombres complexes $z = x + 1 - 2j$ et $z' = 3 + j(y-1)$, où x et y sont des réels, et l'on désigne par M le point de coordonnées (x, y) dans le plan rapporté à un repère orthonormal.

1° Déterminez et tracez l'ensemble E des points M tels que $z + z'$ soit réel.
2° Déterminez et tracez l'ensemble F des points M tels que zz' soit imaginaire pur.
3° Déterminez et tracez l'ensemble G des points M tels que $(z')^2 - z^2$ soit imaginaire pur.

17 *(d'après bac)*
Soit $z = x + iy$ un nombre complexe (x et y sont des réels et $i^2 = -1$).

On considère le nombre complexe $u = \dfrac{z}{1-i}$

1° Calculez, en fonction de x et y, la partie réelle et la partie imaginaire de u^2.
2° *a*) Quelle relation doit lier x et y pour que u^2 soit réel ?
b) Trouvez tous les nombres complexes z, de partie réelle 5, tels que u^2 soit réel.
3° Trouvez tous les couples (x, y) tels que $u^2 = 4$.

18 *(d'après bac)*

Le plan complexe est rapporté à un repère orthonormé $(O, \vec{u}, \vec{v})$ [unité graphique : 2 cm]. Soit a et b deux nombres réels.
1° Pour tout couple (x, y) de nombres réels, on pose : $z = (x-a) + i(y-b)$
a) Calculez $z\bar{z}$.
b) Précisez l'ensemble $E_{a,\,b}$ des points M de coordonnées (x, y) tels que $z\bar{z} = 1$.
2° *a*) On prend $a = 1$ et $b = 0$; construisez la partie P constituée des points M de $E_{1,0}$ tels que l'on ait : $0 \leqslant x \leqslant 1$.
b) On prend $a = 0$ et $b = 1$; construisez la partie Q constituée des points M de $E_{0,1}$ tels que l'on ait : $0 \leqslant y \leqslant 1$.
c) Vérifiez que les deux arcs de cercle P et Q se coupent au point O et au point A de coordonnées $(1, 1)$.
3° Calculez l'aire, exprimée en cm^2, du domaine plan compris entre l'un des arcs $\overset{\frown}{OA}$ et le segment $[OA]$ (utilisez la formule donnant l'aire d'un disque).

SOLUTIONS DES EXERCICES

1 $z + z' = 7 + i$
$zz' = 10 + 12 + i(8-15) = 22 - 7i$
$z^2 = 4 + 2\,(2)(-3i) + (-3i)^2 = 4 - 12i + 9i^2 = -5 - 12i$
$z^3 = z^2z = (-5-12i)(2-3i) = -10 - 36 + i(15-24) = -46 - 9i$.
Vous pouvez utiliser aussi l'identité remarquable :
$(a+b)^3 = a^3 + 3a^2b + 3\,ab^2 + b^3$.
Retrouvez ainsi que $[2 + (-3i)]^3 = -46 - 9i$.

2 $i^2 = -1$; $i^3 = i^2 \times i = -i$; $i^4 = +1$; $i^5 = i$; $i^6 = -1$; $i^7 = -i$; $i^8 = +1$; $i^9 = i$.
Vous pouvez retrouver ces résultats, à partir de i^4, *de plusieurs façons. Par exemple :*
$i^6 = i^5 \times i$, *ou :* $i^6 = (i^3)^2$, *ou :* $i^6 = (i^2)^3$, *ou :* $i^6 = i^4 \times i^2$.

3 Posons $z = x + iy$, avec x et y réels.

$(1) \Leftrightarrow (x+iy)(3+2i) = 1$

$\Leftrightarrow 3x - 2y + i(2x+3y) = 1$

$\Leftrightarrow \begin{cases} 3x - 2y = 1 \\ 2x + 3y = 0 \end{cases}$ (car : $1 = 1 + i(0)$)

En résolvant le système obtenu, on trouve $x = \dfrac{3}{13}$ et $y = \dfrac{-2}{13}$

On a donc : $z = \dfrac{3}{13} - \dfrac{2i}{13}$

On peut observer que : (1) $\Leftrightarrow z = \dfrac{1}{3+2i}$ *; voyez une autre méthode, dans l'exercice 12, pour calculer la partie réelle et la partie imaginaire de z.*

4 $(1) \Leftrightarrow 2z = 3 - 3i$

$\Leftrightarrow z = \dfrac{3}{2} - \dfrac{3}{2}i$

5 Posons $z = x + iy$, avec x et y réels.

$(1) \Leftrightarrow (2+i)(x+iy) = 3 - 4i$

$\Leftrightarrow 2x - y + i(x+2y) = 3 - 4i$

$\Leftrightarrow \begin{cases} 2x - y = 3 \\ x + 2y = -4 \end{cases}$

En résolvant le système obtenu, on trouve $x = \dfrac{2}{5}$ et $y = \dfrac{-11}{5}$

On a donc : $z = \dfrac{2}{5} - \dfrac{11i}{5}$

On peut observer que : (1) $\Leftrightarrow z = \dfrac{3-4i}{2+i}$ *; voyez une autre méthode, dans l'exercice 11, pour calculer la partie réelle et la partie imaginaire de* $\dfrac{3-4i}{2+i}$

6 Pour résoudre le système proposé, on peut procéder, comme dans $\mathbb{R}^2$, par substitution ; (2) donne :

$z' = -\dfrac{i}{2}z + 2 - \dfrac{5}{2}i$ (3) ; (1) donne ensuite :

$(1+i)\,z + (3i+2)\left(-\dfrac{i}{2}z + 2 - \dfrac{5}{2}i\right) = i$ (4)

$(4) \Leftrightarrow \dfrac{5}{2}z + i + \dfrac{23}{2} = i$ (5)

Effectuez les calculs et justifiez l'égalité (5)

(5) donne $z = -\dfrac{23}{5}$

L'égalité (3) donne alors :

$z' = -\dfrac{i}{2}\left(-\dfrac{23}{5}\right) + 2 - \dfrac{5}{2}i$, d'où $z' = 2 - \dfrac{i}{5}$

Le système proposé admet donc un couple solution et un seul :

$(z, z') = \left(-\frac{23}{5}, 2 - \frac{i}{5}\right)$

Nous vous conseillons, à titre d'exercice de calcul, de vérifier que le couple obtenu est bien solution du système proposé.

7 $2(3i)^2 + (3i)(3-11i) - 15 - 9i = -18 + 9i + 33 - 15 - 9i = 0$
Il en résulte que $3i$ est bien solution de l'équation (1). On a donc :
$2z^2 + z(3-11i) - 15 - 9i = (z-3i)(az+b)$ (2)

On procède dans $\mathbb{C}$ comme dans $\mathbb{R}$; en développant le second membre de l'égalité (2) et en identifiant avec le premier membre, on obtient le système :

$$\begin{cases} 2 = a \\ 3 - 11i = -3ia + b \\ -15 - 9i = -3ib \end{cases}$$

d'où l'on déduit : $a = 2$; $b = 3 - 5i$
L'équation (1) est équivalente à :
$(z-3i)(2z+3-5i) = 0,$

dans les solution sont $3i$ et $-\frac{3}{2} + \frac{5}{2}i$; ces deux nombres complexes sont les solutions de l'équation (1).

8 Le point A a pour coordonnées (2, 1) ;
le point B a pour coordonnées (6, 3) ;
le point C a pour coordonnées (0,5)
On en déduit :

coordonnées du vecteur $\overrightarrow{AB}$: (4, 2) ;

coordonnées du vecteur $\overrightarrow{AC}$: (−2, 4)
D'où :

$\overrightarrow{AB}.\overrightarrow{AC} = 4(-2) + 2(4) = 0$, ce qui prouve que l'on a $\overrightarrow{AB} \perp \overrightarrow{AC}$,

et : $AB = \sqrt{4^2 + 2^2} = \sqrt{20}$;

$AC = \sqrt{(-2)^2 + 4^2} = \sqrt{20}$,
ce qui prouve que $AB = AC$.

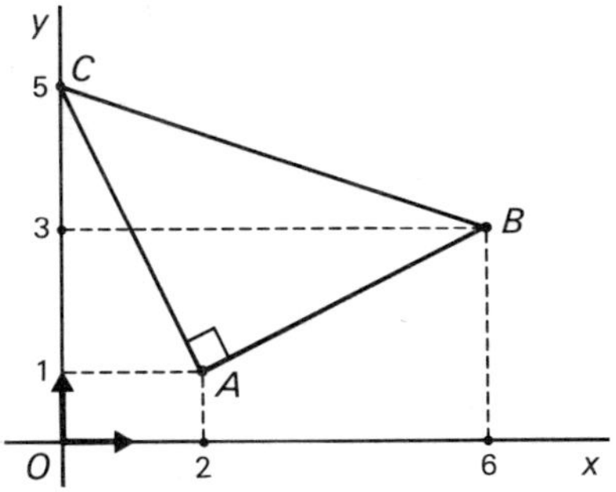

9 On a : $z^2 = x^2 + 2ixy + i^2y^2 = x^2 - y^2 + i(2xy)$;
(z^2 réel) $\Leftrightarrow 2xy = 0 \Leftrightarrow x = 0$ ou $y = 0$, l'ensemble E est formé par les axes de coordonnées ;
(z^2 complexe pur) $\Leftrightarrow x^2 = y^2 = 0 \Leftrightarrow y = +x$ ou $y = -x$, l'ensemble F est formé par les droites d'équations $y = +x$ et $y = -x$.

10 $z\bar{z} = (a+ib)(a-ib) = a^2 + b^2$
Remarque importante : $z\bar{z}$ est un nombre réel.

11 On utilise la remarque faite dans l'exercice précédent, on multiplie le numérateur et le dénominateur par le nombre complexe conjugué du dénominateur.

$$\frac{3+i}{2-5i} = \frac{(3+i)(2+5i)}{(2-5i)(2+5i)} = \frac{6-5+i(2+15)}{4+25} = \frac{1}{29} + i\left(\frac{17}{29}\right)$$

Donc : $\mathrm{Re}(z) = \frac{1}{29}$; $\mathrm{Im}(z) = \frac{17}{29}$

$$\frac{3-4i}{2+i} = \frac{(3-4i)(2-i)}{(2+i)(2-i)} = \frac{6-4-i(3+8)}{4+1} = \frac{2}{5} + i\left(\frac{-11}{5}\right)$$

Donc : $\mathrm{Re}(z') = \frac{2}{5}$; $\mathrm{Im}(z') = \frac{-11}{5}$

12 $$\frac{1}{3+2i} = \frac{3-2i}{(3+2i)(3-2i)} = \frac{3-2i}{9+4} = \frac{3}{13} + i\left(\frac{-2}{13}\right)$$

Donc : $\mathrm{Re}\left(\frac{1}{3+2i}\right) = \frac{3}{13}$; $\mathrm{Im}\left(\frac{1}{3+2i}\right) = \frac{-2}{13}$

13 Posons $z = x + iy$, avec x et y réels.

$z = \bar{z} \Leftrightarrow x + iy = x - iy \Leftrightarrow (x=x \text{ et } y=-y)$

Il en résulte que : $z = \bar{z} \Leftrightarrow y = 0$, E est donc l'ensemble des nombres réels.

$z = -\bar{z} \Leftrightarrow x + iy = -x + iy \Leftrightarrow (x=-x \text{ et } y=y)$

Il en résulte que : $z = -\bar{z} \Leftrightarrow x = 0$, F est donc l'ensemble des nombres complexes purs.

14 Posons : $z_1 = x_1 + iy_1$, avec x_1 et y_1 réels ; $z_2 = x_2 + iy_2$, avec x_2 et y_2 réels.

$$(1) \Leftrightarrow 2(x_1+iy_1) + (x_2+iy_2) = 4$$
$$\Leftrightarrow 2x_1 + x_2 + i(2y_1+y_2) = 4$$
$$\Leftrightarrow \begin{cases} 2x_1 + x_2 = 4 \ (3) \\ 2y_1 + y_2 = 0 \ (4) \end{cases}$$

$$(2) \Leftrightarrow 2i(x_1-iy_1) + (x_2-iy_2) = 0$$
$$\Leftrightarrow 2y_1 + x_2 + i(2x_1-y_2) = 0$$
$$\Leftrightarrow \begin{cases} 2y_1 + x_2 = 0 \ (5) \\ 2x_1 - y_2 = 0 \ (6) \end{cases}$$

On est amené à résoudre le système formé par les équations (3), (4), (5) et (6) ; compte tenu de (5) et (6), (4) donne :

$-x_2 + 2x_1 = 0$ (7)
Le système : (3) ; (7), a pour solution : $(x_1, x_2) = (1, 2)$
L'équation (5) donne ensuite : $y_1 = -1$;
l'équation (6) donne enfin : $y_2 = 2$
Les nombres complexes cherchés sont donc :
$z_1 = 1 - i$; $z_2 = 2 + 2i$.

SOLUTIONS DES PROBLÈMES

15 **1° Écriture de Z sous la forme $A + iB$**

On procède comme dans l'exercice 11 :

$$Z = \frac{x+2+iy}{x-4+iy} = \frac{(x+2+iy)(x-4-iy)}{(x-4+iy)(x-4-iy)}$$

$$Z = \frac{(x+2)(x-4) + y^2 + i(-6y)}{(x-4)^2 + y^2}$$

$$Z = A + iB, \text{ avec : } A = \frac{(x+2)(x-4) + y^2}{(x-4)^2 + y^2} \text{ ; } B = \frac{-6y}{(x-4)^2 + y^2}$$

2° Ensemble E

$M \in E \Leftrightarrow B = 0 \Leftrightarrow y = 0$

E est donc la droite Ox, d'équation $y = 0$

3° Ensemble F

$M \in F \Leftrightarrow A = 0 \Leftrightarrow (x+2)(x-4) + y^2 = 0$ (1)

Pour préciser F, transformons l'équation (1) :

(1) $\Leftrightarrow x^2 + y^2 - 2x - 8 = 0$

$\Leftrightarrow (x-1)^2 + y^2 = 9$ (2)

soit O' le point de coordonnées $(1, 0)$;

(2) $\Leftrightarrow O'M^2 = 9 \Leftrightarrow O'M = 3$

F est donc le cercle de centre O' et de rayon 3.

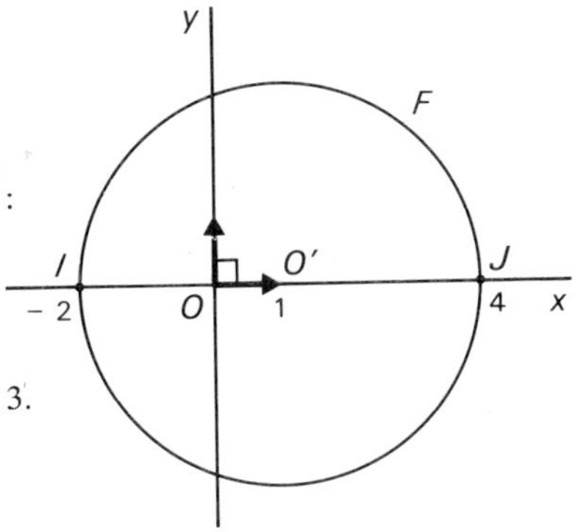

On peut procéder autrement pour trouver l'ensemble F : soit I le point de coordonnées $(-2, 0)$ et J le point de coordonnées $(4, 0)$; (1) $\Leftrightarrow \overrightarrow{IM}.\overrightarrow{JM} = 0$, ce qui prouve que F est le cercle de diamètre [IJ].

16 **1° Ensemble E**

$z+z' = x + 4 + j(y-3)$; $(z+z'$ réel$) \Leftrightarrow y - 3 = 0$

Il en résulte que E est la droite d'équation $y = 3$.

2° Ensemble F

$zz' = 3(x+1) + 2(y-1) + j[-6+(x+1)(y-1)]$;

$(zz'$ imaginaire pur$) \Leftrightarrow 3(x+1) + 2(y-1) = 0$

$\Leftrightarrow 3x + 2y + 1 = 0$ (1)

Il en résulte que F est la droite d'équation (1)

3° Ensemble G

$z'^2 = 9 - (y-1)^2 + 6j(y-1)$

$z^2 = (x+1)^2 - 4 - 4j(x+1)$

$z'^2 - z^2 = 13 - (x+1)^2 - (y-1)^2$

$+ j[4(x+1) + 6(y-1)]$

$z'^2 - z^2$ est imaginaire pur si, et seulement si on a :

$13 - (x+1)^2 - (y-1)^2 = 0$ (2)

(2) $\Leftrightarrow (x+1)^2 + (y-1)^2 = 13$

$\Leftrightarrow O'M^2 = 13$

avec $O'(-1, 1)$

Donc G est le cercle de centre O' et de rayon $\sqrt{13}$.

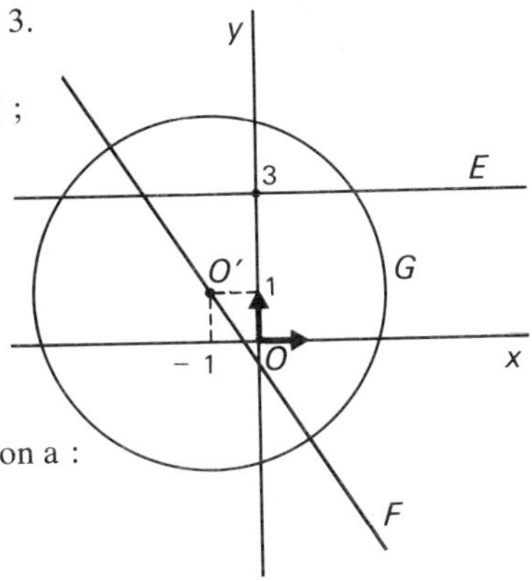

17 **1° Calcul de u^2**

Première méthode

$$u^2 = \frac{(x+iy)^2}{(1-i)^2} = \frac{x^2-y^2+2ixy}{-2i} = \frac{(x^2-y^2+2ixy)(i)}{(-2i)(i)}$$

On en déduit : $u^2 = -xy + i\,\dfrac{x^2-y^2}{2}$ (1)

Deuxième méthode

$$u = \frac{x+iy}{1-i} = \frac{(x+iy)(1+i)}{(1+i)(1+i)} = \frac{x-y}{2} + i\,\frac{x+y}{2}$$

On en déduit :

$$u^2 = \left(\frac{x-y}{2}\right)^2 - \left(\frac{x+y}{2}\right)^2 + 2i\left(\frac{x-y}{2}\right)\left(\frac{x+y}{2}\right) = -xy + i\,\frac{x^2-y^2}{2}$$

2° *a*) Condition pour que u^2 soit réel

D'après (1) : (u^2 réel) $\Leftrightarrow x^2 - y^2 = 0$ (2)

b*) Recherche des nombres *z

D'après l'énoncé, on a $x = 5$, et d'après (2) : $5^2 - y^2 = 0$

On en déduit qu'il y a deux nombres complexes z de partie réelle 5 et tels que u^2 soit réel :

$z_1 = 5 + 5i$; $z_2 = 5 - 5i$

3° Recherche des couples (x, y)

D'après (1) : $(u^2=4) \Leftrightarrow (-xy = 4$ et $x^2 - y^2 = 0)$.

On est amené à résoudre le système $\begin{cases} y = -\dfrac{4}{x} \\ y^2 = x^2 \end{cases}$

On a : $\left(-\dfrac{4}{x}\right)^2 = x^2$, d'où $x^4 = 16$; on en déduit $x^2 = 4$, puis $x = +2$ ou $x = -2$

Pour $x = +2$, on a $y = -\dfrac{4}{2} = -2$; pour $x = -2$, on a $y = -\dfrac{4}{(-2)} = +2$

Il y a donc deux couples (x, y) qui répondent à la question :

$(x, y) = (2, -2)$ et $(x, y) = (-2, +2)$.

18 **1° *a*) Calcul de $z\bar{z}$**

$z\bar{z} = [(x-a) + i(y-b)]\,[(x-a) - i(y-b)]$

D'où : $z\bar{z} = (x-a)^2 + (y-b)^2$ (1)

***b*) Ensemble $E_{a,b}$**

D'après (1), $M \in E_{a,b} \Leftrightarrow (x-a)^2 + (y-b)^2 = 1$

Il en résulte que $E_{a,b}$ est le cercle de rayon 1 dont le centre a pour coordonnées (a, b)

2° *a*) Construction de *P*

Le cercle $E_{1,0}$ a pour centre le point O' de coordonnées $(1, 0)$ (fig. page suivante)

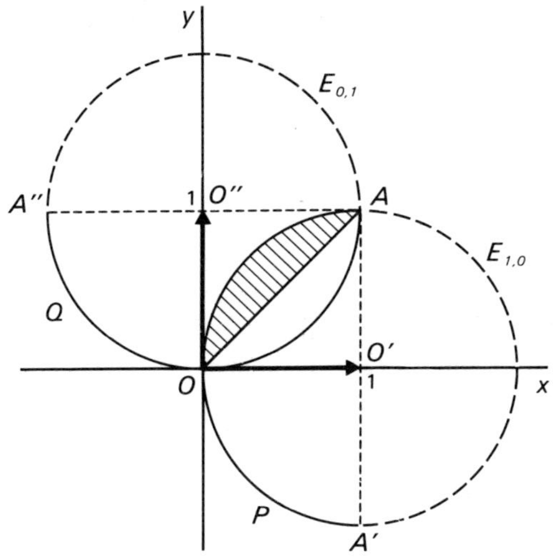

b*) Construction de *Q
Le cercle $E_{0,1}$ a pour centre le point O'' de coordonnées (0,1)

***c*) Vérification demandée**
On a : $O'A = O''A = 1$

3° Calcul de l'aire *s*

L'aire du triangle rectangle $OO'A$ est égale à : $\frac{1}{2}(2\times 2)$ cm^2

L'aire du disque délimité par $E_{1,0}$ est $(\pi \times 2^2)$ cm^2
On en déduit que :

$s = \frac{1}{4}(4\pi)$ cm^2 $-$ 2 cm^2 ;

$s = (\pi - 2)$ cm^2 ; $s \approx 1{,}14$ cm^2.

7 MODULE ET ARGUMENT D'UN NOMBRE COMPLEXE

Ce chapitre ne concerne pas la section F12

- **Module d'un nombre complexe**
- **Arguments d'un nombre complexe non nul**
- **Module et arguments d'un produit ou d'un quotient**

Module d'un nombre complexe

Soit $z = a + ib$ un nombre complexe, avec $a \in \mathbb{R}$ et $b \in \mathbb{R}$.
On appelle **module de** z, le réel, noté $|z|$, égal à $\sqrt{a^2+b^2}$. On a donc :

$|a+ib| = \sqrt{a^2+b^2}$

Si M est le point d'affine z, on a :

$|z| = \|\overrightarrow{OM}\|$ (ou : $|z| = OM$)

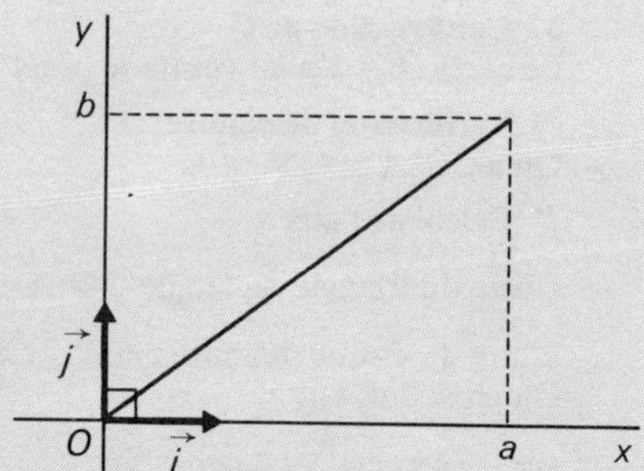

Remarque importante : soit A et B les points du plan complexe d'affines respectives z_A et z_B. On sait que $z_B - z_A$ est l'affixe du vecteur $\overrightarrow{AB}$. On en déduit que :

$|z_B - z_A| = \|\overrightarrow{AB}\|$.

Argument d'un nombre complexe non nul

- **Définition**

soit $z = a + ib$ un nombre complexe non nul, et M son image dans le plan complexe rapporté au repère orthonormé $(O, \vec{i}, \vec{j})$.
Soit θ une mesure de l'angle orienté $(\vec{i}, \overrightarrow{OM})$;
On dit que θ est **un argument** de z.
On note :
$\mathbf{arg}\, z = \theta + k\, 2\pi \qquad (k \in \mathbb{Z})$

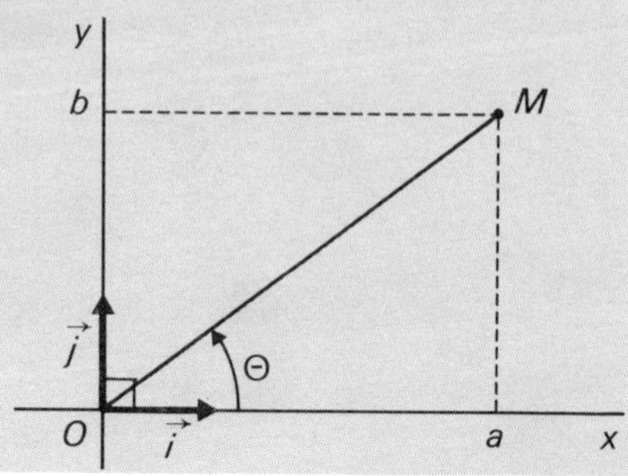

- **Écriture trigonométrique d'un nombre complexe**

Si l'on note r le module du nombre complexe $a + ib$, on a :

$$r = \sqrt{a^2+b^2} \; ; \; a = r \cos \theta \; ; \; b = r \sin \theta$$

Rappelons que l'écriture $z = a + ib$ est appelée écriture cartésienne du nombre complexe z ; en remplaçant a par $r \cos \theta$ et b par $r \sin \theta$, on obtient :
$z = r \cos \theta + i(r \sin \theta)$, ou encore : $\boldsymbol{z = r (\cos \theta + i \sin \theta)}$ **(1)**
l'écriture (1) est appelée **écriture trigonométrique** du nombre complexe z.

- **Passage de l'écriture cartésienne à l'écriture trigonométrique**

Soit $z = a + ib$ un nombre complexe non nul donné ; son module est $\boldsymbol{r = \sqrt{a^2+b^2}}$; tout argument θ de z satisfait aux deux égalités : $\boldsymbol{\cos \theta = \dfrac{a}{\sqrt{a^2+b^2}}}$; $\boldsymbol{\sin \theta = \dfrac{b}{\sqrt{a^2+b^2}}}$

- **Passage de l'écriture trigonométrique à l'écriture cartésienne**

Soit $z = r(\cos \theta + i \sin \theta)$ un nombre complexe non nul donné, on a : $\boldsymbol{\mathrm{Re}(z) = r \cos \theta}$; $\boldsymbol{\mathrm{Im}(z) = r \sin \theta}$

- **Nombres complexes : égaux ; opposés ; conjugués**

Soit $z = r(\cos \theta + i \sin \theta)$ et $z' = r'(\cos \theta' + i \sin \theta')$ deux nombres complexes donnés.

$\boldsymbol{z' = z}$ **équivaut à :** $\boldsymbol{r' = r}$ **et** $\boldsymbol{\theta' = \theta + k\,2\pi \quad (k \in \mathbb{Z})}$;
$\boldsymbol{z' = -z}$ **équivaut à :** $\boldsymbol{r' = r}$ **et** $\boldsymbol{\theta' = \theta + \pi + k\,2\pi \quad (k \in \mathbb{Z})}$
$\boldsymbol{z' = \bar{z}}$ **équivaut à :** $\boldsymbol{r' = r}$ **et** $\boldsymbol{\theta' = -\theta + k\,2\pi \quad (k \in \mathbb{Z})}$

Module et arguments d'un produit ou d'un quotient

- **Formule fondamentale**

$\boldsymbol{[r(\cos \theta + i \sin \theta)] \times [r'(\cos \theta' + i \sin \theta')] = rr' [\cos (\theta+\theta') + i \sin (\theta+\theta')]}$
car $\cos \theta \cos \theta' - \sin \theta \sin \theta' = \cos (\theta+\theta')$ et $\cos \theta \sin \theta' + \sin \theta \cos \theta' = \sin (\theta+\theta')$

- **Applications**

Soit z et z' deux nombres complexes non nuls. On a :

$\boldsymbol{|zz'| = |z| \times |z'|}$ **et** $\boldsymbol{\arg (zz') = \arg z + \arg z' + k\,2\pi \; (k \in \mathbb{Z})}$;

$$\left|\frac{z}{z'}\right| = \frac{|z|}{|z'|} \text{ et } \arg \left(\frac{z}{z'}\right) = \arg z - \arg z' + k\,2\pi \; (k \in \mathbb{Z})$$

Exemple

$$\left|\frac{1}{\cos \theta + i \sin \theta}\right| = 1 \text{ et } \arg \left(\frac{1}{\cos \theta + i \sin \theta}\right) = -\theta + k\,2\pi \; (k \in \mathbb{Z}),$$

d'où $\boldsymbol{\dfrac{1}{\cos \theta + i \sin \theta} = \cos \theta - i \sin \theta}$ (car : $\cos(-\theta)=\cos \theta$) et $\sin (-\theta) = -\sin \theta$).

EXERCICES

■ Module d'un nombre complexe

1 Calculez le module de chacun des nombres complexes suivants :
$3 + 4i$; $4 - 3i$; $5 + i$; $2 - 7i$.

2 Calculez le module de chacun des nombres complexes suivants :
11 ; -13 ; $8i$; $-12i$.

3 Trouvez tous les réels x pour lesquels le nombre complexe $x - 3i$ a pour module 5.

4 Trouvez l'ensemble E des points $M(x, y)$ du plan complexe dont l'affine z est telle que : $|z-3-2i| = 2$.

5 A tout nombre complexe z, on associe son image $M(x, y)$ dans le plan complexe, et le nombre complexe $z' = z + 3 - i$; trouvez l'ensemble F des points M tels que l'on ait : $|z'| \leqslant 1$.

■ Arguments d'un nombre complexe

6 Trouvez un argument de $z = 3 - 3i$.

7 Trouvez un argument de $z = 2 + 2i\sqrt{3}$.

8 Trouvez un argument de chacun des nombres complexes suivants : 3 ; -2 ; $2i$; $-3i$.

■ Module et arguments d'un produit ou d'un quotient

9 Comparez le module d'un nombre complexe z et le module de son carré z^2.
Application

Soit le nombre complexe $z = \sqrt{2 - \sqrt{3}} + i\sqrt{2+\sqrt{3}}$
Calculez successivement : z^2 ; $|z^2|$; $|z|$.

10 Calculez le module et un argument de $z = 1 + i$
Déduisez-en le module et un argument de chacun des nombres complexes suivants :
$2z$; $-3z$; $\frac{5}{z}$; $6z^2$.

11 Calculez le module et un argument de chacun des nombres complexes suivants :
$z=(1+i)(1-i)$; $z' = (1+i)(1+i\sqrt{3})$; $z'' = \dfrac{1+i}{1+i\sqrt{3}}$

12 Calculez le module et un argument de $z = \dfrac{7+3i}{-3+7i}$

13 Le plan P est rapporté à un repère orthonormé $(O, \vec{u}, \vec{v})$. A tout point M de P, de coordonnées (x, y), on associe son affixe $z = x + iy$.

1° *a*) Calculez le module de chacun des nombres complexes :
$z - 1 - 2i$; $z - 7 + 2i$.

b) Déduisez de *a*) que l'ensemble E des points M de P dont l'affixe vérifie l'égalité : $|z-1-2i| = |z-7+2i|$ (1), est une droite dont vous préciserez une équation cartésienne.

2° Retrouvez sans calcul que l'ensemble E est une droite, en utilisant le point A d'affixe $z_A = 1 + 2i$ et le point B d'affixe $z_B = 7 - 2i$; tracez E.

14 Le plan P est rapporté à un repère orthonormé $(\mathrm{O}, \vec{u}, \vec{v})$. A tout point M de P, de coordonnées (x, y), on associe son affixe $z = x + iy$; à tout nombre complexe z différent de 1, on fait correspondre le nombre complexe $z' = \dfrac{2iz+1}{z-1}$.

1° On pose $z' = x' + iy'$, avec x' et y' réels ; calculez x' et y' en fonction de x et y.

2° *a*) Déterminez et tracez l'ensemble E des points M tels que z' soit réel.

b) Déterminez et tracez l'ensemble F des points M tels que z' soit imaginaire pur.

c) Déterminez et tracez l'ensemble G des points M tels que z' ait pour module 2.

15 *(d'après bac)*

On désigne par i le nombre complexe de module 1 et d'argument $\dfrac{\pi}{2}$; on considère les nombres complexes

$$z_1 = \sqrt{2}\,(1+i) \text{ et } z_2 = \frac{\sqrt{3}}{2} - \frac{i}{2}.$$

1° Déterminez le module et un argument de $\dfrac{z_1}{z_2}$

2° *a*) Écrivez $\dfrac{z_1}{z_2}$ sous forme algébrique (valeurs exactes)

b) Déduisez-en les valeurs exactes de $\cos \dfrac{5\pi}{12}$ et $\sin \dfrac{5\pi}{12}$.

SOLUTIONS DES EXERCICES

1 $|3+4i| = \sqrt{3^2+4^2} = \sqrt{25} = 5$; $|4-3i| = \sqrt{4^2+(-3)^2} = \sqrt{25} = 5$;
$|5+i| = \sqrt{5^2+1^2} = \sqrt{26}$; $|2-7i| = \sqrt{2^2+(-7)^2} = \sqrt{53}$

2 $11 = 11 + i(0)$; $|11| = \sqrt{11^2+0^2} = 11$; $-2 = -2 + i(0)$; $|-2| = \sqrt{(-2)^2+0^2} = 2$

Observez, sur ces deux exemples, que le module d'un nombre complexe réel est confondu avec la valeur absolue de ce réel.

$8i = 0 + 8i$; $|8i| = \sqrt{0^2+8^2} = 8$;

$-12i = 0 + i(-12)$; $|-12i| = \sqrt{0^2+(-12)^2} = 12$

3 $|x-3i| = 5 \Leftrightarrow \sqrt{x^2+9} = 5 \Leftrightarrow x^2 + 9 = 25 \Leftrightarrow x^2 = 16$; x est donc égal à $+4$ ou à -4.

4 Soit A le point d'affixe $3 + 2i$. On a : $|z-3-2i| = 2 \Leftrightarrow \|\vec{AM}\| = 2$
Il en résulte que E est le cercle de centre A et de rayon 2.

Retrouvez ce résultat en calculant $|z-3-2i|$ en fonction de x et de y ; justifiez l'égalité : $(x-3)^2 + (y-2)^2 = 4$.

5 Soit B le point d'affixe $-3 + i$; on a $z + 3 - i = z - z_B$, donc $|z'| = \|\vec{BM}\|$. On en déduit que F est le disque de centre B et de rayon 1.

6 Soit r le module de z et θ l'un de ses arguments. On a :

$r = \sqrt{3+(-3)^2} = \sqrt{18} = 3\sqrt{2}$; $\cos\theta = \dfrac{3}{3\sqrt{2}} = \dfrac{1}{\sqrt{2}}$; $\sin\theta = \dfrac{-3}{3\sqrt{2}} = -\dfrac{1}{\sqrt{2}}$;

un argument de z *est donc* $-\dfrac{\pi}{4}$

7 Soit r le module de z et θ l'un de ses arguments ; on a :

$r = \sqrt{2+(2\sqrt{3})^2} = \sqrt{16} = 4$; $\cos\theta = \dfrac{2}{4} = \dfrac{1}{2}$; $\sin\theta = \dfrac{2\sqrt{3}}{4} = \dfrac{\sqrt{3}}{2}$;

un argument de z est donc $\dfrac{\pi}{3}$

8 *A titre d'exercice, vous pouvez procéder comme dans les deux exercices précédents ; cependant, la solution géométrique, expliquée ci-dessous, est beaucoup plus rapide pour les nombres complexes réels ou imaginaires purs.*

Soit A, B, C, D les points du plan complexe d'affixes respectives : 3, -2, $2i$, $-3i$.
D'après la définition on a :
0 est un argument de 3 ;
π est un argument de -2 ;
$\dfrac{\pi}{2}$ est un argument de $2i$;
$-\dfrac{\pi}{2}$ est un argument de $-3i$.

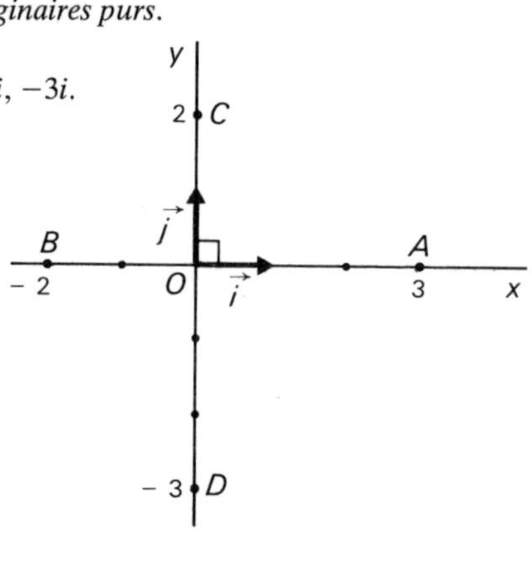

9 On a : $z^2 = z \times z$, d'où : $|z^2| = |z| \times |z|$, d'après le cours, c'est-à-dire : $|z^2| = |z|^2$.
Pour le nombre complexe proposé dans l'application, on a :

$$z^2 = (2-\sqrt{3}) - (2+\sqrt{3}) + 2i\,\sqrt{4-3} = -\,2\sqrt{3} + 2i\ ;$$

$$|z^2| = \sqrt{(-2\sqrt{3})^2+2^2} = \sqrt{16} = 4\ ;$$

$|z|^2 = |z^2| = 4$, d'où $|z| = 2$ (car : $|z| > 0$)

10 Soit r le module de z et θ l'un de ses arguments ; on a :

$$r = \sqrt{1^2+1^2} = \sqrt{2}\ ;\ \cos\theta = \frac{1}{\sqrt{2}}\ ;\ \sin\theta = \frac{1}{\sqrt{2}}$$

Il en résulte qu'un argument de z est $\frac{\pi}{4}$

En procédant comme dans les exercices 2 et 8, on obtient aisément le module et un argument des nombres complexes 2, -3, 5 et 6 ; on applique ensuite les règles données dans le cours pour un produit ou un quotient.

a) $|2z| = |2| \times |z| = 2\sqrt{2}$

$$\arg(2z) = \left(0 + \frac{\pi}{4}\right) + k\,2\pi\ (k \in \mathbb{Z})$$

b) $|-3z| = |-3| \times |z| = 3\sqrt{2}$

$$\arg(-3z) = \left(\pi + \frac{\pi}{4}\right) + k\,2\pi\ (k \in \mathbb{Z})$$

c) $\left|\frac{5}{z}\right| = \frac{|5|}{|z|} = \frac{5}{\sqrt{2}} = \frac{5\sqrt{2}}{2}$

$$\arg\left(\frac{5}{z}\right) = \left(0 - \frac{\pi}{4}\right) + k\,2\pi\ (k \in \mathbb{Z})$$

d) $|z^2| = |z| \times |z| = 2$; $|6z^2| = 6 \times 2 = 12$

$$\arg(z^2) = \left(\frac{\pi}{4} + \frac{\pi}{4}\right) + k\,2\pi\ (k \in \mathbb{Z})$$

$$\arg(6z^2) = \left(0 + \frac{\pi}{2}\right) + k\,2\pi\ (k \in \mathbb{Z})$$

11 On peut observer que $z = 1 - i^2 = 2$, d'où :
$|z| = 2$; $\arg z = 0 + k2\pi\ (k \in \mathbb{Z})$
A titre d'exercice, trouvez séparément le module et un argument de chacun des nombres complexes $1+i$ et $1-i$, puis appliquez les règles données dans le cours pour le produit.

On a : $|1+i| = \sqrt{2}$ et $|1+i\sqrt{3}| = 2$;

$$\arg(1+i) = \frac{\pi}{4} + k2\pi\ (k \in \mathbb{Z}) \text{ et } \arg(1+i\sqrt{3}) = \frac{\pi}{3} + k2\pi\ (k \in \mathbb{Z})$$

Justifiez les deux lignes données ci-dessus (cf. exercices 7 et 10).

On en déduit : $|z'| = \sqrt{2} \times 2 = 2\sqrt{2}$, et

$$\arg z' = \frac{7\pi}{12} + k2\pi\ (k \in \mathbb{Z})\ \left[\text{car : } \frac{\pi}{4} + \frac{\pi}{3} = \frac{7\pi}{12}\right]$$

De même : $|z''| = \frac{\sqrt{2}}{2}$ et

$$\arg z'' = -\frac{\pi}{12} + k2\pi \ (k \in \mathbb{Z}) \left[\text{car : } \frac{\pi}{4} - \frac{\pi}{3} = -\frac{\pi}{12}\right]$$

12 On peut observer que : $i(7+3i) = 7i + 3i^2 = 7i - 3$, d'où $z = \frac{7+3i}{i(7+3i)} = \frac{1}{i}$;

$z = \frac{-i}{i(-i)}$; $z = -i$.

On en déduit (cf. exercices 2 et 8) que :

$$|z| = 1 \ ; \arg z = -\frac{\pi}{2} + k2\pi \ (k \in \mathbb{Z})$$

SOLUTIONS DES PROBLÈMES

13 **1° *a*) Calcul des modules demandés**

$z - 1 - 2i = (x-1) + i(y-2)$; $|z-1-2i| = \sqrt{(x-1)^2+(y-2)^2}$

$z - 7 + 2i = (x-7) + i(y+2)$; $|z-7+2i| = \sqrt{(x-7)^2+(y+2)^2}$

***b*) Recherche de l'ensemble E**

$$M \in E \Leftrightarrow \sqrt{(x-1)^2+(y-2)^2} = \sqrt{(x-7)^2+(y+2)^2}$$
$$\Leftrightarrow (x-1)^2 + (y-2)^2 = (x-7)^2 + (y+2)^2 \ (1)$$

En développant les calculs et en simplifiant, on trouve que l'équation (1) est équivalent à :

$3x - 2y - 12 = 0$ (2)

Nous vous conseillons d'effectuer les calculs, à titre d'exercice, et de vérifier que l'équation (2) est bien équivalente à l'équation (1)

L'ensemble E est la droite dont une équation cartésienne est (2)

2° Solution géométrique

$|z-1-2i| = |z-z_A| = \|\overrightarrow{AM}\| = AM$

$|z-7+2i| = |z-z_B| = \|\overrightarrow{BM}\| = BM$

Donc : $M \in E \Leftrightarrow AM = BM$

Il en résulte que E est la médiatrice du segment $[AB]$.

A titre d'exercice, cherchez directement une équation cartésienne de la médiatrice du segment [AB] ; trouvez-vous une équation équivalente à l'équation (2) ?

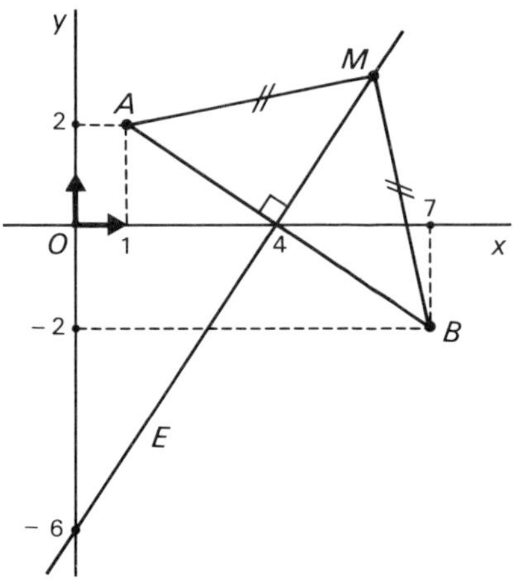

14 **1° Calcul de x' et y'**

$$z' = \frac{2i(x+iy)+1}{x+iy-1} = \frac{1-2y+2ix}{x-1+iy} = \frac{(1-2y+2ix)(x-1-iy)}{(x-1+iy)(x-1-iy)} \; ;$$

on en déduit, en effectuant les calculs :

$$x' = \frac{x+2y-1}{(x-1)^2+y^2} \; ; \; y' = \frac{2x^2+2y^2-2x-y}{(x;-1)^2+y^2}$$

2° *a*) Recherche de l'ensemble *E*

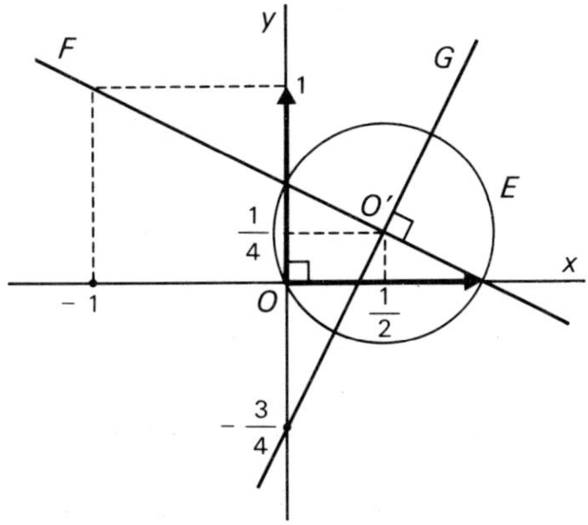

$$\begin{aligned} M \in E &\Leftrightarrow y' = 0 \\ &\Leftrightarrow 2x^2 + 2y^2 - 2x - y = 0 \\ &\Leftrightarrow x^2 + y^2 - x - \frac{1}{2}y = 0 \\ &\Leftrightarrow \left(x - \frac{1}{2}\right)^2 + \left(y - \frac{1}{4}\right)^2 = \frac{5}{16} \end{aligned}$$

Il en résulte que E est le cercle de centre $O'\left(\frac{1}{2}, \frac{1}{4}\right)$ et de rayon $\frac{\sqrt{5}}{4}$

b*) Recherche de l'ensemble *F

$$\begin{aligned} M \in F &\Leftrightarrow x' = 0 \\ &\Leftrightarrow x + 2y - 1 = 0 \quad (1) \end{aligned}$$

Il en résulte que F est la droite d'équation (1).

c*) Recherche de l'ensemble *G

Pour exprimer le module de z' en fonction de x' et y', il serait maladroit d'utiliser la formule $|z'| = \sqrt{(x')^2 + (y')^2}$; il vaut mieux procéder comme ci-dessous :

$$|z'| = \frac{|1-2y+2ix|}{|x-1+iy|} = \frac{\sqrt{(1-2y)^2 + (2x)^2}}{\sqrt{(x-1)^2 + y^2}} \; ;$$

$$|z'| = 2 \Leftrightarrow (|z'|)^2 = 4 \Leftrightarrow \frac{(1-2y)^2 + (2x)^2}{(x-1)^2 + y^2} = 4 \qquad (2) \; ;$$

$(2) \Leftrightarrow (1-2y)^2 + (2x)^2 = 4[(x-1)^2 + y^2]$ (3)
$(3) \Leftrightarrow 8x - 4y - 3 = 0$ (4)

Effectuez les calculs et vérifiez que l'équation (3) est bien équivalente à l'équation (4).

Il en résulte que *G* est la droite d'équation (4).

15 **1° Module et arguments de $\frac{z_1}{z_2}$**

$$|z_1| = \sqrt{(\sqrt{2})^2 + (\sqrt{2})^2} = 2 \; ; \; |z_2| = \sqrt{\left(\frac{\sqrt{3}}{2}\right)^2 + \left(-\frac{1}{2}\right)^2} = 1$$

Soit θ_1 un argument de z_1 et θ_2 un argument de z_2 ; on a :

$$\cos\theta_1 = \frac{\sqrt{2}}{2} \; ; \; \sin\theta_1 = \frac{\sqrt{2}}{2}, \text{ d'où } \arg z_1 = \frac{\pi}{4} + k2\pi \; (k \in \mathbb{Z}) \; ;$$

$$\cos\theta_2 = \frac{\sqrt{3}}{2} \; ; \; \sin\theta_2 = -\frac{1}{2}, \text{ d'où } \arg z_2 = -\frac{\pi}{6} + k2\pi \; (k \in \mathbb{Z}) \; ;$$

on en déduit : $\left|\frac{z_1}{z_2}\right| = \frac{2}{1} = 2$, et

$\arg\left(\frac{z_1}{z_2}\right) = \frac{5\pi}{12} + k2\pi \ (k \in \mathbb{Z}) \left[\text{car : } \frac{\pi}{4} - \left(-\frac{\pi}{6}\right) = \frac{5\pi}{12}\right]$

L'écriture trigonométrique de $\frac{z_1}{z_2}$ est donc :

$\frac{z_1}{z_2} = 2\left(\cos\frac{5\pi}{12} + i\sin\frac{5\pi}{12}\right)$ (1)

2° *a*) Forme algébrique de $\frac{z_1}{z_2}$

$$\frac{z_1}{z_2} = \frac{\sqrt{2}\,(1+i)}{\frac{\sqrt{3}}{2} - \frac{i}{2}} = \frac{\sqrt{2}\,(1+i)\left(\frac{\sqrt{3}}{2} + \frac{i}{2}\right)}{\left(\frac{\sqrt{3}}{2} - \frac{i}{2}\right)\left(\frac{\sqrt{3}}{2} + \frac{i}{2}\right)}$$

En effectuant les calculs, on obtient :

$\frac{z_1}{z_2} = \frac{\sqrt{2}}{2}(\sqrt{3}-1) + i\frac{\sqrt{2}}{2}(\sqrt{3}+1)$ (2)

_b_) Calcul de $\cos\frac{5\pi}{12} + i\sin\frac{5\pi}{12}$

En comparant les égalités (1) et (2), on a :

$2\cos\frac{5\pi}{12} + 2i\sin\frac{5\pi}{12} = \frac{\sqrt{2}}{2}(\sqrt{3}-1) + i\frac{\sqrt{2}}{2}(\sqrt{3}+1)$

On en déduit : $2\cos\frac{5\pi}{12} = \frac{\sqrt{2}}{2}(\sqrt{3}-1)$; $2\sin\frac{5\pi}{12} = \frac{\sqrt{2}}{2}(\sqrt{3}+1)$

Finalement : $\cos\frac{5\pi}{12} = \frac{\sqrt{2}}{4}(\sqrt{3}-1)$; $\sin\frac{5\pi}{12} = \frac{\sqrt{2}}{4}(\sqrt{3}+1)$

II ANALYSE

LIMITES

8

- **Limite nulle en zéro**
- **Limite L en zéro**

Limite nulle en zéro

- *Fonctions de référence*

Ce sont les fonctions $h \mapsto h$; $h \mapsto h^2$; $h \mapsto h^3$; ... et en général les fonctions $h \mapsto h^n$ pour $n \in \mathbb{N}^*$.
Ces fonctions ont pour limite zéro en zéro, et on écrit :

$$\lim_{h \to 0} h^n = 0$$

- *Fonctions ayant une limite nulle en zéro*

Si une fonction f est telle que pour h assez petit (proche de 0) on ait $|f(h)| \leqslant a|h|^n$ pour un certain réel a et un certain nombre entier non nul n, alors on dit que la limite de f en zéro est zéro. On écrit :

$$\lim_{h \to 0} f(h) = 0 \quad \text{ou encore} \quad \lim_0 f = 0$$

Limite L en zéro

Si une fonction f est telle que pour h assez petit, on ait : $|f(h) - L| \leqslant a|h|^n$ pour $a \in \mathbb{R}$ et $n \in \mathbb{N}^*$ alors on dit que f admet L, comme limite en zéro.
On écrit :

$$\lim_{h \to 0} f(h) = L \quad \text{ou encore} \quad \lim_0 f = L$$

EXERCICES

1 Déterminez h pour avoir : *a*) $h^2 \leqslant 0{,}01$; *b*) $h^2 \leqslant 10^{-4}$.

2 Montrez que $\lim\limits_{x\to 0} (5x^2-3x) = 0$

3 Montrez que $\lim\limits_{x\to 0} (x^6-2x^5+4x^3) = 0$

4 Montrez que $\lim\limits_{x\to 0} \dfrac{3x^2+2x}{x+2} = 0$

5 Montrez que $\lim\limits_{h\to 0} (3h+4) = 4$

6 Montrez que $\lim\limits_{h\to 0} (7h^2+5h^3-2) = -2$

7 Montrez que $\lim\limits_{h\to 0} (h^3+3h^2+h+1) = 1$

8 Montrez que $\lim\limits_{x\to 0} \sqrt{3x+4} = 2$

9 Montrez que $\lim\limits_{x\to 0} \dfrac{3x-5}{x-1} = 5$

10 Montrez que $\lim\limits_{x\to 0} \dfrac{6x-2}{4x+1} = -2$

11 Montrez que $\lim\limits_{x\to 0} \dfrac{\sqrt{x^2+4}-2}{x} = 0$

12 Montrez que $\lim\limits_{x\to 0} \dfrac{\sqrt{x+9}-3}{x} = \dfrac{1}{6}$

13 Montrez que $\lim\limits_{x\to 0} \dfrac{x^2}{1-\sqrt{x+1}} = 0$

PROBLÈMES

14 Soit f la fonction numérique définie par : $f(x) = \dfrac{x^3-2x^2-5x+6}{x^3-4x^2+x+6}$

1° Donnez une valeur approchée de $f(x)$ à 10^{-3} près pour $x=3{,}1$; $x=3{,}01$; $x=2{,}99$ et $x=2{,}999$. Peut-on calculer $f(3)$?

2° On désigne par h un réel non nul, calculez $f(3+h)$.
(on rappelle que $(a+b)^3 = a^3+3a^2b+3ab^2+b^3$)

3° Montrez que $\lim\limits_{h\to 0} f(3+h) = \dfrac{5}{2}$

15 Soit f la fonction numérique définie par :

$$f(x) = \frac{7x-2}{2x+5}.$$

1° Calculez $g(h) = \dfrac{f(2+h) - f(2)}{h}$.

2° Déterminez $\lim\limits_{h\to 0} g(h)$.

3° On désigne par a un réel différent de $\dfrac{-5}{2}$, et on pose $g(h) = \dfrac{f(a+h) - f(a)}{h}$.
Simplifiez $g(h)$.

4° Montrez que : $\lim\limits_{h\to 0} g(h) = \dfrac{39}{(2a+5)^2}$

16 Soit f la fonction numérique définie par : $f(x) = 5x^4 + 3x^3 + 6x^2 - 10x + 1$.

1° Calculez $g(h) = \dfrac{f(1+h) - 2f(1) + f(1-h)}{h^2}$.

On rappelle que : $(a+b)^4 = a^4 + 4a^3b + 6a^2b^2 + 4ab^3 + b^4$

2° Déterminez $\lim\limits_{h\to 0} g(h)$.

3° On désigne par a un réel quelconque, et on pose :

$g(h) = \dfrac{f(a+h) - 2f(a) + f(a-h)}{h}$. Simplifiez $g(h)$

4° Déterminez $\lim\limits_{h\to 0} g(h)$.

SOLUTIONS DES EXERCICES

1 *a*) Nous avons : $h^2 \leqslant 0{,}01 \Leftrightarrow |h| \leqslant 0{,}1$ c'est-à-dire : $h \in [-0{,}1\ ;\ 0{,}1]$

b) Nous avons : $h^2 \leqslant 10^{-4} \Leftrightarrow |h| \leqslant 10^{-2}$ ou encore : $h \in [-0{,}01\ ;\ 0{,}01]$.

2 $5x^2 - 3x = (5x-3)\,x$, et si $|x| \leqslant 1$; alors $|5x-3| \leqslant 8$ et $|5x^2-3x| \leqslant 8|x|$. Cette inégalité est du type : $|f(x)| \leqslant a|x|^n$ avec $a=8$ et $n=1$.
Nous avons donc $\lim\limits_{x\to 0} (5x^2-3x) = 0$.

Remarque : *au lieu de* $|x| \leqslant 1$, *on peut supposer* $|x| \leqslant 0{,}1$ *alors :* $|5x-3| \leqslant 3{,}5$ *puisque :* $|5x-3| \leqslant |5x| + |-3| \leqslant 0{,}5 + 3$. *Et nous obtenons :* $|5x^2-3x| \leqslant 3{,}5\,|x|$, *donc* $a=3{,}5$ *et* $n=1$. *Plusieurs valeurs de* a *sont possibles, l'essentiel étant de trouver, à l'aide de minorations et majorations, une de ces valeurs.*

3 $x^6 - 2x^5 + 4x^3 = (x^3-2x^2+4)\,x^3$, et si par exemple :
$|x| \leqslant 1$ alors $|x^3-2x^2+4| \leqslant |x^3| + |2x^2| + |4| \leqslant 1 + 2 + 4$
donc $|x^3-2x^2+4| \leqslant 7$ et $|x^6-2x^2+4x^2| \leqslant 7\,|x|^3$. Cette inégalité est du type
$|f(x)| \leqslant a|x|^n$, avec $a=7$ et $n=3$. Nous avons donc $\lim\limits_{x\to 0} f(x) = 0$

4 $\dfrac{3x^2 + 2x}{x + 2} = \dfrac{3x + 2}{x + 2}\, x$, si nous supposons $|x| \leqslant \dfrac{1}{2}$

alors $|3x+2| \leqslant \dfrac{7}{2}$ et $\dfrac{3}{2} \leqslant |x+2| \leqslant \dfrac{5}{2}$

donc $\dfrac{1}{|x+2|} \leqslant \dfrac{2}{3}$ et $\left|\dfrac{3x+2}{x+2}\right| = |3x+2| \cdot \dfrac{1}{|x+2|} \leqslant \dfrac{7}{2} \cdot \dfrac{2}{3}$,

ce qui donne : $\left|\dfrac{3x^2+2x}{x+2}\right| \leqslant \dfrac{7}{3}|x|$; l'inégalité recherchée est ainsi obtenu avec $a = \dfrac{7}{3}$

et $n=1$.

***Remarque** : au lieu de* $|\mathrm{x}| \leqslant \dfrac{1}{2}$ *on peut prendre tout autre encadrement de* x *du type* $|\mathrm{x}| \leqslant \mathrm{b}$, *à condition que* x+2 *ne prenne pas la valeur zéro quand* $\mathrm{x} \in [-\mathrm{b}\ ;\ \mathrm{b}]$.
Il faut donc $\mathrm{b}<2$. *Ensuite on obtiendra* $|3\mathrm{x}+2| \leqslant 3\mathrm{b}+2$ *et* $-\mathrm{b}+2 \leqslant |\mathrm{x}+2| \leqslant \mathrm{b}+2$
donc $\dfrac{1}{|\mathrm{x}+2|} \leqslant \dfrac{1}{-\mathrm{b}+2}$ *et* $\dfrac{|3\mathrm{x}+2|}{|\mathrm{x}+2|} \leqslant \dfrac{3\mathrm{b}+2}{-\mathrm{b}+2}$, *ce qui conduira à* $\mathrm{a} = \dfrac{3\mathrm{b}+2}{-\mathrm{b}+2}$.

5 Nous avons $|3h+4-4| \leqslant 3|h|$, et l'inégalité $|f(h)-L| \leqslant a|h|^n$ est obtenu avec $a=3$ et $n=1$.
Donc $\lim\limits_{h\to 0} (3h+4) = 4$.

6 $7h^2 + 5h^3 - 2 - (-2) = (7+5h)h^2$, et si par exemple $|h| \leqslant 1$ alors $|7+5h| \leqslant 12$.
L'inégalité $|7h^2+5h^3-2-(-2)| \leqslant 12h^2$ prouve que $\lim\limits_{h\to 0} (7h^2+5h^3-2) = -2$, car elle est du type $|f(h)-L| \leqslant a|h|^n$ avec $L = -2$; $a=12$; $n=2$.

7 Ici $h^3 + 3h^2 + h + 1 - 1 = (h^2+3h+1)h$.
Si nous supposons $|h| \leqslant 2$ alors $|h^2+3h+1| \leqslant 11$ et $|h^3+3h^2+h+1-1| \leqslant 11|h|$.
Cette dernière inégalité est du type : $|f(h)-L| \leqslant a|h|^n$ avec $a=11$ et $n=1$, nous avons donc $\lim\limits_{h\to 0} (h^3+3h^2+h+1) = 1$.

8 Nous avons $\sqrt{3x+4} - 2 = \dfrac{(\sqrt{3x+4}-2)(\sqrt{3x+4}+2)}{\sqrt{3x+4} + 2}$

donc $\sqrt{3x+4} - 2 = \dfrac{3x + 4 - 4}{\sqrt{3x+4} + 2} = \dfrac{3}{\sqrt{3x+4} + 2} \cdot x$

Si nous supposons par exemple $|x| \leqslant 0{,}1$ alors $3{,}7 \leqslant 3x + 4 \leqslant 4{,}3$

et $2 + \sqrt{3{,}7} \leqslant \sqrt{3x+4} + 2 \leqslant 2 + \sqrt{4{,}3}$ donc $\dfrac{3}{\sqrt{3x+4} + 2} \leqslant \dfrac{3}{2 + \sqrt{3{,}7}}$ et finalement :

$|\sqrt{3x+4} - 2| \leqslant a|x|$

Ici $a = \dfrac{3}{2 + \sqrt{3{,}7}}$ et $n = 1$.

9 Nous avons : $\dfrac{3x-5}{x-1} - 5 = \dfrac{3x-5 - 5(x-1)}{x-1} = \dfrac{-2x}{x-1}$.

Supposons alors que $|x| \leqslant \dfrac{1}{2}$, on aura : $-\dfrac{3}{2} \leqslant x-1 \leqslant -\dfrac{1}{2}$, donc $\dfrac{1}{2} \leqslant |x-1| \leqslant \dfrac{3}{2}$ et

$\dfrac{1}{|x-1|} \leqslant 2$. De $\left|\dfrac{3x-5}{x-1} - 5\right| \leqslant 4|x|$, nous déduisons $\lim\limits_{x\to 0} \dfrac{3x-5}{x-1} = 5$.

10 Nous avons : $\dfrac{6x-2}{4x+1} - (-2) = \dfrac{6x-2+2(4x+1)}{4x+1} = \dfrac{14x}{4x+1}$

Supposons que $|x| \leqslant \dfrac{1}{8}$ $\Big($il ne faut pas que $4x + 1$ prenne la valeur zéro quand $|x| \leqslant b$, donc nous prenons $b < \dfrac{1}{4}$; et par exemple : $b = \dfrac{1}{8}\Big)$,

alors $\dfrac{1}{2} \leqslant 4x + 1 \leqslant \dfrac{3}{2}$, donc $\dfrac{1}{2} \leqslant |4x+1| \leqslant \dfrac{3}{2}$ et $\dfrac{1}{|4x+1|} \leqslant 2$.

Nous obtenons : $\left|\dfrac{6x-2}{4x+1} - (-2)\right| \leqslant 28|x|$, cette inégalité est du type :

$|f(x)-L| \leqslant a|x|^n$ avec $L=-2$, $a=28$ et $n=1$, d'où $\lim\limits_{x\to 0} \dfrac{6x-2}{4x+1} = -2$.

11 Nous avons : $\dfrac{\sqrt{x^2+4} - 2}{x} = \dfrac{(\sqrt{x^2+4} - 2)(\sqrt{x^2+4} + 2)}{x\,(\sqrt{x^2+4} + 2)}$

Ainsi $\dfrac{\sqrt{x^2+4} - 2}{x} = \dfrac{x^2 + 4 - 4}{x(\sqrt{x^2+4} + 2)} = \dfrac{x}{\sqrt{x^2+4} + 2}$

Supposons $|x| \leqslant 1$ alors $4 \leqslant x^2 + 4 \leqslant 5$ et $4 \leqslant \sqrt{x^2+4} + 2 \leqslant 2 + \sqrt{5}$ donc : $\dfrac{1}{\sqrt{x^2+4} + 2} \leqslant \dfrac{1}{4}$.

De l'inégalité : $\left|\dfrac{\sqrt{x^2+4} - 2}{x}\right| \leqslant \dfrac{1}{4} \cdot |x|$, nous déduisons $\lim\limits_{x\to 0} \dfrac{\sqrt{x^2+4} - 2}{x} = 0$.

12 Posons $f(x) = \dfrac{\sqrt{x+9} - 3}{x}$, alors :

$f(x) = \dfrac{(\sqrt{x+9} - 3)\,(\sqrt{x+9} + 3)}{x(\sqrt{x+9} + 3)} = \dfrac{x + 9 - 9}{x(\sqrt{x+9} + 3)} = \dfrac{1}{\sqrt{x+9} + 3}$

et $f(x) - \dfrac{1}{6} = \dfrac{6 - \sqrt{x+9} - 3}{6\,(\sqrt{x+9} + 3)} = \dfrac{3 - \sqrt{x+9}}{6\,(\sqrt{x+9} + 3)}$

soit $f(x) - \dfrac{1}{6} = \dfrac{9 - (x+9)}{6(\sqrt{x+9} + 3)^2} = \dfrac{-1}{6(\sqrt{x+9} + 3)^2} \cdot x$

Supposons alors que $|x| \leqslant 5$, nous aurons $4 \leqslant x + 9 \leqslant 14$
donc $5 \leqslant \sqrt{x+9} + 3 \leqslant 3 + \sqrt{14}$ et : $6(\sqrt{x+9} + 3)^2 \geqslant 150$, d'où nous déduirons :

$\left|f(x) - \dfrac{1}{6}\right| \leqslant \dfrac{1}{150}\,|x|$; et $\lim\limits_{x\to 0} f(x) = \dfrac{1}{6}$

13 Posons $f(x) = \dfrac{x^2}{1 - \sqrt{x+1}}$, alors :

$$f(x) = \frac{x^2\,(1+\sqrt{x+1})}{(1-\sqrt{x+1})(1+\sqrt{x+1})} = \frac{x^2(1+\sqrt{x+1})}{1-(x+1)} = -\,x(1+\sqrt{1+x})$$

Supposons, par exemple : $|x| \leqslant \dfrac{1}{2}$, alors $|1+x| \leqslant \dfrac{3}{2}$ et $1 + \sqrt{1+x} \leqslant 1 + \sqrt{\dfrac{3}{2}}$, d'où

$|f(x)| \leqslant a|x|$ avec $a = 1 + \sqrt{\dfrac{3}{2}}$

SOLUTIONS DES PROBLÈMES

14 **1° Calcul de $f(x)$ pour diverses valeurs de x**

Nous pouvons utiliser une calculatrice programmable pour le calcul de $f(x)$: nous obtenons $f(3{,}1) \approx 2{,}375$; $f(3{,}01) \approx 2{,}486$; $f(2{,}99) \approx 2{,}514$ et $f(2{,}999) \approx 2{,}501$.

Quant $x=3$, le dénominateur de $f(x)$ vaut $3^3 - 4 \times 3^2 + 3 + 6 = 0$, on ne peut pas calculer $f(3)$.

2° Calcul de $f(3+h)$

Nous avons $f(3+h) = \dfrac{27+27h+9h^2+h^3-18-12h-2h^2-15-5h+6}{27+27h+9h^2+h^3-36-24h-4h^2+3+h+6}$

soit $f(3+h) = \dfrac{h^3+7h^2+10h}{h^3+5h^2+4h} = \dfrac{h^2+7h+10}{h^2+5h+4}$

3° $\lim\limits_{h\to 0} f(3+h)$

$$f(3+h) - \frac{5}{2} = \frac{2h^2+14h+20-5h^2-25h-20}{2(h^2+5h+4)} = \frac{-(3h+11)h}{2(h^2+5h+4)}\,;$$

si nous supposons $|h| \leqslant 0{,}1$ alors : $|3h+11| \leqslant 11{,}3$

et $3{,}5 \leqslant h^2 + 5h + 4 \leqslant 4{,}51$,

d'où $\left|f(3+h) - \dfrac{5}{2}\right| \leqslant \dfrac{11{,}3}{3{,}5}\,h.$

Ce qui prouve $\lim\limits_{h\to 0} f(3+h) = \dfrac{5}{2}$, on peut aussi écrire : $\lim\limits_{x\to 3} f(x) = \dfrac{5}{2}\cdot$

15 **1° Calcul de $g(h)$**

$$\text{on a } g(h) = \frac{\dfrac{7(2+h)-2}{2(2+h)+5} - \dfrac{14-2}{4+5}}{h} = \frac{\dfrac{12+7h}{9+2h} - \dfrac{12}{9}}{h}$$

$$\text{donc } g(h) = \frac{9(12+7h) - 12(9+2h)}{9h(9+2h)} = \frac{39h}{9h(9+2h)} = \frac{13}{27+6h}$$

2° $\lim_{h\to 0} g(h)$

Quand $|h| \leqslant 1$, nous avons $g(h) - \frac{13}{27} = \frac{-78h}{27(27+6h)}$

et $\left|g(h) - \frac{13}{27}\right| \leqslant \frac{26}{189} \cdot |h|$ car : $27 + 6h \geqslant 21$; $\lim_{h\to 0} g(h) = \frac{13}{27}$

3° Calcul de $g(h)$

On a $g(h) = \dfrac{\dfrac{7(a+h) - 2}{2(a+h) + 5} - \dfrac{7a+2}{2a+5}}{h} = \dfrac{39h}{h(2a+5)(2a+5+2h)}$

soit $g(h) = \dfrac{39}{(2a+5)(2a+5+2h)}$

4° $\lim_{h\to 0} g(h)$. Nous avons : $g(h) - \dfrac{39}{(2a+5)^2} = \dfrac{39}{2a+5}\left(\dfrac{1}{2a+5+2h} - \dfrac{1}{2a+5}\right)$

soit $g(h) - \dfrac{39}{(2a+5)^2} = \dfrac{-78h}{(2a+5)^2(2a+5+2h)}$

Supposons h assez petit pour avoir $2a + 5 + 2h \neq 0$,
alors il existe un certain nombre $b > 0$ tel que :

$|2a+5+2h| > b$, d'où : $\dfrac{1}{|2a+5+2h|} \leqslant \dfrac{1}{b}$.

Finalement nous aurons $\left|g(h) - \dfrac{39}{(2a+5)}\right| \leqslant \dfrac{78}{b|2a+5|} |h|$ et $\lim_{h\to 0} g(h) = \dfrac{39}{(2a+5)^2}$.

***Remarque** : cette limite est le nombre dérivé de* f *en* $x_0 = a$, *c'est-à-dire* : f'(a) ; *(chap. 9).*

16 **1° Calcul de $g(h)$.** Nous avons :

$f(1+h)=5(1+4h+6h^2+4h^3+h^4)+3(1+3h+3h^2+h^3)+6(1+2h+h^2)-10(1+h)+1$

donc : $f(1+h) = 5+31h+45h^2+23h^3+5h^4)$, et, de la même façon :
$f(1-h) = 5-31h+45h^2-23h^3+5h^4$, d'où : $g(h) = 90 + 10h^2$.

3° $\lim_{h\to 0} g(h)$. Nous avons :

$\lim_{h\to 0} g(h) = 90$ puisque $|g(h)-90| \leqslant 10|h|^2$

3° Calcul de $g(h)$. Nous avons :

$f(a+h)=5(a^4+4a^3h+6a^2h^2+4ah^3+h^4)$
$+3(a^3+3a^2h+3ah^2+h^3)+6(a^2+2ah+h^2)-10(a+h)+1$

donc $f(a+h)=f(a)+h(20a^3+9a^2+12a-10)+h^2(30a^2+9a+6)+h^3(20a+3)+5h^4$

et, de la même façon :
$f(a-h)=f(a)-h(20a^3+9a^2+12a-10)+h^2(30a^2+9a+6)-h^3(20a+3)+5h^4$.

Donc $g(h) = 60a^2 + 18a + 12 + 10h^2$

4° $\lim_{h\to 0} g(h)$. Nous avons :

$g(h) - (60a^2+18a+12) = 10h^2$

donc $|g(h)-(60a^2+18a+12)| \leqslant 10h^2$ et $\lim_{h\to 0} g(h) = 60a^2 + 18a + 12$.

9 DÉRIVÉES

- **Définitions**
- **Dérivées usuelles**
- **Tangente en un point**

Définitions

• Une fonction f définie sur un intervalle I est dérivable en $x_0 \in \mathrm{I}$, quand le rapport : $\dfrac{f(x)-f(x_0)}{x-x_0}$ tend vers une limite finie quand x tend vers x_0. Cela revient à dire, en notant $x = x_0 + h$, que $\dfrac{f(x_0+h) - f(x_0)}{h}$ tend vers une limite finie quand h tend vers 0.

• Cette limite se note : $f'(x_0)$; c'est le nombre dérivé de f en x_0. Si f est dérivable en tout point x_0 de I, on dit que f est dérivable sur I, et, on note $f' : x \mapsto f'(x)$ la fonction dérivée de f.

Dérivées usuelles

Dans les formules suivantes, a et b sont des constantes réelles quelconques et n un entier ($n \in \mathbb{N}$) : $(ax+b)' = a$; $(x)' = 1$; $(b)' = 0$; $(x^n)' = nx^{n-1}$; $\left(\dfrac{1}{x}\right)' = -\dfrac{1}{x^2}$;

$(\sqrt{x})' = \dfrac{1}{2\sqrt{x}}$;

$(\cos x)' = -\sin x$; $(\sin x)' = \cos x$; $(\tan x)' = 1 + \tan^2 x$.

• Dans les formules suivantes, u et v sont deux fonctions :

$(u+v)' = u'+v'$; $(uv)' = u'v + uv'$; $(au)' = au'$; $(u^n)' = n.u^{n-1}.u'$

$\left(\dfrac{u}{v}\right)' = \dfrac{u'v - uv'}{v^2}$; $\left(\dfrac{1}{u}\right)' = -\dfrac{u'}{u^2}$; $(\sqrt{u})' = \dfrac{u'}{2\sqrt{u}}$.

Tangente en un point

Si f est une fonction dérivable en x_0 alors la courbe C_f représentative de f admet au point M de coordonnées x_0 et $f(x_0)$ une tangente d'équation : $\boldsymbol{y = f'(x_0)(x-x_0) + f(x_0)}$.

■ Dérivées usuelles

1 Calculez $f'(x)$ pour f définie par :

$a)$ $f(x) = 5x^2 - 4x + 6$; $b)$ $f(x) = x^3 + 51x^2 - 3x + \sqrt{2}$.

2 Calculez $f'(x)$ pour f définie par :

$a)$ $f(x) = \dfrac{x^3}{4} + \dfrac{x^2}{5} - \dfrac{1}{x}$; $b)$ $f(x) = \dfrac{x^5}{5} + \dfrac{x^4}{4} + \dfrac{x^3}{3} + \dfrac{x^2}{2} + x$.

3 Calculez $f'(x)$ pour f définie par :

$a)$ $f(x) = (4x-3)^6$; $b)$ $f(x) = (2x^3+6x^2+5x+3)^{10}$.

4 Calculez $f'(x)$ pour f définie par :

$a)$ $f(x) = (2x+1)^5\,x^7$; $b)$ $f(x) = (3x-5)^8.(4x-3)^5$.

5 Calculez $f'(x)$ pour f définie par :

$a)$ $f(x) = \dfrac{5x-3}{6x-7}$; $b)$ $f(x) = \dfrac{x^2-5x-4}{3x^2+7x+1}$.

6 Calculez $f'(x)$ pour f définie par :

$a)$ $f(x) = \dfrac{(2x-1)^3}{(7x+5)^8}$; $b)$ $f(x) = \dfrac{(3x+2)^4}{(8x+5)^6}$.

7 Calculez $f'(x)$ pour f définie par :

$a)$ $f(x) = 3\sin x - 4\cos x$; $b)$ $f(x) = \dfrac{2\sin x - 5}{\sin x + 3}$.

8 Calculez $f'(x)$ pour f définie par :

$a)$ $f(x) = \sin x \cos x$; $b)$ $f(x) = \sqrt{\dfrac{5x+1}{2x+3}}$.

9 On pose $f(x) = ax^2 + bx + c$. Déterminez a, b, c sachant que : $f'(1) = 1$, $f'(2) = -13$ et que $f(1) = 21$.

■ Tangente en un point

10 Déterminez une équation de la tangente en $A(x_0\,;f(x_0))$ à la courbe C_f représentative de f pour :

$a)$ $f(x) = -3x^2 + 4x + 6$ et $x_0 = \dfrac{2}{3}$

$b)$ $f(x) = 5x^4 + 7x^3 - 6x^2 + 7x + 3$ et $x_0 = -2$

11 Déterminez une équation de la tangente C en $A(x_0\,;f(x_0))$ à la courbe C_f représentative de f pour :

$a)\ f(x) = \dfrac{7x-5}{x}$ et $x_0 = 1$

$b)\ f(x) = (10x-11)^7$ et $x_0 = 1$

12 En quel(s) point(s) de C_f la tangente est-elle parallèle à la droite Δ pour :

$a)\ f(x) = 2x^3+3x^2+x-2$ et $\Delta : y=x-2$?

$b)\ f(x) = \dfrac{3x-1}{3x+1}$ et $\Delta : y = \dfrac{6x+1}{25}$?

13 En quel(s) point(s) de C_f la tangente est-elle parallèle à Δ pour :

$a)\ f(x)=x^3+x^2+1$ et $\Delta : y=7$?

$b)\ f(x) = \dfrac{2x+3}{5x-1}$ et $\Delta : y=3x+1$?

$c)\ f(x) = \sqrt{5x-2}$ et $\Delta : y = \dfrac{5}{4}x$?

14 On considère la famille de fonction f_m définie par $f_m(x) = mx^2 - 4(m-1)x+4m+1$, où m est un paramètre réel.
Montrez que toutes les courbes C_m représentatives de f_m passent par un même point fixe A et admettent en ce point la même tangente.

15 On considère la famille de fonction f_m définie par $f_m(x)=3x^2+(2m-5)\,x+4m+1$, où m est un paramètre réel.
Montrez que toutes les courbes C_m représentatives de f_m passent par un même point A et déterminez m pour que la tangente en A soit parallèle à la droite Δ d'équation : $y=5x-4$.

PROBLÈMES

16 Soit f la fonction numérique définie par : $f(x) = 2x^2 + 5x - 3$ et soit g la fonction numérique définie par : $g(x) = 3x^2 - x + 6$.

1° Déterminez l'intersection des courbes C_f et C_g représentatives des fonctions f et g.

2° Montrez qu'au point trouvé précédemment C_f et C_g admettent la même tangente.

3° Quelle est l'équation de cette tangente ?

17 Soit f la fonction numérique définie par : $f(x) = 2x^2 - 4x + 1$, soit C_f sa courbe représentative dans un repère orthonormé $(O, \vec{i}, \vec{j})$.

1° Quelle est l'équation de la tangente T à C_f au point A de C_f d'abscisse 3 ?

2° En quel(s) point(s) de C_f la tangente T' est-elle orthogonale à T (rappel : les droites d'équations $y=ax+b$ et $y=a'x+b'$ sont orthogonales si et seulement si on a : $aa' = -1$) ?

3° Donnez l'équation de T'.

4° Déterminez les coordonnées du point d'intersection de T et de T'.

5° Reprenez les questions précédentes pour un point A de C_f d'abscisse $x_0 \neq 1$; et montrez que l'ordonnée du point obtenu au 4° est encore $-\frac{9}{8}$.

18 Soit f la fonction numérique définie par : $f(x) = \frac{3x-4}{x-2}$ sur l'intervalle $]2\ ;+\infty[$; et soit C_f sa courbe représentative par rapport à un repère orthonormé $(O, \vec{i}, \vec{j})$.

1° Déterminez une équation de la tangente T à la courbe C_f au point A de C_f d'abscisse 6.

2° Cette tangente recoupe la droite d'équation $x=2$ en un point K. Quelles sont les coordonnées de K ?

3° Quelles sont les coordonnées de L point d'intersection de T avec la droite d'équation $y=3$?

4° Soit $I(2\ ;3)$, déterminez les distances IK et IL. Quelle est l'aire du triangle IKL (vous pourrez observer qu'il est rectangle en I) ?

5° Reprenez les questions précédentes pour un point A de C_f d'abscisses x_0 quelconque, $(x_0>2)$, et montrez que l'aire du triangle IKL ne dépend pas de x_0.

SOLUTIONS DES EXERCICES

1 *a*) $f'(x) = 10x - 4$; *b*) $f'(x) = 3x^2 + 102x - 3$.

Remarque : le nombre $\sqrt{2}$ est une constante, sa dérivée est donc zéro.

2 *a*) $f'(x) = \frac{3x^2}{4} + \frac{2x}{5} + \frac{1}{x^2}$.

Remarque : nous considérons $\frac{x^3}{4}$ comme $\frac{1}{4}x^3$. L'utilisation de la formule concernant $\frac{u}{v}$ fait, dans ce cas, perdre du temps.

b) $f'(x) = x^4 + x^3 + x^2 + x + 1$

3 *a*) $f'(x) = 6(4x-3)^5\,4 = 24(4x-3)^5$

b) $f'(x) = 10(2x^3+6x^2+5x+3)^9(6x^2+12x+5)$

4 a) $f'(x) = 10(2x+1)^4 x^7 + 7(2x+1)^5 x^6$
$f'(x) = (2x+1)^4 x^6[10x+7(2x+1)]$
$f'(x) = (2x+1)^4 x^6 (24x+7)$

b) $f'(x) = 24(3x-5)^7(4x-3)^5 + (3x-5)^8 \times 20(4x-3)^4$
$f'(x) = (3x-5)^7(4x-3)^4 (156x-172)$

5 a) $f'(x) = \dfrac{5(6x-7)-6(5x-3)}{(6x-7)^2} = \dfrac{30x-35-30x+18}{(6x-7)^2} = \dfrac{-17}{(6x-7)^2}$

b) $f'(x) = \dfrac{(2x-5)(3x^2+7x+1)-(x^2-5x-4)(6x+7)}{(3x^2+7x+1)^2}$

$f'(x) = \dfrac{22x^2+26x+23}{(3x^2+7x+1)^2}$.

6 a) $f'(x) = \dfrac{6(2x-1)^2(7x+5)^8 - 56(2x-1)^3(7x+5)^7}{(7x+5)^{16}}$

$f'(x) = \dfrac{(2x-1)^2(-70x+86)}{(7x-5)^9}$

b) $f'(x) = \dfrac{12(3x+2)^3(8x+5)^6-48(3x+2)^4(8x+5)^5}{(8x+5)^{12}}$

$f'(x) = \dfrac{-12(3x+2)^3(4x+3)}{(8x+5)^7}$

7 a) $f'(x) = 3 \cos x + 4 \sin x$

b) $f'(x) = \dfrac{(2 \cos x)(\sin x+3)-(\cos x)(2 \sin x-5)}{(\sin x + 3)^2}$

$f'(x) = \dfrac{11 \cos x}{(\sin x + 3)^2}$

8 a) $f'(x) = \cos x \cos x - \sin x \sin x = \cos^2 x-\sin^2 x$.

b) $f'(x) = \dfrac{\left(\dfrac{5x+1}{2x+3}\right)'}{2 f(x)} = \dfrac{13}{2(2x+3)^2} \sqrt{\dfrac{2x+3}{5x+1}}$

9 Nous avons $f'(x) = 2ax + b$ donc $2a + b = 1$ et $4a + b = -13$; en soustrayant membre à membre ces deux équations, il vient : $-2a = 14$ donc $a = -7$, ce qui donne $b = 15$.
La condition $f(1) = 21$ donne $-7 + 15 + c = 21$; donc $c = 13$, et, finalement, $f(x) = -7x^2 + 15x + 13$.

10 a) Nous avons $f'(x) = -6x + 4$, donc $f'\left(\dfrac{2}{3}\right) = 0$, et $f\left(\dfrac{2}{3}\right) = \dfrac{22}{3}\cdot$ L'équation de la tangente en $M\left(\dfrac{2}{3} ; \dfrac{22}{3}\right)$ à la courbe représentative de f, est donc :

$y = 0\left(x - \dfrac{2}{3}\right) + \dfrac{22}{3}$, soit : $y = \dfrac{22}{3}\cdot$ Cette droite est parallèle à l'axe des abscisses.

b) Nous avons $f'(x) = 20x^3 + 21x^2 - 12x + 7$; $f'(-2) = -45$ et $f(-2) = -11$. L'équation de la tangente en $M(-2\ ;\ -11)$ à la courbe représentative de f, est donc $y = -45(x+2) - 11$, ce qui donne : $y = -45x - 101$.

11 *a*) Nous avons $f'(x) = \dfrac{5}{x^2}$, $f'(1) = 5$ et $f(1)=2$. L'équation de la tangente en $M(1\ ;\ 2)$ à la courbe représentative de f est donc $y = 5(x-1) + 2$ soit : $y = 5x - 3$.

b) Nous avons $f'(x) = 70(10x-11)^6$, $f'(1) = 70$ et $f(1) = -1$. L'équation de la tangente à la courbe représentative de f est donc : $y = 70(x-1) - 1$ soit : $y = 70x - 71$.

12 *a*) Le coefficient directeur de Δ est 1, celui de la tangente en $M(x\ ;\ f(x))$ est $f'(x)$. Étant donné que deux droites sont parallèles si et seulement si elles ont le même coefficient directeur, nous devons résoudre : $f'(x) = 1$, c'est-à-dire :
$6x^2 + 6x + 1 = 1$, d'où : $x = 0$ ou $x = -1$. Nous obtenons deux points répondant à la question : $A(-1\ ;\ -2)$ et $B(0\ ;\ -2)$.

b) Ici le coefficient directeur de Δ est $\dfrac{6}{25}$ et $f'(x) = \dfrac{3(3x+1)-3(3x-1)}{(3x+1)^2} = \dfrac{6}{(3x+1)^2}$.

De l'équation $\dfrac{6}{(3x+1)^2} = \dfrac{6}{25}$ nous déduisons : $(3x+1)^2 = 25$, soit : $x = \dfrac{4}{3}$ ou $x = -2$.
Nous obtenons deux points répondant à la question :

$A\left(\dfrac{4}{3}\ ;\ \dfrac{3}{5}\right)$ et $B\left(-2\ ;\ \dfrac{7}{5}\right)$

13 *a*) Le coefficient directeur de Δ est 0, (c'est le coefficient de x dans l'équation : $y = 7$). Nous devons résoudre $f'(x) = 0 \Leftrightarrow 3x^2 + 2x = 0 \Leftrightarrow x = 0$ ou $x = -\dfrac{2}{3}$. Il y a deux points qui répondent à la question :

$A(0\ ;\ 1)$ et $B\left(-\dfrac{2}{3}\ ;\ \dfrac{31}{27}\right)$.

b) $f'(x) = 3 \Leftrightarrow \dfrac{-17}{(5x-1)^2} = 3 \Longleftrightarrow (5x-1)^2 = -\dfrac{17}{3}$.

L'ensemble des solutions de cette équation est l'ensemble vide, puisqu'un carré n'est jamais strictement négatif. Il n'y a aucun point répondant à la question.

c) $f'(x) = \dfrac{5}{4} \Leftrightarrow \dfrac{5}{2\sqrt{5x-2}} = \dfrac{5}{4} \Leftrightarrow \sqrt{5x-2} = 2$

$$\Leftrightarrow x = \frac{6}{5}$$

Nous obtenons un seul point répondant à la question $A\left(\dfrac{6}{5}\ ;\ 2\right)$.

14 Notons x_0 et y_0 les coordonnées de A.
Pour tout $m \in \mathbb{R}$, on doit avoir : $y_0 = mx_0^2 - 4(m-1)\,x_0 + 4m + 1$;
donc pour tout $m \in \mathbb{R}$, $m(x_0^2-4x_0+4) - y_0 + 4x_0 + 1 = 0$.

En utilisant la propriété :

$$\text{pour tout } m \in \mathbb{R},\ am + b = 0 \Leftrightarrow \begin{cases} a = 0 \\ \text{et} \\ b = 0 \end{cases} ;$$

nous obtenons : $\begin{cases} x_0^2-4x_0+4=0 \\ -y_0+4x_0+1=0 \end{cases} \Leftrightarrow \begin{cases} (x_0-2)^2=0 \\ y_0=4x_0+1 \end{cases} \Leftrightarrow \begin{cases} x_0=2 \\ y_0=9 \end{cases}$

Les coordonnées de A sont 2 et 9.

Le coefficient directeur de la tangente en A à C_m est $f'_m(2) = 4m - 4(m-1) = 4$. Ce nombre est indépendant de m et la tangente en A à C_m est une droite fixe (son équation est $y = 4x + 1$).

15 Notons x_0 et y_0 les coordonnées de A.
On doit avoir :

pour tout $m \in \mathbb{R}$, $3x_0^2 + (2m-5)\,x_0 + 4m + 1 = y_0$
donc pour tout $m \in \mathbb{R}$, $m(2x_0+4) + 3x_0^2 - 5x_0 + 1 - y_0 = 0$

Soit encore $\begin{cases} 2x_0+4=0 \\ 3x_0^2-5x_0+1-y_0=0 \end{cases} \Leftrightarrow \begin{cases} x_0=-2 \\ y_0=23 \end{cases}$

Les coordonnées de A sont : -2 et 23.

Pour que la tangente en A à C_m soit parallèle à Δ,
il faut que $f'_m(-2) = 5 \Leftrightarrow -12 + 2m - 5 = 5 \Leftrightarrow m = 11$.

SOLUTIONS DES PROBLÈMES

16 **1° Intersection de C_f et de C_g**

Les coordonnées du (ou des) point(s) d'intersection des courbes C_f et C_g doivent vérifier :

$y = f(x)$ et $y = g(x)$; donc : $2x^2 + 5x - 3 = 3x^2 - x + 6 \Leftrightarrow x^2 - 6x + 9 = 0$.

Ce qui donne $(x-3)^2 = 0$ donc $x = 3$ et $y = f(3) = 30$.
Les courbes C_f et C_g se rencontrent en $A(3\ ;\ 30)$.

2° Tangente commune
Nous avons $f'(x) = 4x + 5$ et $g'(x) = 6x - 1$, donc $f'(3) = 17$ et $g'(3) = 17$. Les deux tangentes passent par A et ont des coefficients directeurs égaux, elles sont donc confondues.

3° Équation de la tangente·
$y = f'(3)(x-3) + f(3)$ donne $y = 17(x-3) + 30$ soit $y = 17x - 21$.

17 **1° Équation de T**
Nous avons $f'(3) = 8$ car $f'(x) = 4x - 4$; et $f(3) = 7$.
L'équation de T est $y = 8(x-3) + 7 \quad y = 8x - 17$.

2° Tangente T'
Le coefficient directeur de T' est a' tel que $8a' = -1$, puisqu'on veut avoir T et T' orthogonales.

Nous avons $f'(x) = -\frac{1}{8} \Leftrightarrow 4x - 4 = -\frac{1}{8} \Leftrightarrow x = \frac{31}{32}$.

La tangente à C_f au point B d'abscisse $\frac{31}{32}$ et d'ordonnée $f\left(\frac{31}{32}\right) = -\frac{511}{512}$ est orthogonale à T.

3° Équation de T'
Une équation de T' est donnée par $y = -\frac{1}{8}\left(x - \frac{31}{32}\right) - \frac{511}{512}$ soit : $y = -\frac{x}{8} - \frac{449}{512}$.

4° Intersection de T et T'
Les coordonnées du point E intersection de T et T' sont solutions de :

$\begin{cases} y=8x-17 \\ y = -\frac{x}{8} - \frac{449}{512} \end{cases}$ ce qui donne $8x - 17 = -\frac{x}{8} - \frac{449}{512}$ donc $x = \frac{127}{64}$

En reportant dans la première équation, nous obtenons $y = -\frac{9}{8}$. Conclusion : $E\left(\frac{127}{64} ; -\frac{9}{8}\right)$.

5° Cas général
. Quand l'abscisse de A est $x_0 \neq 1$, nous obtenons une équation de T :
$y = 4(x_0-1)\,x + 1 - 2x_0^2$.

. Le coefficient directeur de T' est : $\frac{-1}{4(x_0-1)}$; $(x_0 \neq 1)$.

. L'abscisse de B est telle que $f'(x) = \frac{-1}{4(x_0-1)}$ donc $4x - 4 = \frac{-1}{4(x_0-1)}$,

soit $x = \frac{16x_0 - 17}{16(x_0-1)}$.

L'ordonnée de B est $f\left(\frac{16x_0-17}{16(x_0-1)}\right) = \frac{-128x_0^2 + 256x_0 - 127}{128(x_0-1)^2}$

ou encore : $-1 + \frac{1}{128(x_0-1)^2}$.

Une équation de T' est : $y = \frac{-x}{4(x_0-1)} - \frac{128x_0^2 - 288x_0 + 161}{128(x_0-1)^2}$.

Les coordonnées de E, point d'intersection de T et de T', sont $x_E = \frac{16x_0^2 - 17}{32(x_0-1)}$ et

$y_E = -\frac{9}{8}$.

18 **1° Tangente au point d'abscisse 6**

Nous avons $f'(x) = \dfrac{3(x-2)-(3x-4)}{(x-2)^2} = \dfrac{-2}{(x-2)^2}$,

donc $f'(6) = -\dfrac{1}{8}$.

Une équation de T est $y = -\dfrac{1}{8}(x-6) + \dfrac{7}{2} \Leftrightarrow y = \dfrac{-x}{8} + \dfrac{17}{4}$.

2° Coordonnées de *K*

Les coordonnées de K sont solution du système :

$$\begin{cases} x=2 \\ y = -\dfrac{x}{8} + \dfrac{17}{4} \end{cases} \Leftrightarrow \begin{cases} x=2 \\ y=4 \end{cases}$$

3° Coordonnées de *L*

Les coordonnées de L sont telles que :

$$\begin{cases} y=3 \\ y = -\dfrac{x}{8} + \dfrac{17}{4} \end{cases} \Leftrightarrow \begin{cases} y=3 \\ x=10 \end{cases}$$

4° Triangle *IKL*

L'aire du triangle IKL est : $\dfrac{IK \times IL}{2}$ avec $IK = |y_K - y_I| = 1$.

et $IL = |x_L - x_I| = 8$.

L'aire de IKL est donc 4.

5° Cas général

Une équation de T est : $y = \dfrac{-2(x-x_0)}{(x_0-2)^2} + \dfrac{3x_0-4}{x_0-2}$.

Nous obtenons $K\left(2 \,;\, \dfrac{3x_0-2}{x_0-2}\right)$ et $L(2x_0-2 \,;\, 3)$;

d'où $IK = \dfrac{4}{x_0-2}$ et $IL = 2x_0 - 4$.

L'aire de IKL est : $\dfrac{IK \times IL}{2} = \dfrac{4}{x_0-2} \times \dfrac{2x_0-4}{2} = 4$.

Ce résultat est indépendant de x_0.

FONCTIONS

10

- **Dérivée et sens de variation**
- **Symétries éventuelles d'une courbe**

Dérivée et sens de variation

f est une fonction définie sur un intervalle I

- si pour tout $x \in I$, $f'(x) > 0$, alors f est strictement croissante sur I ;
- si pour tout $x \in I$, $f'(x) = 0$, alors f est constante sur I ;
- si pour tout $x \in I$, $f'(x) < 0$, alors f est strictement décroissante sur I.

Symétries éventuelles d'une courbe

Le plan est muni du repère $(O, \vec{i}, \vec{j})$, et soit $A(x_A, y_A)$ alors les formules de passage du repère $(O, \vec{i}, \vec{j})$ au repère $(A, \vec{i}, \vec{j})$ sont :

$$\begin{cases} x = X + x_A \\ y = Y + y_A \end{cases}$$

Partant d'un point $M(x, y)$ de la courbe C représentative d'une fonction f,
on a $y = f(x) \Leftrightarrow Y = g(X)$

- si la fonction g est paire alors le nouvel axe des ordonnées $(x = x_A)$ est axe de symétrie de C (en supposant que le repère est orthogonal) ;
- si la fonction g est impaire alors la nouvelle origine : A est centre de symétrie de C.

EXERCICES

1 Soit $f : x \mapsto 5x^2 - 4x + 9$. Montrez que la droite d'équation $x = \frac{2}{5}$ est axe de symétrie de la courbe C représentant f, dans un repère $(O, \vec{i}, \vec{j})$.

2 Soit $f : x \mapsto 2x^3 - 6x^2 + 4x + 3$. Calculez $f'(x)$, résolvez $f'(x) = -2$. Vous noterez a la solution. Montrez que le point $A(a, f(a))$ est centre de symétrie de la courbe C représentative de f, dans un repère $(O, \vec{i}, \vec{j})$.

3 Soit f définie par $f(x) = \frac{4x + 1}{2x - 8}$ · Montrez que la courbe C représentative de f possède $I(4, 2)$ comme centre de symétrie.

4 Soit f définie par $f(x) = \frac{7x^2 + 4x + 3}{x + 2}$ · Déterminez trois constantes a, b et c telles que, pour tout $x \neq -2$, $f(x) = ax + b + \frac{c}{x + 2}$ ·

5 Soit f définie par $f(x) = \frac{6x^3 + 2x^2 + 8x + 3}{2x - 1}$ ·

Déterminez quatre constantes a, b, c et d telles que pour tout $x \neq \frac{1}{2}$,

$f(x) = ax^2 + bx + c + \frac{d}{2x - 1}$ ·

6 Soit f définie par $f(x) = \frac{5x - 6}{x^2 - 8x + 15}$ · Déterminez deux constantes a et b telles que : pour tout $x \neq 3$ et $x \neq 5$: $f(x) = \frac{a}{x - 3} + \frac{b}{x - 5}$ ·

7 Soit $f : x \mapsto \frac{5x^2 - 7x + 1}{x^2 + x + 4}$ · Faites un programme pour le calcul de $f(x)$. Complétez le tableau suivant :

x	-4	-3	-2	-1	0	1	2
$f(x)$ à 10^{-2} près							

8 Soit $f : x \mapsto \sqrt{\frac{3x + 5}{x^3 + 5x^2 + 1}}$ · Faites un programme pour le calcul de $f(x)$ et complétez le tableau suivant :

x	0	1	2	3	4
$f(x)$ à 10^{-2} près					

9 Que calcule le programme suivant sur une Casio *fx* - 180 p : [MODE] [0] [P1] [k in] [2] [x^2] [x^2] [×] [5] [+] [1] [=] [÷] [(] [k out] [2] [x^2] [+] [3] [×] [k out] [2] [−] [7] [)] [=] [MODE] [.]

10 Que calcule le programme suivant sur une Casio *fx* - 180 p : [MODE] [0] [P1] [k in] [3] [×] [2] [+] [4] [=] [÷] [(] [k out] [3] [x^2] [+] [5] [×] [k out] [3] [+] [7] [)] [=] [MODE] [.]

11 Soit $f : x \mapsto x^2 - 4x + 1$. Étudiez f pour $x \in [-1;5]$ et tracez sa courbe représentative C.

12 Soit $f : x \mapsto -2x^2 + x + 2$. Étudiez f pour $x \in [-2;2]$ et tracez sa courbe représentative C.

13 Soit $f : x \mapsto x^3 - 3x^2$. Étudiez f pour $x \in [-1;3]$ et tracez sa courbe représentative C.

14 Soit $f : x \mapsto \dfrac{3x+1}{x+1}$ · Étudiez f pour $x \in [0;4]$ et tracez sa courbe représentative C.

15 Soit $f : x \mapsto \dfrac{2}{x^2}$ · Étudiez f pour $x \in]0;4]$ et tracez sa courbe représentative C.

16 Soit $f : x \mapsto \dfrac{x}{x^2+2}$ · Étudiez f pour $x \in [-3;3]$ et tracez sa courbe représentative C.

17 Soit $f : x \mapsto \sqrt{x+2}$. Étudiez f pour $x \in [-2;4]$ et tracez sa courbe représentative C.

PROBLÈMES

18 Soit f_m la fonction numérique définie par :
$f_m(x) = (m-2)\,x^2 - 2\,(m+1)\,x - 3m + 1$, où m désigne un paramètre réel distinct de 2, et soit C_m la courbe représentative de f_m relativement à un repère $(O, \vec{i}, \vec{j})$.

1° Dressez le tableau de variations de f_m dans le cas $m > 2$ et dans le cas $m < 2$.

2° Démontrez que toutes les courbes C_m passent par deux points fixes A et B (B est d'ordonnée positive).

3° Déterminez m pour que C_m admette une tangente parallèle à l'axe des abscisses en un point d'abscisse $\dfrac{5}{2}$ ·

19 On considère la fonction numérique définie par $f(x) = ax^2 + bx + c$, et on désigne par C sa courbe représentative relativement à un repère $(O, \vec{i}, \vec{j})$.

1° Déterminez a, b, et c sachant que C passe par $B(2;1)$, par $A(1;-1)$ et admet en A une tangente parallèle à l'axe des abscisses.

2° Étudiez f et tracez C pour $x \in [-1;3]$.

3° Déterminez les points d'intersection de C avec la droite Δ d'équation : $y = 3x - 2$.

4° Résolvez graphiquement : $f(x) \leqslant 3x - 2$.

SOLUTIONS DES EXERCICES

1 Notons A le point du plan de coordonnées $\frac{2}{5}$ et 0. Les formules de passage du repère $(O, \vec{i}, \vec{j})$ au repère $(A, \vec{i}, \vec{j})$ sont :

$$\begin{cases} x = X + \dfrac{2}{5} \\ y = Y \end{cases}$$

et nous obtenons :

$$y = f(x) \Leftrightarrow y = 5x^2 - 4x + 9 \Leftrightarrow Y = 5\left(X + \frac{2}{5}\right)^2 - 4\left(X + \frac{2}{5}\right) + 9 \Leftrightarrow Y = 5X^2 + \frac{41}{5} \cdot$$

Posons $g : X \mapsto 5X^2 + \frac{41}{5}$, cette fonction est paire donc, le nouvel axe des ordonnées est axe de symétrie de C. Il a pour équation $X = 0$ relativement à $(A, \vec{i}, \vec{j})$ et $x = \frac{2}{5}$ relativement à $(O, \vec{i}, \vec{j})$.

2 De $f'(x) = 6x^2 - 12x + 4$, nous déduisons :
$f'(x) = -2 \Leftrightarrow 6x^2 - 12x + 6 = 0 \Leftrightarrow 6(x - 1)^2 = 0 \Leftrightarrow x = 1$.
Les coordonnées de A sont 1 et $f(1) = 3$. Les formules de changement de repère sont :

$$\begin{cases} x = X + 1 \\ y = Y + 3 \end{cases}$$

$y = f(x) \Leftrightarrow Y + 3 = 2(X + 1)^3 - 6(X + 1)^2 + 4(X + 1) + 3 \Leftrightarrow Y = 2X^3 - 2X$.
Posons $g : X \mapsto 2X^3 - 2X$, cette fonction est impaire donc la nouvelle origine : A est centre de symétrie de C.

3 Les formules de passage du repère $(O, \vec{i}, \vec{j})$ au repère $(I, \vec{i}, \vec{j})$ sont :

$$\begin{cases} x = X + 4 \\ y = Y + 2 \end{cases}$$

et nous avons :

$$y = f(x) \Leftrightarrow Y + 2 = \frac{4\,(X+4)+1}{2\,(X+4)-8} \Leftrightarrow Y = \frac{4X+17}{2X} - 2 \Leftrightarrow Y = \frac{17}{2X}\cdot$$

Posons $g : X \mapsto \frac{17}{2X}$, cette fonction est impaire, donc la nouvelle origine : I est centre de symétrie de C.

4 Nous avons :

$$ax + b + \frac{c}{x+2} = \frac{(ax+b)\,(x+2)+c}{x+2} = \frac{ax^2 + x\,(b+2a) + 2b + c}{x+2}$$

et, en identifiant le numérateur de cette dernière expression avec $7x^2 + 4x + 3$, nous sommes conduit à :

$$\begin{cases} a = 7 \\ b + 2a = 4 \\ 2b + c = 3 \end{cases} \Leftrightarrow \begin{cases} a = 7 \\ b = -10 \\ c = 23 \end{cases}$$

5 Nous avons : $ax^2 + bx + c + \frac{d}{2x-1} = \frac{(ax^2+bx+c)\,(2x-1)+d}{2x-1}$, puis, en développant et en identifiant avec le numérateur de $f(x)$, nous obtenons le système :

$$\begin{cases} 2a = 6 \\ 2b - a = 2 \\ 2c - b = 8 \\ d - c = 3 \end{cases} \Leftrightarrow \begin{cases} a = 3 \\ b = \frac{5}{2} \\ c = \frac{21}{4} \\ d = \frac{33}{4} \end{cases}$$

6 Nous avons : $\frac{a}{x-3} + \frac{b}{x-5} = \frac{a(x-5)+b(x-3)}{(x-3)\,(x-5)}$

$$= \frac{x(a+b) - 5a - 3b}{x^2 - 8x + 15}$$

l'identification des deux numérateurs donne :

$$\begin{cases} a + b = 5 \\ 5a + 3b = 6 \end{cases} \Leftrightarrow \begin{cases} a = -\frac{9}{2} \\ b = \frac{19}{2} \end{cases}$$

7

x	-4	-3	-2	-1	0	1	2
$f(x)$	6,81	6,70	5,83	3,25	0,25	$-0{,}17$	0,70

sur une Casio *fx*-180 p, nous pouvons utiliser le programme suivant :

[MODE] [0] [P1] [k in] [1] [x^2] [×] [5] [−] [7] [×] [k out] [1] [+] [1] [=]
[÷] [(] [k out] [1] [x^2] [+] [k out] [1] [+] [4] [)] [=] [MODE] [.] [MODE]
[7] [2]

Le calcul de $f(-4)$ se fait alors en tapant [4] [+/−] [P1]

8

x	0	1	2	3	4
$f(x)$	2,24	1,07	0,62	0,44	0,34

Le programme est ici : [MODE] [0] [P1] [k in] [1] [×] [3] [+] [5] [=] [÷] [(] [k out] [1] [x^2] [×] [k out] [1] [+] [k out] [1] [x^2] [×] [5] [+] [1] [)] [=] [$\sqrt{x}$] [MODE] [.] [MODE] [7] [2]

9 Ce programme calcule les valeurs de la fonction f définie par :

$$f(x) = \frac{5x^4 + 1}{x^2 + 3x - 7}$$

10 Ce programme calcule les valeurs de la fonction f définie par :

$$f(x) = \frac{2x + 4}{x^2 + 5x + 7}$$

11 Nous avons $f'(x) = 2x - 4$ et le tableau de variations de f est :

x	-1		2		5
$f'(x)$		$-$	0	$+$	
$f(x)$	6	↘	-3	↗	6

La tangente de $A\,(2;-3)$ à C a pour équation : $y = -3$.

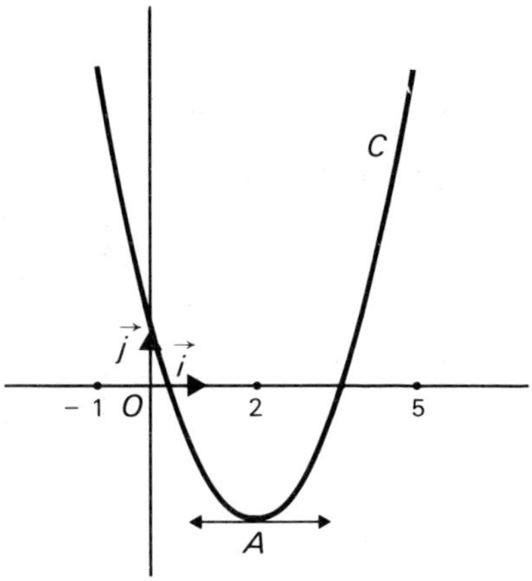

12 Nous avons $f'(x) = -4x + 1$ et le tableau de variations de f est :

x	-2		$\frac{1}{4}$		2
$f'(x)$		$+$	0	$-$	
$f(x)$	-8	↗	$\frac{17}{8}$	↘	-4

La tangente en $B\left(\frac{1}{4}\,;\frac{17}{8}\right)$ à C a pour équation $y = \frac{17}{8}$.

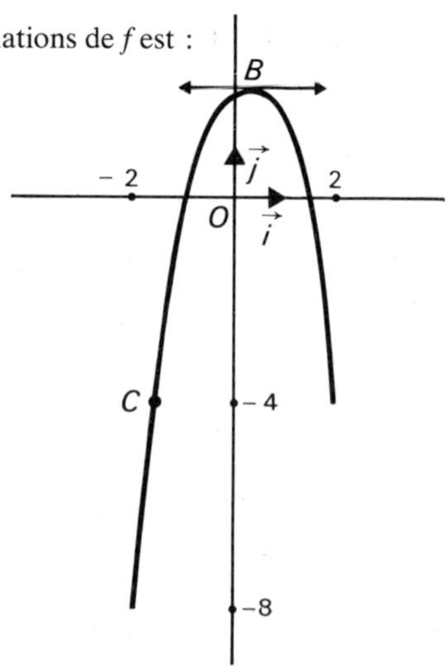

13 Nous avons : $f'(x) = 3x^2 - 6x = 3x\,(x-2)$ et le tableau de variations de f est :

x	-1		0		2		3
$3x$		$-$	0	$+$		$+$	
$x-2$		$-$		$-$	0	$+$	
$f'(x)$		$+$	0	$-$	0	$+$	
$f(x)$	-4	↗	0	↘	-4	↗	0

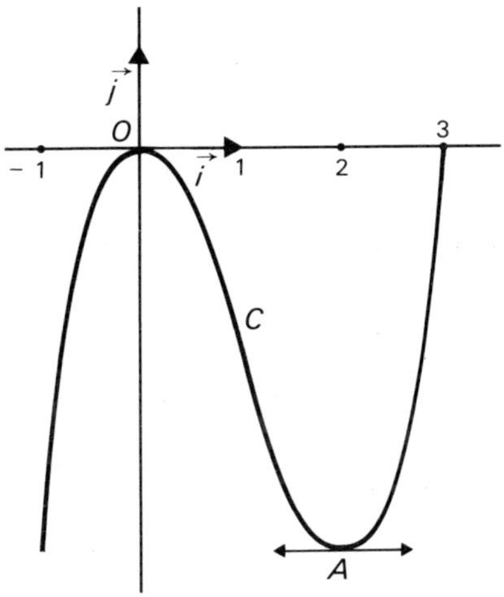

La courbe C est tangente à l'axe des abscisses en O, et admet en $A(2;-4)$ une tangente d'équation : $y = -4$.

14 Nous avons : $f'(x) = \dfrac{3\,(x+1) - (3x+1)}{(x+1)^2} = \dfrac{2}{(x+1)^2}$, cette dérivée est strictement positive et, le tableau de variations de f est :

x	0		4
$f'(x)$		$+$	
$f(x)$	1	↗	$\dfrac{13}{5}$

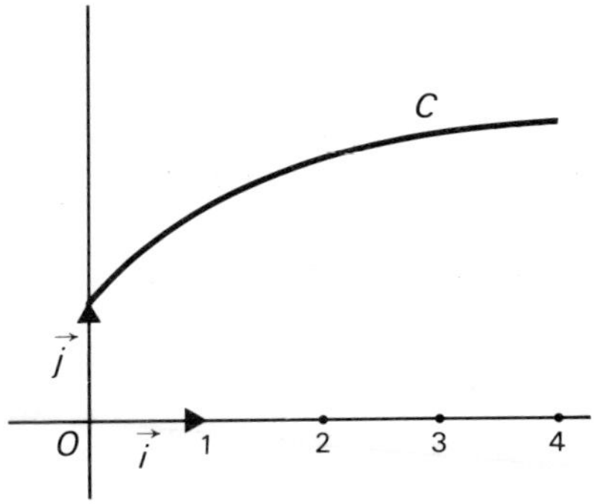

15 Nous avons : $f'(x) = \dfrac{-4x}{(x^2)^2} = \dfrac{-4}{x^3}$, cette dérivée est donc strictement négative pour $x \in]0;4]$

Le tableau de variations de f est :

x	0		4
$f'(x)$	‖	$-$	
$f(x)$	‖	↘	$\frac{1}{8}$

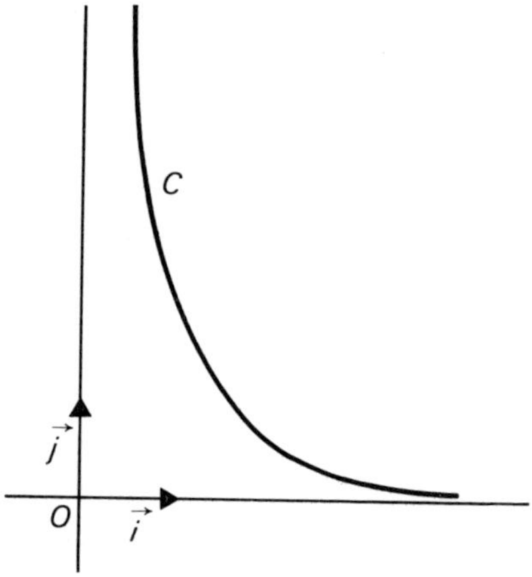

Quand x est voisin de zéro, $f(x)$ devient très grand, ce qu'on écrit $\lim\limits_{x \to 0} f(x) = +\infty$.

16 La dérivée de f est définie par : $f'(x) = \dfrac{(x^2+2) - x.2x}{(x^2+2)^2}$

donc $f'(x) = \dfrac{2 - x^2}{(x^2+2)^2}$, elle est du signe de :

$2 - x^2 = (\sqrt{2} - x)(\sqrt{2} + x)$. Le tableau de variations de f est :

x	-3		$-\sqrt{2}$		$\sqrt{2}$		3
$(\sqrt{2} - x)$		$+$		$+$	0	$-$	
$(\sqrt{2} + x)$		$-$	0	$+$		$+$	
$f'(x)$		$-$	0	$+$	0	$-$	
$f(x)$	$-\frac{3}{11}$	↘	$-\frac{\sqrt{2}}{4}$	↗	$\frac{\sqrt{2}}{4}$	↘	$\frac{3}{11}$

En $A\left(-\sqrt{2}\ ;\ -\dfrac{\sqrt{2}}{4}\right)$ la tangente admet pour équation : $y = -\dfrac{\sqrt{2}}{4}$ et, en $B\left(\sqrt{2}\ ;\ \dfrac{\sqrt{2}}{4}\right)$: $y = \dfrac{\sqrt{2}}{4}$.

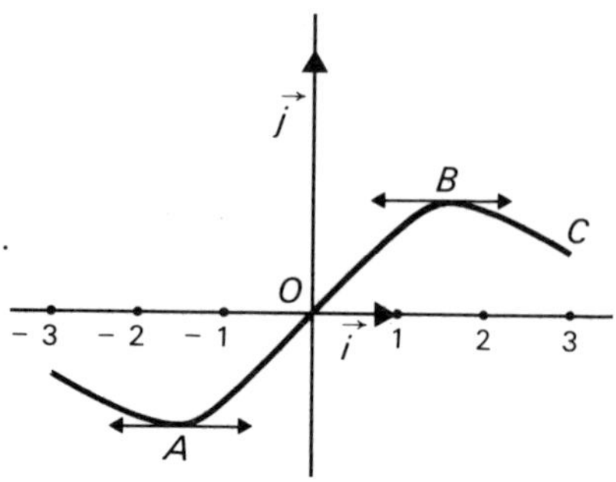

17 La fonction f est définie pour $x = -2$, mais elle n'est pas dérivable en ce point, en effet $f'(x) = \dfrac{1}{2\sqrt{x+2}}$.

Le tableau de variations de f est :

x	-2		4
$f'(x)$	‖	$+$	
$f(x)$	0	↗	$\sqrt{6}$

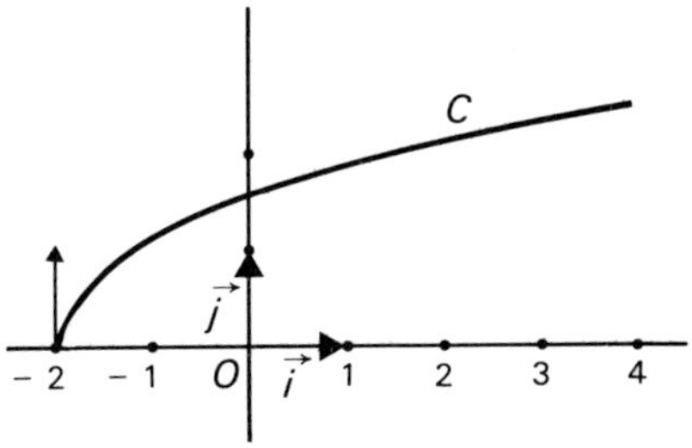

SOLUTIONS DES PROBLÈMES

18 **1° Tableau de variations de f_m**

La dérivée de f_m est définie par : $f'_m(x) = 2\,(m-2)\,x - 2\,(m+1)$

elle prend la valeur zéro pour $x = \dfrac{m+1}{m-2}$

$m > 2$

x	$-\infty$		$\dfrac{m+1}{m-2}$		$+\infty$
$f'_m(x)$		$-$	0	$+$	
$f_m(x)$		↘	$f_m\left(\dfrac{m+1}{m-2}\right)$	↗	

$m < 2$

x	$-\infty$		$\dfrac{m+1}{m-2}$		$+\infty$
$f'_m(x)$		$+$	0	$-$	
$f_m(x)$		↗	$f_m\left(\dfrac{m+1}{m-2}\right)$	↘	

2° Points communs à toutes les courbes C_m

Un point $M(x, y)$ est sur toutes les courbes C_m si et seulement si : pour tout $m \in \mathbb{R}\backslash\{2\}$, $y = (m-2)\,x^2 - 2\,(m+1)\,x - 3m + 1$.

C'est-à-dire : pour tout $m \in \mathbb{R}\backslash\{2\}$, $m\,(x^2 - 2x - 3) - 2x^2 - 2x + 1 - y = 0$.

Ce polynôme du premier degré en m ne prend que la valeur zéro : ses coefficients sont donc nuls et :

$$\begin{cases} x^2 - 2x - 3 = 0 \\ -2x^2 - 2x + 1 - y = 0 \end{cases} \Leftrightarrow \begin{cases} x = 3 \quad \text{ou } x = -1 \\ y = -2x^2 - 2x + 1 \end{cases} \Leftrightarrow \begin{cases} x = 3 \text{ et } y = -23 \\ \text{ou} \\ x = -1 \text{ et } y = 1 \end{cases}$$

Les points $A(3\ ;\ -23)$ et $B(-1\ ;\ 1)$ sont sur toutes les courbes C_m.

3° Recherche d'une valeur de *m*

La tangente est parallèle à l'axe des abscisses en un point où la dérivée prend la valeur zéro. Nous devons donc résoudre $f'_m\left(\frac{5}{2}\right) = 0 \Leftrightarrow \frac{m+1}{m-2} = \frac{5}{2} \Leftrightarrow m = 4.$

19 **1° Valeurs de *a, b, c***

Les conditions s'écrivent : $f(2) = 1, f(1) = -1$ et $f'(1) = 0$,

$$\text{donc } \begin{cases} 4a + 2b + c = 1 \\ a + b + c = -1 \\ 2a + b = 0 \end{cases} \Leftrightarrow \begin{cases} a = 2 \\ b = -4 \\ c = 1 \end{cases}$$

2° Étude de *f*

Nous avons $f(x) = 2x^2 - 4x + 1$, et $f'(x) = 4x - 4$.

x	-1		1		3
$f'(x)$		$-$	0	$+$	
$f(x)$	7	↘	-1	↗	7

3° Intersection de *C* avec Δ

Les coordonnées des points d'intersection sont solutions du système :

$$\begin{cases} y = 2x^2 - 4x + 1 \\ y = 3x - 2 \end{cases} \Leftrightarrow \begin{cases} 2x^2 - 4x + 1 = 3x - 2 \\ y = 3x - 2 \end{cases} \Leftrightarrow \begin{cases} 2x^2 - 7x + 3 = 0 \\ y = 3x - 2 \end{cases}$$

Nous obtenons deux valeurs de x : $x = 3$ et $x = \frac{1}{2}$, ce qui donne les points $E(3\ ;\ 7)$ et $F\left(\frac{1}{2}\ ;\ -\frac{1}{2}\right)$.

4° Inéquation $f(x) \leqslant 3x - 2$

Les solutions sont les abscisses des points de C qui sont en dessous de Δ.

L'ensemble des solutions est : $\left[\frac{1}{2}\ ;\ 3\right]$.

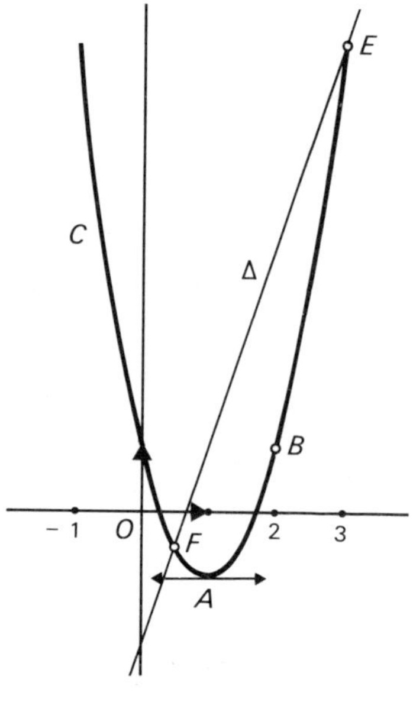

III TRIGONOMÉTRIE

ÉQUATIONS TRIGONOMÉTRIQUES 11

Ce chapitre ne concerne pas la section F12

- **Rappels de trigonométire**
- **Résolution de l'équation cos $x = a$**
- **Résolution de l'équation sin $x = b$**
- **Résolution de l'équation tan $x = c$**

Rappels de trigonométrie

- Pour tout réel x, il existe un point M et un seul du cercle trigonométrique C tel que $\widehat{AOM}$ ait pour mesure x en radians.
- Si x est une mesure de l'angle $\widehat{AOM}$, les autres mesures sont $x + 2k\pi$ avec $k \in \mathbb{Z}$.
- Par définition le cosinus et le sinus de x sont l'abscisse et l'ordonnée de M.
- *Remarque :* cos x et sin x sont des nombres compris entre -1 et 1.

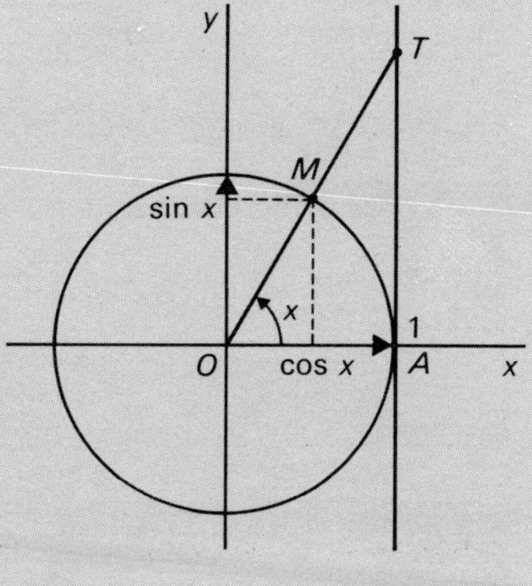

- La tangente de x est le rapport du sinus sur le cosinus, c'est aussi $\overline{AT}$.

Résolution de l'équation $\cos x = a$

On considère l'équation (e) :
$\cos x = a$, avec $a \in \mathbb{R}$.

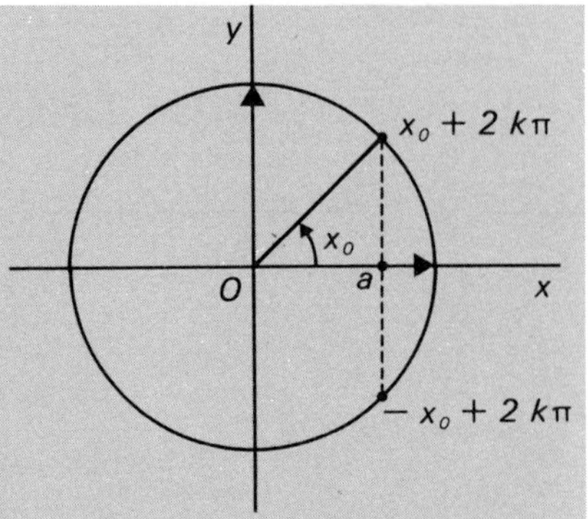

- Si $a \notin [-1, 1]$, alors l'équation n'a pas de solution
- Si $a \in [-1, 1]$, soit x_0 une solution particulière de (e).

Sur le cercle trigonométrique il existe deux points dont l'abscisse est $a = \cos x_0$.

$$x = x_0 + 2k\pi \text{ ou } x = -x_0 + 2k\pi \text{ avec } k \in \mathbb{Z}.$$

Les solutions de (e) sont donc de la forme :

$$\cos x = \cos x_0 \Leftrightarrow \begin{cases} x = x_0 + 2k\pi \\ x = -x_0 + 2k\pi \end{cases} \quad k \in \mathbb{Z}$$

- *Remarque :* l'utilisation de la touche d'inversion du cosinus sur les machines donne x_0 compris dans l'intervalle $[0, \pi]$.

Résolution de l'équation $\sin x = b$

On considère l'équation (e') :
$\sin x = b$, avec $b \in \mathbb{R}$

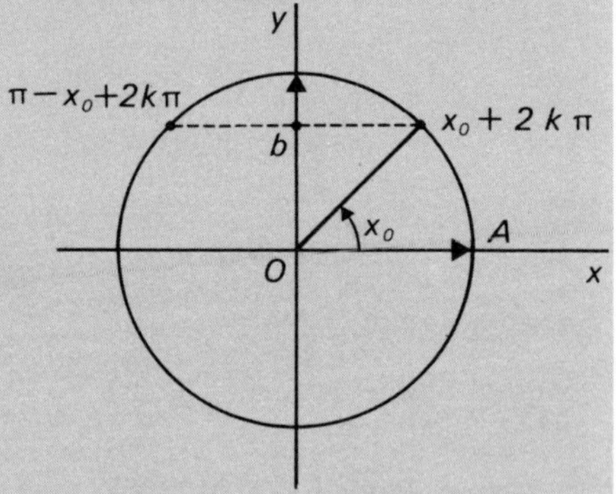

- Si $b \notin [-1, 1]$,
alors l'équation n'a pas de solution
- Si $b \in [-1, 1]$,
soit x_0 une solution particulière de (e').

Sur le cercle trigonométrique, il existe deux points dont l'ordonnée est $b = \sin x_0$.

Les solutions de (e') sont de la forme :

$x = x_0 + 2k\pi$ et
$x = \pi - x_0 + 2k\pi$
avec $k \in \mathbb{Z}$

$$\sin x = \sin x_0 \Leftrightarrow \begin{cases} x = x_0 + 2k\pi \\ x = \pi - x_0 + 2k\pi \end{cases} \quad \text{avec } k \in \mathbb{Z}$$

- *Remarque :* l'utilisation de la touche d'inversion du sinus sur les machines donne x_0 compris dans l'intervalle $\left[-\frac{\pi}{2}, \frac{\pi}{2}\right]$.

Résolution de l'équation tan $x = c$

On considère l'équation (e'') :
$\tan x = c$, *avec* $c \in \mathbb{R}$.

• Soit x_0 une solution particulière de (e''). Il existe deux points sur le cercle trigonométrique dont les réels associés vérifient (e'').

Les solutions sont de la forme :
$x = x_0 + k\pi$ avec $k \in \mathbb{Z}$.

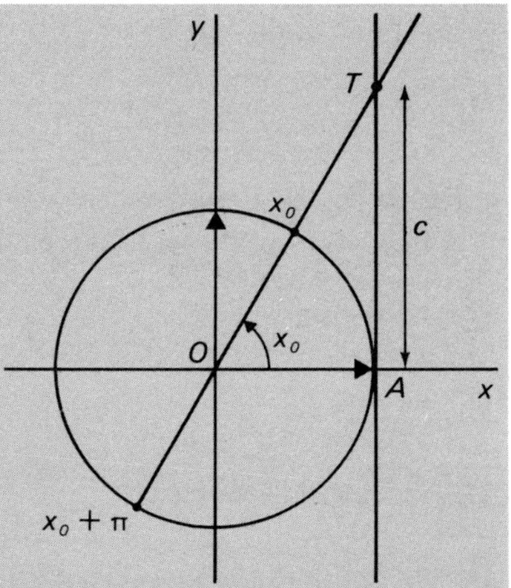

$$\tan x = \tan x_0 \Leftrightarrow x = x_0 + k\pi \qquad \text{avec } k \in \mathbb{Z}$$

• *Remarque :* La touche d'inversion de la machine donne x_0 dans l'intervalle $\left]-\frac{\pi}{2}, \frac{\pi}{2}\right[$.

EXERCICES

Résolution de l'équation cos $x = a$

Résolvez dans $\mathbb{R}$ les équations suivantes :

1 $\cos x = \cos \frac{\pi}{4}$

2 $\cos x = \frac{\sqrt{3}}{2}$

3 $2 \cos x + 1 = 0$ avec $x \in [0, \pi]$

4 $\cos x = 0{,}8885$ avec x en degrés (on donnera x à 10^{-2} près)

5 $(2 \cos x + 5)(\cos x - 1) = 0$

6 $4 \cos^2 x - 1 = 0$ avec $x \in [-\pi, 0]$.

7 $\cos\left(2x + \frac{\pi}{2}\right) = \cos \frac{\pi}{3}$. Représentez les solutions sur le cercle trigonométrique.

8 $\cos\left(-3x + \frac{\pi}{4}\right) = -1$

9 $\cos\left(\frac{\pi}{2} - 3x\right) = \cos(\pi + x)$ avec $-2\pi < x < 0$.

10 $\cos 3x + \cos x = 0$

11 $2\cos^2 x + 3\cos x + 1 = 0$

■ Résolution de l'équation $\sin x = b$

Résolvez dans $\mathbb{R}$ les équations suivantes :

12 $\sin x = \sin \frac{\pi}{3}$

13 $\sin x = -\frac{1}{2}$

14 $\sqrt{2}\sin x - 1 = 0$ avec $x \in \left[\frac{\pi}{2}, \frac{3\pi}{2}\right]$

15 $\sin x = 0{,}9979$ avec x en grades. (On donnera x à 10^{-2} près).

16 $(\sin x + 7)(-\sin x + 1) = 0$

17 $\sin\left(3x - \frac{\pi}{2}\right) = \sin x$, représentez les solutions sur le cercle trigonométrique.

18 $\sin\left(\frac{\pi}{3} + x\right) = \sin\left(2x - \frac{\pi}{6}\right)$ avec $x \in [0, \pi]$.

19 $\sin x + \sin \frac{x}{2} = 0$

20 $\sin 3x + \cos x = 0$

21 $2\sin^2 x - 1 = 0$ avec $x \in [\pi, 2\pi]$

■ Résolution de l'équation $\tan x = c$

Résolvez dans $\mathbb{R}$ les équations suivantes :

22 $\tan x = 1$

23 $\tan x = \tan \frac{\pi}{6}$

24 $\tan x + \sqrt{3} = 0$ avec $x \in [0, \pi]$

25 $\tan x = 0{,}7002$ avec x en degrés (on donnera x à 10^{-2} près)

26 $\tan^2 x - 1 = 0$, avec $x \in [0, 2\pi]$

27 $\tan\left(2x + \frac{\pi}{4}\right) = \tan\left(-x - \frac{\pi}{6}\right)$

Représentez les solutions sur le cercle trigonométrique.

28 $\tan^2 x + \tan x + 1 = 0$ avec $x \in [-\pi, \pi]$.

PROBLÈMES

29 Soit f la fonction numérique de la variable réelle x définie sur $[0, 2\pi]$ par : $f(x) = \cos 2x - \sin 2x$.

1° Résolvez l'équation $f(x) = 0$
2° Montrez que f est périodique de période π
3° Étudiez la fonction f sur l'intervalle $[0, \pi]$
4° Représentez graphiquement f sur cet intervalle.

30 *(d'après bac)*
1° Montrez que 1 est une solution de l'équation (E) :
$2x^3 - 9x^2 + 3x + 4 = 0$.
Déduisez-en toutes les solutions réelles de cette équation.

2° Résolvez dans $\mathbb{R}$ l'équation (E') :
$$2\cos^3 2x - 9\cos^2 2x + 3\cos 2x + 4 = 0$$
3° Représentez graphiquement les solutions de (E').

31 Résolvez dans $\mathbb{R}^2$ les systèmes d'équations suivantes :

1° $\begin{cases} \sin x + \sin y = \frac{3}{2} \\ \sin x \sin y = \frac{1}{2} \end{cases}$

2° $\begin{cases} \cos x - \cos y = \frac{1}{2} \\ \cos x \sin y = \frac{1}{2} \end{cases}$

32 On considère la fonction f définie sur $\mathbb{R}$ par $f(x) = \dfrac{x-\sin\alpha}{x-\cos\alpha}$, où α est un réel donné

1° Quel est l'ensemble de définition de f ?
2° Déterminez l'ensemble E des valeurs pour lesquelles f est constante
3° Déterminez les abscisses des points où la tangente à la courbe représentative de f est parallèle à la droite d'équation $y = \dfrac{x}{\cos\alpha + \sin\alpha}$.

SOLUTIONS DES EXERCICES

1 Dans chacun des exercices suivants, il faut appliquer l'équivalence

$$\cos x = \cos x_0 \Leftrightarrow \begin{cases} x = x_0 + 2k\pi \\ x = -x_0 + 2k\pi \end{cases} \qquad \text{avec } k \in \mathbb{Z}$$

$$\cos x = \cos \frac{\pi}{4} \Leftrightarrow \begin{cases} x = \dfrac{\pi}{4} + 2k\pi \\ x = -\dfrac{\pi}{4} + 2k\pi \end{cases}$$

2 $$\cos x = \frac{\sqrt{3}}{2} = \cos \frac{\pi}{6} \Leftrightarrow \begin{cases} x = \dfrac{\pi}{6} + 2k\pi \\ x = -\dfrac{\pi}{6} + 2k\pi \end{cases}$$

On rappelle les fonctions trigonométriques de quelques valeurs particulière

x	0	$\frac{\pi}{6}$	$\frac{\pi}{4}$	$\frac{\pi}{3}$	$\frac{\pi}{2}$
$\cos x$	1	$\frac{\sqrt{3}}{2}$	$\frac{\sqrt{2}}{2}$	$\frac{1}{2}$	0
$\sin x$	0	$\frac{1}{2}$	$\frac{\sqrt{2}}{2}$	$\frac{\sqrt{3}}{2}$	1

3 $$2\cos x + 1 = 0 \Leftrightarrow \cos x = -\frac{1}{2} = \cos \frac{2\pi}{3}$$

les solutions sont de la forme $\begin{cases} x = \dfrac{2\pi}{3} + 2k\pi \\ x = -\dfrac{2\pi}{3} + 2k\pi \end{cases}$

la solution contenue dans $[0, \pi]$ est $\frac{2\pi}{3}$.

4 En utilisant la touche d'inversion du cosinus (la machine est en degrés), on obtient :
$x \simeq 27{,}31°$
$x \simeq 27°18'53''$

5 L'équation donnée est équivalente au système :

$$\begin{cases} \cos x = -\dfrac{5}{2} & (1) \\ \text{ou} & \\ \cos x = 1 & (2) \end{cases}$$

(1) n'a pas de solution
(2) admet comme solution $x = 0 + 2k\pi$.

6 $4\cos^2 x - 1 = 0 \Leftrightarrow (2\cos x - 1)(2\cos x + 1) = 0$.

On obtient :

$$\begin{cases} \cos x = \dfrac{1}{2} = \cos\dfrac{\pi}{3} \\ \cos x = -\dfrac{1}{2} = \cos\dfrac{2\pi}{3} \end{cases}$$

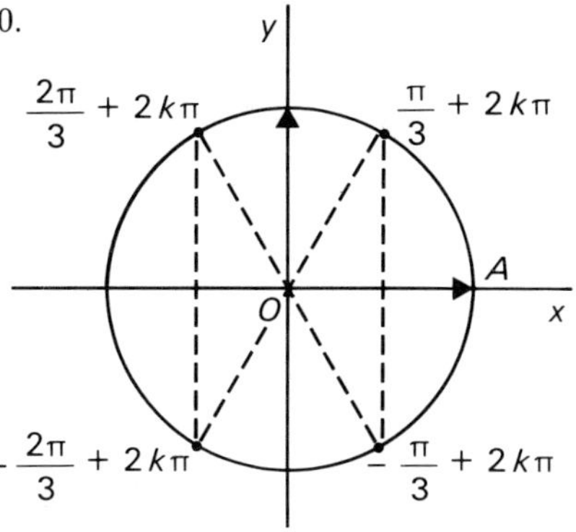

Les solutions sont de la forme :

$$x = \frac{\pi}{3} + 2k\pi,\ x = -\frac{\pi}{3} + 2k\pi$$

$$x = \frac{2\pi}{3} + 2k\pi,\ x = -\frac{2\pi}{3} + 2k\pi$$

On peut regrouper les solutions de la façon suivante :

$$x = \frac{\pi}{3} + k\pi$$

et $x = \dfrac{2\pi}{3} + k\pi$

Parmi toutes celles-ci, les solutions dans $[-\pi, 0]$ sont $-\dfrac{2\pi}{3}$ et $-\dfrac{\pi}{3}$.

7 $\cos\left(2x + \dfrac{\pi}{2}\right) = \cos\dfrac{\pi}{3} \Leftrightarrow \begin{cases} 2x + \dfrac{\pi}{2} = \dfrac{\pi}{3} + 2k\pi \\ 2x + \dfrac{\pi}{2} = -\dfrac{\pi}{3} + 2k\pi \end{cases}$ avec $k \in \mathbb{Z}$

On obtient $\begin{cases} x = -\dfrac{\pi}{12} + k\pi \\ x = \dfrac{-5\pi}{12} + k\pi \end{cases}$

avec $k \in \mathbb{Z}$

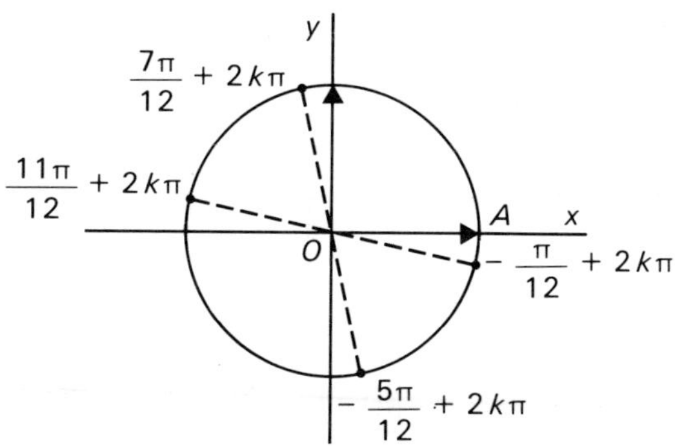

8 $\cos\left(-3x+\frac{\pi}{4}\right) = -1 = \cos\pi \Leftrightarrow -3x+\frac{\pi}{4} = \pi + 2k\pi$

$$-3x = \frac{3\pi}{4} + 2k\pi$$

$$x = -\frac{\pi}{4} - \frac{2k\pi}{3}$$

9 $\cos\left(\frac{\pi}{2} - 3x\right) = \cos(\pi + x) \Leftrightarrow \begin{cases} \frac{\pi}{2} - 3x = \pi + x + 2k\pi \\ \frac{\pi}{2} - 3x = -\pi - x + 2k\pi \end{cases}$ avec $k \in \mathbb{Z}$

Les solutions sont alors $\begin{cases} x = -\frac{\pi}{8} - \frac{k\pi}{2} \\ x = \frac{3\pi}{4} - k\pi \end{cases}$

10 $\cos 3x + \cos x = 0 \Leftrightarrow \cos 3x = -\cos x$;
or, $\cos(\pi - x) = -\cos x$.
L'équation initiale devient $\cos 3x = \cos(\pi - x)$.

On obtient alors $\begin{cases} 3x = \pi - x + 2k\pi \\ 3x = -\pi + x + 2k\pi \end{cases}$ avec $k \in \mathbb{Z}$

Les solutions sont $\begin{cases} x = \frac{\pi}{4} + k\frac{\pi}{2} \\ x = -\frac{\pi}{2} + k\pi \end{cases}$ avec $k \in \mathbb{Z}$

11 $2\cos^2 x + 3\cos x + 1 = 0$ **(1)**
On pose $X = \cos x$
(1) devient $2X^2 + 3X + 1 = 0$, l'équation admet comme solution -1, et $-\frac{1}{2}$

. $\cos x = -1$ $x = \pi + 2k\pi$

. $\cos x = -\frac{1}{2} \Leftrightarrow \begin{cases} x = \frac{2\pi}{3} + 2k\pi \\ x = -\frac{2\pi}{3} + 2k\pi \end{cases}$ avec $k \in \mathbb{Z}$

12 Dans chacun des exercices suivants il faut appliquer l'équivalence

$\sin x = \sin x_0 \Leftrightarrow \begin{cases} x = x_0 + 2k\pi \\ x = \pi - x_0 + 2k\pi \end{cases}$ avec $k \in \mathbb{Z}$

Par conséquent, $\sin x = \sin \frac{\pi}{3} \Leftrightarrow \begin{cases} x = \frac{\pi}{3} + 2k\pi \quad \text{avec } k \in \mathbb{Z} \\ x = \pi - \frac{\pi}{3} + 2k\pi = \frac{2\pi}{3} + 2k\pi \end{cases}$

13 $\sin x = -\frac{1}{2} = \sin\left(-\frac{\pi}{6}\right) \Leftrightarrow \begin{cases} x = -\frac{\pi}{6} + 2k\pi \text{ avec } k \in \mathbb{Z} \\ x = \frac{7\pi}{6} + 2k\pi \end{cases}$

14 $\sqrt{2} \sin x - 1 = 0 \Leftrightarrow \sin x = \frac{1}{2} = \frac{\sqrt{2}}{2} = \sin \frac{\pi}{4}$

$$\begin{cases} x = \frac{\pi}{4} + 2k\pi \qquad \text{avec } k \in \mathbb{Z} \\ x = \frac{3\pi}{4} + 2k\pi \end{cases}$$

La solution comprise dans $\left[\frac{\pi}{2}, \frac{3\pi}{2}\right]$ est $\frac{3\pi}{4}$.

15 On utilise la touche d'inversion du sinus d'une machine placée en grades $\sin x = 0{,}9979 \Rightarrow x \simeq 95{,}87$ grades.

16 L'équation est équivalente au système $\begin{cases} \sin x = -7 \; (1) \\ \sin x = 1 \quad (2) \end{cases}$

(1) n'a pas de solution

(2) a une solution : les réels de la forme $\frac{\pi}{2} + 2k\pi$

17 $\sin\left(3x - \frac{\pi}{2}\right) = \sin x \Leftrightarrow \begin{cases} 3x - \frac{\pi}{2} = x + 2k\pi \text{ avec } k \in \mathbb{Z} \\ 3x - \frac{\pi}{2} = \pi - x + 2k\pi \end{cases}$

Le système devient

$$\begin{cases} x = \frac{\pi}{4} + k\pi \\ x = \frac{3\pi}{8} + \frac{k\pi}{2} \end{cases}$$

Les solutions sont représentées sur la figure ci-contre.

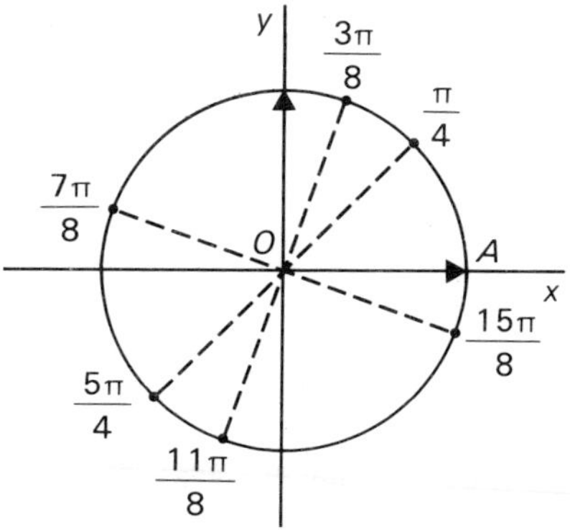

18 $\sin\left(\frac{\pi}{3}+x\right) = \sin\left(2x-\frac{\pi}{6}\right) \Leftrightarrow \begin{cases} \frac{\pi}{3}+x=2x-\frac{\pi}{6}+2k\pi \text{ avec } k \in \mathbb{Z} \\ \frac{\pi}{3}+x=\pi-2x+\frac{\pi}{6}+2k\pi \end{cases}$

On obtient les solutions $\begin{cases} x = \frac{\pi}{2} - 2k\pi \qquad \text{avec } k \in \mathbb{Z} \\ x = \frac{5\pi}{18} + \frac{2k\pi}{3} \end{cases}$

Les solutions dans $[0, \pi]$ sont $\frac{\pi}{2}$ et $\frac{5\pi}{18}$.

19 $\sin x=-\sin\frac{x}{2}=\sin\left(\frac{-x}{2}\right)$ car la fonction sinus est une fonction impaire.

On obtient alors $\begin{cases} x = \frac{-x}{2} + 2k\pi \\ x = \pi + \frac{x}{2} + 2k\pi \end{cases}$ ce qui donne $\begin{cases} x = \frac{4k\pi}{3} \\ x = 2\pi + 4k\pi \end{cases}$

20 $\sin 3x + \cos x = 0 \Leftrightarrow \sin 3x = -\cos x$.
Or on sait que $\cos x = \sin\left(\frac{\pi}{2} - x\right)$

l'équation est équivalente à $\sin 3x=-\sin\left(\frac{\pi}{2}-x\right) = \sin\left(-\frac{\pi}{2}+x\right)$

$\begin{cases} 3x = -\frac{\pi}{2} + x + 2k\pi \\ 3x = \pi - \left(-\frac{\pi}{2}+x\right) + 2k\pi \end{cases} \begin{cases} x = \frac{-\pi}{4} + k\pi \\ x = \frac{3\pi}{8} + \frac{k\pi}{2} \end{cases}$

21 $2\sin^2 x-1=0 \Leftrightarrow (\sqrt{2}\sin x-1)(\sqrt{2}\sin x+1) = 0$

$\sin x = \frac{1}{\sqrt{2}} = \frac{\sqrt{2}}{2} = \sin\frac{\pi}{4}$

$\sin x = \frac{-1}{\sqrt{2}} = \frac{-\sqrt{2}}{2} = \sin\left(-\frac{\pi}{4}\right)$

On obtient les solutions suivantes :

$\frac{\pi}{4} + 2k\pi, \frac{3\pi}{4} + 2k\pi, -\frac{\pi}{4} + 2k\pi, \frac{5\pi}{4} + 2k\pi$

Les solutions dans l'intervalle $[\pi ; 2\pi]$ sont $\frac{5\pi}{4}$ et $\frac{7\pi}{4}$.

22 Dans ce qui suit on utilisera la formule

$\tan x = \tan x_0 \quad \Leftrightarrow x = x_0 + k\pi$, avec : $k \in \mathbb{Z}$

$\tan x = 1 = \tan \frac{\pi}{4} \Leftrightarrow x = \frac{\pi}{4} + k\pi$

23 $\tan x = \tan \frac{\pi}{6} \quad \Leftrightarrow \quad x = \frac{\pi}{6} + k\pi$

24 $\tan x = -\sqrt{3} = \tan\left(-\frac{\pi}{3}\right) \Leftrightarrow x = -\frac{\pi}{3} + k\pi$

Dans $[0, \pi]$, la solution est $\frac{2\pi}{3}$.

25 $\tan x = 0{,}7002$ donne en utilisant la touche d'inversion de la tangente $x = 35{,}00°$.

26 $\tan^2 x - 1 = 0 \Leftrightarrow (\tan x+1)(\tan x-1) = 0$

$\tan x = -1 = \tan\left(-\frac{\pi}{4}\right) \Leftrightarrow x = -\frac{\pi}{4} + k\pi$

$\tan x = 1 = \tan \frac{\pi}{4} \Leftrightarrow x = \frac{\pi}{4} + k\pi$

Dans $[0, 2\pi]$ les solutions sont $\frac{\pi}{4}, \frac{3\pi}{4}, \frac{5\pi}{4}$ et $\frac{7\pi}{4}$.

27 $\tan\left(2x+\frac{\pi}{4}\right) = \tan\left(-x-\frac{\pi}{6}\right) \Leftrightarrow 2x+\frac{\pi}{4} = -x-\frac{\pi}{6} + k\pi$;

$x = \frac{-5\pi}{36} + \frac{k\pi}{3}$.

Les solutions sont représentées sur la figure ci-contre.

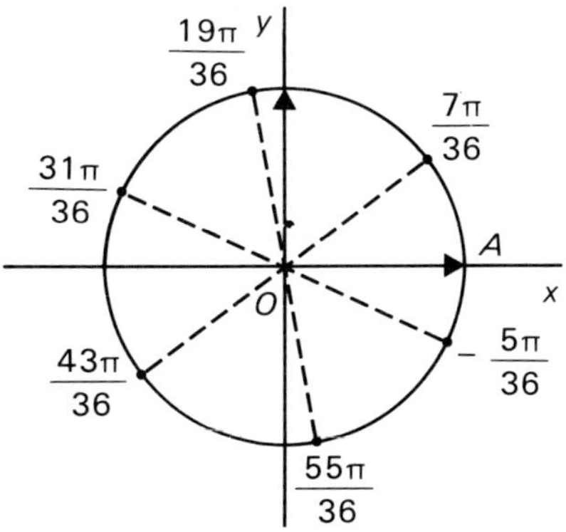

28 $\tan^2 x + \tan x + 1 = 0$

On pose $X = \tan x$

$X^2 + X + 1 = 0 \qquad \Delta = 1 - 4 < 0$

L'équation n'admet pas de solution.

29 $f : [0, 2\pi] \to \mathbb{R}$
$x \mapsto \cos 2x - \sin 2x$

1° Résolution de l'équation $f(x) = 0$

$\cos 2x - \sin 2x = 0 \Leftrightarrow \sin 2x = \cos 2x$

on obtient $\tan 2x = 1 = \tan \frac{\pi}{4}$

$2x = \frac{\pi}{4} + k\pi \; ; \; x = \frac{\pi}{8} + k\frac{\pi}{2}$

f étant définie sur $[0, 2\pi]$, les solutions sont :

$\frac{\pi}{8}, \frac{5\pi}{8}, \frac{9\pi}{8}$ et $\frac{13\pi}{8}$

2° Périodicité de f

. $\forall x \in \mathbb{R} \; f(x+\pi) = \cos(2x+2\pi) - \sin(2x+2\pi)$
$f(x+\pi) = \cos 2x - \sin 2x = f(x)$

f est de période π.

3° Étude de f sur $[0, \pi]$

$f'(x) = -2 \sin 2x - 2 \cos 2x$
$f'(x) = 0 \Leftrightarrow \sin 2x = -\cos 2x$
$\tan 2x = -1$

$2x = -\frac{\pi}{4} + k\pi \Rightarrow x = -\frac{\pi}{8} + \frac{k\pi}{2}$

sur $[0, \pi]$ les valeurs qui annulent la dérivée sont $\frac{3\pi}{8}$ et $\frac{7\pi}{8}$

x	0		$\frac{3\pi}{8}$		$\frac{7\pi}{8}$		π
$f'(x)$	-2	$-$	0	$+$	0	$-$	-2
$f(x)$	1	↘	$-\sqrt{2}$	↗	$\sqrt{2}$	↘	1

4° Représentation graphique de f (voir figure ci-dessous)

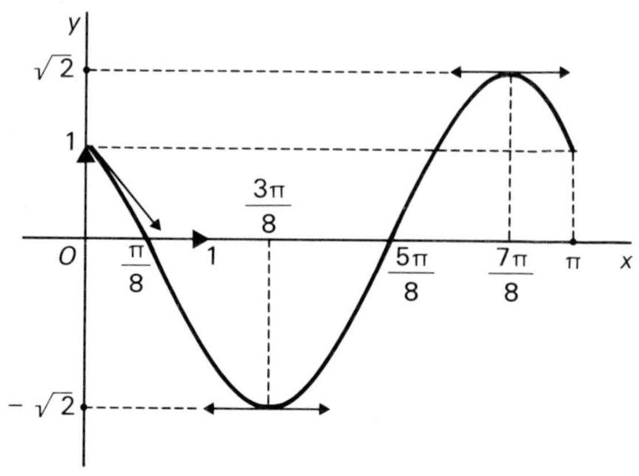

On peut remarquer que les tangentes en 0 et en π ont pour coefficient directeur -2.

30 **1° Résolution de l'équation (E) : $2x^3 - 9x^2 + 3x + 4 = 0$**

1 est racine de cette équation. Le polynôme $P(x) = 2x^3 - 9x^2 + 3x + 4$ est divisible par $x - 1$.
On obtient $P(x) = (x-1)(2x^2-7x-4)$
$2x^2 - 7x - 4 = 0 : \Delta = 49 + 32 = 81$

$x_1 = 4 \quad x_2 = -\frac{1}{2}$

Les solutions de (E) sont $-\frac{1}{2}$, 1 et 4.

2° Solutions de l'équation $2\cos^3 2x - 9\cos^2 2x + 3\cos 2x + 4 = 0$

En posant $X = \cos 2x$, l'équation précédente est équivalente à (E).

On a donc : $\cos 2x = -\frac{1}{2} \quad S_1 = \left\{\frac{\pi}{3} + k\pi, -\frac{\pi}{3} + k\pi\right\}$;

$\cos 2x = 1 \quad S_2 = \{k\pi\}$;

$\cos 2x = 4 \quad S_3 = \varnothing$

Les solutions sont $\frac{\pi}{3} + k\pi, -\frac{\pi}{3} + k\pi, k\pi$.

3° Représentation graphique des solutions de (E')
(voir figure ci-dessous).

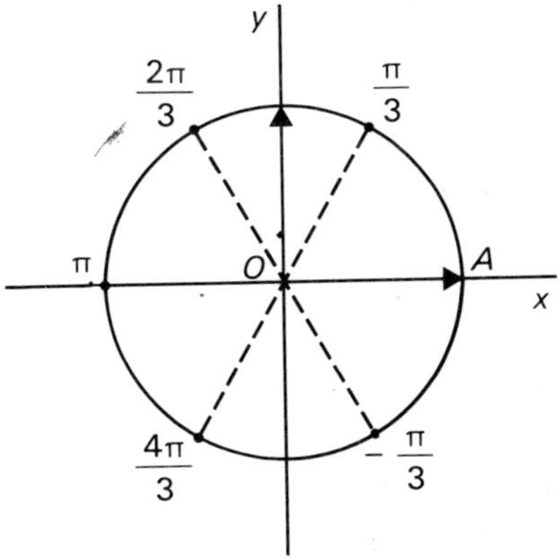

31 **1° Résolution du système** $\begin{cases} \sin x + \sin y = \frac{3}{2} \\ \sin x \sin y = \frac{1}{2} \end{cases}$

Rappel :
Deux nombres de somme S *et de produit* P *sont solutions de l'équation* $X^2 - SX + P = 0$.

$\sin x$ et $\sin y$ sont donc solutions de l'équation $X^2 - \frac{3}{2}X + \frac{1}{2} = 0$

$\Delta = \frac{9}{4} - 2 = \frac{1}{4} \qquad X_1 = 1 \qquad X_2 = \frac{1}{2}$

$$\begin{cases}\cos x = 1\\[2mm] \cos y = \dfrac{1}{2}\end{cases} \quad \text{ou} \quad \begin{cases}\cos x = \dfrac{1}{2}\\[2mm] \cos y = 1\end{cases}$$

$$\begin{cases} x = 2k\pi \\[2mm] \begin{cases} y = \dfrac{\pi}{3} + 2k\pi \\[2mm] y = -\dfrac{\pi}{3} + 2k\pi \end{cases}\end{cases} \text{ou} \begin{cases}\begin{cases} x = \dfrac{\pi}{3} + 2k\pi \quad (k \in \mathbb{Z}) \\[2mm] x = -\dfrac{\pi}{3} + 2k\pi \end{cases} \\[2mm] y = 2k\pi \end{cases}$$

2° Résolution du système $\begin{cases}\cos x - \cos y = \dfrac{1}{2}\\[2mm] \cos x \cos y = \dfrac{1}{2}\end{cases}$

On pose $X = \cos x$ et $Y = \cos y$

$$\begin{cases} X - Y = \dfrac{1}{2} \\[2mm] XY = \dfrac{1}{2}\end{cases} \qquad \begin{cases} X = Y + \dfrac{1}{2} \\[2mm] Y^2 + \dfrac{1}{2} Y - \dfrac{1}{2} = 0\end{cases}$$

On obtient $Y_1 = -1 \qquad X_1 = -\dfrac{1}{2}$

$Y_2 = \dfrac{1}{2} \qquad X_2 = 1$

$$\left.\begin{matrix}\cos y = \dfrac{1}{2} \\[2mm] \cos x = 1\end{matrix}\right\} \Leftrightarrow \begin{cases}\begin{cases} y = \dfrac{\pi}{3} + 2k\pi \\[2mm] y = -\dfrac{\pi}{3} + 2k\pi\end{cases} \\ x = 2k\pi\end{cases}$$

$$\left.\begin{matrix}\cos y = -1 \\[2mm] \cos x = -\dfrac{1}{2}\end{matrix}\right\} \Leftrightarrow \begin{cases} y = \pi + 2k\pi \\ \begin{cases} x = \dfrac{2\pi}{3} + 2k\pi \\[2mm] x = -\dfrac{2\pi}{3} + 2k\pi\end{cases}\end{cases}$$

32 $f(x) = \dfrac{x - \sin \alpha}{x + \cos \alpha}$

1° Ensemble de définition de *f*

$x + \cos \alpha \neq 0$
$x \neq -\cos \alpha \qquad Df = \mathbb{R} - \{\cos \alpha\}$

2° Ensemble *E* des valeurs de α pour lesquelles *f* est constante

$$f'(x) = \frac{\cos \alpha + \sin \alpha}{(x + \cos \alpha)^2}$$

f est constante sur son domaine lorsque, $\forall x \in Df, \quad f'(x) = 0$;
on obtient $\cos \alpha + \sin \alpha = 0$

$$\tan \alpha = -1 = \tan\left(-\frac{\pi}{4}\right)$$

$$E = \left\{-\frac{\pi}{4} + k\pi\right\}$$

3° Recherche de tangentes :

La droite D a pour coefficient directeur $\dfrac{1}{\cos \alpha + \sin \alpha}$

Le coefficient directeur d'une tangente au point d'abscisse x_0 est $f'(x_0)$.

On obtient donc $f'(x_0) = \dfrac{1}{\cos \alpha + \sin \alpha}$

$$\frac{\cos \alpha + \sin \alpha}{(x + \cos \alpha)^2} = \frac{1}{\cos \alpha + \sin \alpha} ;$$

$x^2 + 2x \cos \alpha + \cos^2 \alpha = \cos^2 \alpha + \sin^2 \alpha + 2 \cos \alpha \sin \alpha$;
$x^2 + 2x \cos \alpha - \sin^2 \alpha - 2 \cos \alpha \sin \alpha = 0.$

$\Delta = 4 \cos^2 \alpha + 4 \sin^2 \alpha + 8 \cos \alpha \sin \alpha = 4(\cos \alpha + \sin \alpha)^2$
$x_1 = -\cos \alpha + \cos \alpha + \sin \alpha = \sin \alpha$
$x_2 = -\cos \alpha - \cos \alpha - \sin \alpha = -2 \cos \alpha - \sin \alpha.$
Deux points de la courbe ont des tangentes parallèles à D.

12 FORMULES D'ADDITION APPLICATIONS

Ce chapitre ne concerne pas la section F12

- **Formules d'addition**
- **Formules de duplication**

Formules d'addition

- Soit deux points A et B du cercle trigonométrique tels qu'une mesure de l'angle $\widehat{IOA}$ soit a et qu'une mesure de l'angle $\widehat{IOB}$ soit b.

Par définition,

$\overrightarrow{OA}.\overrightarrow{OB} = \|\overrightarrow{OA}\| \, \|\overrightarrow{OB}\| \cos(b-a)$
$= \cos(a-b)$.

D'autre part, $\overrightarrow{OA} \,.\, \overrightarrow{OB}$
$= \cos a \cos b + \sin a \sin b$
On en déduit la formule :

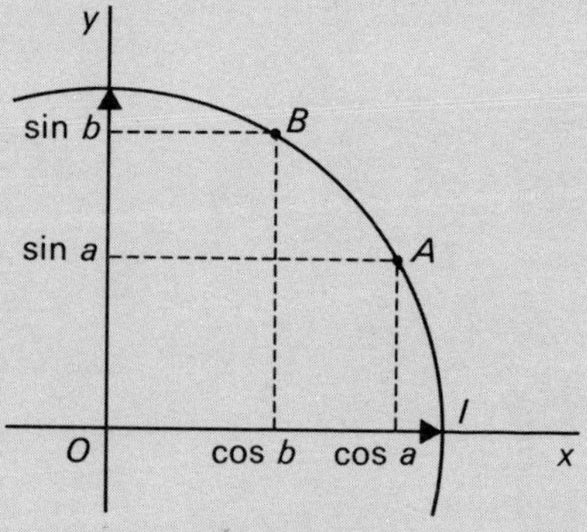

$$\cos(a-b) = \cos a \cos b + \sin a \sin b$$

- En remplaçant b par $-b$, on obtient :

$$\cos(a+b) = \cos a \cos b - \sin a \sin b$$

- En utilisant la relation $\sin x = \cos\left(\frac{\pi}{2} - x\right)$, on obtient :

$$\sin(a+b) = \cos\left(\left(\frac{\pi}{2} - a\right) - b\right) = \cos\left(\frac{\pi}{2} - a\right) \cos b + \sin\left(\frac{\pi}{2} - a\right) \sin b$$

$$\sin(a+b) = \sin a \cos b + \cos a \sin b$$

- $\sin(a-b) = \sin(a+(-b)) = \sin a \cos(-b) + \cos a \sin(-b)$

$$\sin(a-b) = \sin a \cos b - \cos a \sin b$$

- On obtient de même deux formules portant sur la fonction tangente

$$\tan(a+b) = \frac{\tan a + \tan b}{1 - \tan a \tan b}$$

$$\tan(a-b) = \frac{\tan a - \tan b}{1 + \tan a \tan b}$$

pour $\begin{cases} a \neq \frac{\pi}{2} + k\pi \\ b \neq \frac{\pi}{2} + k\pi \\ a + b \neq \frac{\pi}{2} + k\pi \\ a - b \neq \frac{\pi}{2} + k\pi \end{cases}$

Formules de duplication

- En appliquant les formules précédentes dans le cas où $a = b$, on obtient les formules suivantes :

$$\cos 2a = \cos^2 a - \sin^2 a$$
$$\cos 2a = 2\cos^2 a - 1$$
$$\cos 2a = 1 - 2\sin^2 a$$

$$\sin 2a = 2 \sin a \cos a$$

$$\tan 2a = \frac{2\tan a}{1 - \tan^2 a}$$

avec $a \neq \frac{\pi}{2} + k\pi$

$a \neq \frac{\pi}{4} + k\frac{\pi}{2}$

Ces formules permettent de trouver les valeurs des cosinus, sinus et tangentes du double d'un nombre donné.
Il est parfois utile de présenter les formules précédentes sous la forme :

$$\cos^2 a = \frac{1 + \cos 2a}{2}$$

$$\sin^2 a = \frac{1 - \cos 2a}{2}$$

■ Formules d'addition

Développez les expressions suivantes :

1 $\cos\left(2x + \frac{\pi}{4}\right)$; $\cos(4x-y)$

2 $\sin(x+2y)$; $\sin\left(3x - \frac{\pi}{6}\right)$

3 $\tan\left(2x + \frac{\pi}{4}\right)$; $\tan(-x+y)$

Simplifiez les expressions suivantes (exercices 4 à 7) :

4 $\cos 3a \cos a + \sin 3a \sin a$; $\sin 3b \cos 2b + \sin 2b \cos 3b$

5 $\cos\frac{5x}{2}\cos\frac{x}{2} - \sin\frac{5x}{2}\sin\frac{x}{2}$; $\sin x \cos\frac{x}{2} - \sin\frac{x}{2}\cos x.$

6 $\frac{\tan x + \sqrt{3}}{1 - \sqrt{3}\tan x}$; $\frac{\tan x - 1}{1 - \tan x}$; $\frac{1 - \tan a \tan 2b}{\tan a + \tan 2b}$

7 $\frac{\cos 2x}{\cos x} - \frac{\sin 2x}{\sin x}$

---

8 En remarquant que $\frac{\pi}{12} = \frac{\pi}{4} - \frac{\pi}{6}$, déterminez les valeurs exactes de $\cos\frac{\pi}{12}$ et $\sin\frac{\pi}{12}$. Résolvez alors l'équation $\frac{\sqrt{3}-1}{2}\cos x + \frac{\sqrt{3}+1}{2}\sin x = 1.$

9 Déterminez les valeurs exactes de $\cos\frac{7\pi}{12}$ et $\sin\frac{7\pi}{12}$.

10 a et b sont deux réels tels que

$$\begin{cases} \sin a = \frac{1}{2} & ; a \in \left[-\frac{\pi}{2} ; \frac{\pi}{2}\right] \\ \cos b = \frac{\sqrt{2}}{2} & ; b \in [-\pi, 0] \end{cases}$$

Déterminez alors $\cos a$, $\sin b$, $\sin(a+b)$, $\cos(a-b)$ et $\tan(a+b)$.

11 Même question avec

$$\begin{cases} \sin a = 0 & ; a \in [\pi ; 2\pi[\\ \cos b = \frac{1}{2} & ; b \in \left[0, \frac{\pi}{2}\right] \end{cases}$$

12 Même question avec

$$\begin{cases} \sin a = -\dfrac{4}{5} & ; a \in \left[-\pi \,;\, -\dfrac{\pi}{2}\right] \\ \cos b = \dfrac{3}{5} & ; b \in \left[-\dfrac{\pi}{2}, 0\right] \end{cases}$$

Résolvez dans $\mathbb{R}$ les équations suivantes (exercices 13 à 15) :

13 $\dfrac{1}{2}\cos 2x + \dfrac{\sqrt{3}}{2}\sin 2x = 0.$

14 $\sin 2x \cos x - \cos 2x \sin x = \sin\left(3x + \dfrac{\pi}{2}\right)\cdot$

15 $\cos\left(2x + \dfrac{\pi}{3}\right)\cos x + \sin\left(2x + \dfrac{\pi}{3}\right)\sin x = \cos\dfrac{\pi}{6}\cdot$

16 Exprimez $\cos 3x$ en fonction de $\cos x$. (Posez $\cos 3x = \cos(2x+x)$). Résolvez alors l'équation : $4\cos^3 x - 3\cos x - 1 = 0$.

■ Formules de duplication

17 On donne $\cos x = \dfrac{\sqrt{2 - \sqrt{2}}}{2}\cdot$ Calculez $\cos 2x$, puis x.

18 Exprimez $\cos 4x$ en fonction de $\cos 2x$, puis en fonction de $\cos x$.

19 Exprimez $\sin 3x$ en fonction de $\sin x$. Résolvez alors l'équation : $-4\sin^3 x + 3\sin x - 1 = 0$.

Vérifiez les identités suivantes (exercices 20 à 24) :

20 $\cos(a+b)\cos(a-b) = \cos^2 b - \sin^2 a = \cos^2 a - \sin^2 b.$

21 $\sin(a+b)\sin(a-b) = \sin^2 a - \sin^2 b = \cos^2 b - \cos^2 a.$

22 $\cos a \sin(b+c) - \cos b \sin(a+c) + \cos c \sin(a-b) = 0.$

23 $1 + \tan a \tan 2a = \dfrac{1}{\cos 2a}\cdot$

24 $\sin a + \sin\left(a + \dfrac{2\pi}{3}\right) + \sin\left(a + \dfrac{4\pi}{3}\right) = 0.$

---

25 Démontrez que si $a \neq \dfrac{\pi}{2} + k\pi$

alors $\cos 2a = \dfrac{1 - (\tan a)^2}{1 + (\tan a)^2}$ et $\sin 2a = \dfrac{2\tan a}{1 + (\tan a)^2}\cdot$

Utilisez les résultats précédents pour calculez $\cos x$, $\sin x$, $\tan x$, sachant que $\tan\dfrac{x}{2} = 2 - \sqrt{3}$. Déduisez-en x, sachant que $x \in \left[+\dfrac{\pi}{2}, \dfrac{5\pi}{2}\right]$

26 Déterminez la valeur de $\tan \frac{\pi}{8}$ $\left(\text{utilisez l'égalité } \frac{\pi}{4} = 2 \times \frac{\pi}{8}\right)$.

Résolvez alors l'équation $\sqrt{2} \tan^2 x - 2 \tan x + 2 - \sqrt{2} = 0$

27 On considère la fonction f définie sur $\mathbb{R}$ par :
$f(x) = \sin^2 4x + 2 \sin^2 8x$. Exprimez $f(x)$ en fonction de $\sin 4x$, puis résolvez l'équation $f(x) = 0$.

PROBLÈMES

28 *(d'après bac)*

1° Résolvez dans $\left]0, \frac{\pi}{2}\right[$ l'équation

$\tan \alpha = \sqrt{3}$

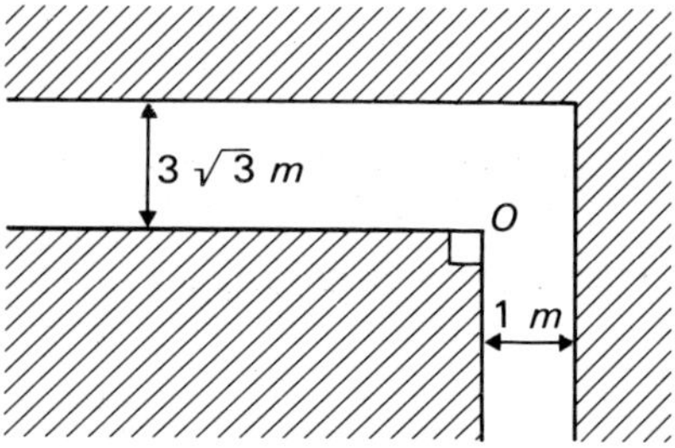

2° Un couloir de musée de largeur $3\sqrt{3}$ m tourne à l'angle droit et sa largeur n'est plus que de 1 m. On considère la droite variable passant par O, faisant avec le mur l'angle α $\left(\alpha \in \left]0, \frac{\pi}{2}\right[\right)$ et qui coupe les deux murs en A et B.
Exprimez OA et OB en fonction de α.

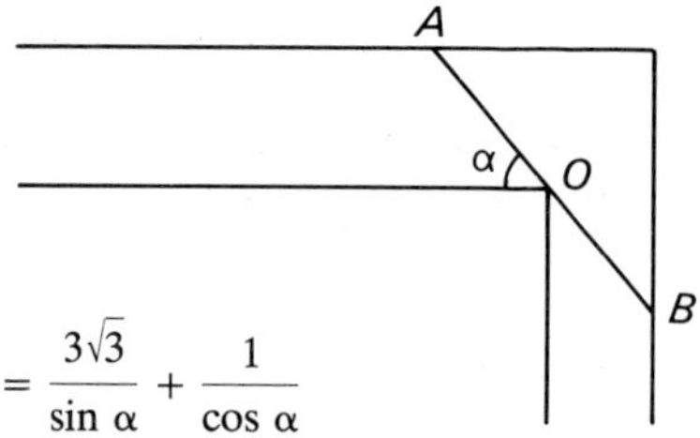

3° On pose $AB = f(\alpha)$. Montrez que $f(\alpha) = \frac{3\sqrt{3}}{\sin \alpha} + \frac{1}{\cos \alpha}$

Étudiez le sens de variation de f sur $\left]0, \frac{\pi}{2}\right[$. Déduisez-en la valeur α_0 de α pour laquelle f possède un extremum.
Calculez la valeur de AB correspondant à l'angle α_0.

4° On veut transporter dans ce couloir un tableau en position verticale.
Quelle conséquence pratique peut-on tirer de la question 3° ?

29 *(d'après bac)*
Soit g la fonction numérique définie sur $\mathbb{R}$ par :
$g(x) = 2 \cos^2 x + \sin 2x$
1° Trouvez les constantes réelles a, b, c, telles que, pour tout x,
$g(x) = a + b \cos 2x + c \sin 2x$

2° Montrez que $g(x)$ peut s'écrire sous la forme $g(x) = a + A \cos(2x + \varphi)$ où les constantes a, A, et φ sont à déterminer ($-\pi < \varphi \leqslant \pi$).

3° Résolvez dans $\mathbb{R}$ l'équation $g(x) = 0$.

30 *(d'après bac)*

On considère le nombre complexe Z défini par $Z = 1 + \cos\frac{\pi}{6} + \sin\frac{\pi}{6}\cdot$

1° Exprimez $1 + \cos\frac{\pi}{6}$ en fonction de $\cos\frac{\pi}{12}\cdot$ Donnez l'expression de $\sin\frac{\pi}{6}$ en fonction de $\cos\frac{\pi}{12}$ et de $\sin\frac{\pi}{12}\cdot$

2° Déduisez du **1°** le module et l'argument de Z.

3° Calculez, par une autre méthode, le module de Z, en utilisant les valeurs connues de $\cos\frac{\pi}{6}$ et de $\sin\frac{\pi}{6}$

Déduisez-en les valeurs de $\cos\frac{\pi}{12}$ et de $\sin\frac{\pi}{12}\cdot$

SOLUTIONS DES EXERCICES

1 $\cos\left(2x + \frac{\pi}{4}\right) = \cos 2x \cos\frac{\pi}{4} - \sin 2x \sin\frac{\pi}{4} = \frac{\sqrt{2}}{2}\cos 2x - \frac{\sqrt{2}}{2}\sin 2x$;

$\cos(4x-y) = \cos 4x \cos y + \sin 4x \sin y$.

2 $\sin(x+2y) = \sin x \cos 2y + \cos x \sin 2y$

$\sin\left(3x - \frac{\pi}{6}\right) = \sin 3x \cos\frac{\pi}{6} - \cos 3x \sin\frac{\pi}{6} = \frac{\sqrt{3}}{2}\sin 3x - \frac{1}{2}\cos 3x$

3 $\tan\left(2x + \frac{\pi}{4}\right) = \dfrac{\tan 2x + \tan\frac{\pi}{4}}{1 - \tan 2x \tan\frac{\pi}{4}} = \dfrac{\tan 2x + 1}{1 - \tan 2x}$

$\tan(-x+y) = \tan(y-x) = \dfrac{\tan y - \tan x}{1 - \tan y \tan x}$

4 $\cos 3a \cos a + \sin 3a \sin a = \cos(3a-a) = \cos 2a$
$\sin 3b \cos 2b + \sin 2b \cos 3b = \sin(3b+2b) = \sin 5b$

5 $\cos\frac{5x}{2}\cdot\cos\frac{x}{2}-\sin\frac{5x}{2}\cdot\sin\frac{x}{2}=\cos\left(\frac{5x}{2}+\frac{x}{2}\right)=\cos 3x$

$\sin x\cos\frac{x}{2}-\sin\frac{x}{2}\cos x=\sin\left(x-\frac{x}{2}\right)=\sin\frac{x}{2}.$

6 $\dfrac{\tan x+\sqrt{3}}{1-\sqrt{3}\tan x}=\dfrac{\tan x+\tan\frac{\pi}{3}}{1-\tan\frac{\pi}{3}\tan x}=\tan\left(x+\frac{\pi}{3}\right)$

$\dfrac{\tan x-1}{1+\tan x}=\dfrac{\tan x-\tan\frac{\pi}{4}}{1+\tan\frac{\pi}{4}\tan x}=\tan\left(x-\frac{\pi}{4}\right)\qquad\dfrac{1-\tan a\tan 2b}{\tan a+\tan 2b}=\dfrac{1}{\tan(a+2b)}$

7 $\dfrac{\cos 2x}{\cos x}-\dfrac{\sin 2x}{\sin x}=\dfrac{\cos 2x\sin x-\cos x\sin 2x}{\cos x\sin x}=\dfrac{\sin(x-2x)}{\cos x\sin x}=\dfrac{-1}{\cos x}$

car la fonction sinus est impaire.

8 $\cos\frac{\pi}{12}=\cos\left(\frac{\pi}{4}-\frac{\pi}{6}\right)=\cos\frac{\pi}{4}\cos\frac{\pi}{6}+\sin\frac{\pi}{4}\sin\frac{\pi}{6}$

$\cos\frac{\pi}{12}=\frac{\sqrt{2}}{2}\times\frac{\sqrt{3}}{2}+\frac{\sqrt{2}}{2}\times\frac{1}{2}=\frac{\sqrt{6}+\sqrt{2}}{4}=\frac{\sqrt{2}(\sqrt{3}+1)}{4}$

$\sin\frac{\pi}{12}=\sin\left(\frac{\pi}{4}-\frac{\pi}{6}\right)=\sin\frac{\pi}{4}\cos\frac{\pi}{6}-\sin\frac{\pi}{6}\cos\frac{\pi}{4}$

$\sin\frac{\pi}{12}=\frac{\sqrt{2}}{2}\times\frac{\sqrt{3}}{2}-\frac{1}{2}\times\frac{\sqrt{2}}{2}=\frac{\sqrt{2}}{2}\times\left(\frac{\sqrt{3}}{2}-\frac{1}{2}\right)=\frac{\sqrt{6}-\sqrt{2}}{4}=\frac{\sqrt{2}}{2}\left(\frac{\sqrt{3}-1}{2}\right)$

Résolution de l'équation : $\frac{\sqrt{3}-1}{2}\cos x+\frac{\sqrt{3}+1}{2}\sin x=1\qquad(1)$

en multipliant chaque terme de l'équation par $\frac{\sqrt{2}}{2}$, on obtient :

$$\sin\frac{\pi}{12}\cos x+\cos\frac{\pi}{12}\sin x=\frac{\sqrt{2}}{2}$$

ce qui donne

$$\sin\left(x+\frac{\pi}{12}\right)=\sin\frac{\pi}{4}.$$

On obtient les solutions suivantes : $\begin{cases}x+\frac{\pi}{12}=\frac{\pi}{4}+2k\pi & \text{avec } k\in\mathbb{Z}\\ x+\frac{\pi}{12}=\pi-\frac{\pi}{4}+2k\pi\end{cases}$

$S=\left\{\frac{\pi}{6}+2k\pi,\ \frac{2\pi}{3}+2k\pi\right\}.$

9 On remarque que $\frac{7\pi}{12} = \frac{\pi}{4} + \frac{\pi}{3}$

$$\cos\frac{7\pi}{12} = \cos\left(\frac{\pi}{4} + \frac{\pi}{3}\right) = \cos\frac{\pi}{4}\cos\frac{\pi}{3} - \sin\frac{\pi}{4}\sin\frac{\pi}{3} = \frac{\sqrt{2}-\sqrt{6}}{4}$$

$$\sin\frac{7\pi}{12} = \sin\left(\frac{\pi}{4} + \frac{\pi}{3}\right) = \sin\frac{\pi}{4}\cos\frac{\pi}{3} + \sin\frac{\pi}{4}\cos\frac{\pi}{3} = \frac{\sqrt{2}+\sqrt{6}}{4}.$$

10 On utilise la relation $\cos^2 x+\sin^2 x=1$. Donc $\cos^2 a=1-\sin^2 a=\frac{3}{4}$.

De plus, puisque a est dans $\left[-\frac{\pi}{2}, \frac{\pi}{2}\right]$, le cosinus est positif : $\cos a = \frac{\sqrt{3}}{2}$

De même, le sinus de b est négatif puisque b est dans $[-\pi, 0]$

$\sin^2 b = 1 - \frac{1}{2} = \frac{1}{2}$; donc $\sin b = -\frac{\sqrt{2}}{2}$

$$\sin(a+b) = \sin a \cos b+\sin b \cos a = \frac{1}{2} \times \frac{\sqrt{2}}{2} - \frac{\sqrt{2}}{2} \times \frac{\sqrt{3}}{2} = \frac{\sqrt{2}-\sqrt{6}}{4}$$

$$\cos(a-b) = \cos a \cos b+\sin a \sin b = \frac{\sqrt{6}-\sqrt{2}}{4}$$

$$\tan(a+b) = \frac{\tan a+\tan b}{1-\tan a \tan b} \qquad \tan(a+b) = \frac{1-\sqrt{3}}{1+\sqrt{3}}$$

11 D'une manière analogue, on obtient $\begin{cases} \cos a = -1 \\ \sin b = \frac{\sqrt{3}}{2} \end{cases}$

$\sin(a+b) = -\frac{\sqrt{3}}{2}$; $\cos(a-b) = -\frac{1}{2}$; $\tan(a+b) = \sqrt{3}$.

12 Sur $\left[-\pi, -\frac{\pi}{2}\right]$, le cosinus est négatif ; sur $\left[-\frac{\pi}{2}, 0\right]$ le sinus est négatif.

On obtient : $\cos a = -\frac{3}{5}$ et $\sin b = -\frac{4}{5}$

$$\sin(a+b) = -\frac{12}{25} + \frac{12}{25} = 0$$

$$\cos(a-b) = -\frac{9}{25} + \frac{16}{25} = \frac{7}{25}$$

$$\tan(a+b) = \frac{\sin(a+b)}{\cos(a+b)} = 0$$

13 $\frac{1}{2}\cos 2x + \frac{\sqrt{3}}{2}\sin 2x = 0$ est équivalent à $\cos\frac{\pi}{3}\cos 2x + \sin\frac{\pi}{3}\sin 2x = 0$

ce qui donne : $\cos\left(\frac{\pi}{3} - 2x\right) = \cos\frac{\pi}{2}$

$$\begin{cases} \frac{\pi}{3} - 2x = \frac{\pi}{2} + 2k\pi \\ \frac{\pi}{3} - 2x = -\frac{\pi}{2} + 2k\pi \end{cases} \Leftrightarrow \begin{cases} x = -\frac{\pi}{12} - k\pi \\ x = 5\frac{\pi}{12} - k\pi \end{cases} \quad (k \in \mathbb{Z})$$

Pour la résolution des équations trigonométriques, consultez le chapitre précédent.

14 $\sin 2x \cos x - \cos 2x \sin x = \sin\left(3x + \frac{\pi}{2}\right)$

$\sin(2x - x) = \sin\left(3x + \frac{\pi}{2}\right)$

$$\begin{cases} x = 3x + \frac{\pi}{2} + 2k\pi \\ x = \pi - 3x - \frac{\pi}{2} + 2k\pi \end{cases} \Leftrightarrow \begin{cases} x = -\frac{\pi}{4} - k\pi \\ x = \frac{\pi}{8} + k\frac{\pi}{2} \end{cases} \quad k \in \mathbb{Z}$$

15 $\cos\left(2x + \frac{\pi}{3}\right)\cos x + \sin\left(2x + \frac{\pi}{3}\right)\sin x = \cos\frac{\pi}{6}$

$$\cos\left(2x + \frac{\pi}{3} - x\right) = \cos\frac{\pi}{6} \Leftrightarrow \begin{cases} x + \frac{\pi}{3} = \frac{\pi}{6} + 2k\pi \\ x + \frac{\pi}{3} = -\frac{\pi}{6} + 2k\pi \end{cases}$$

Les solutions sont de la forme : $-\frac{\pi}{6} + 2k\pi$, $-\frac{\pi}{2} + 2k\pi$.

16 $\cos(3x) = \cos(2x + x) = \cos 2x \cos x - \sin 2x \sin x$
$\cos 3x = (2\cos^2 x - 1)\cos x - 2\sin^2 x \cos x$
$\cos 3x = 2\cos^3 x - \cos x - 2(1 - \cos^2 x)\cos x$
$\cos 3x = 4\cos^3 x - 3\cos x$

On dit qu'on a linéarisé le cosinus de 3x

Résolution de l'équation $4\cos^3 x - 3\cos x - 1 = 0$ (1)
(1) est équivalente à $\cos 3x = 1 = \cos 0$)

$$3x = 0 + 2k\pi \Leftrightarrow x = \frac{2k\pi}{3}$$

17 $\cos x = \frac{\sqrt{2 - \sqrt{2}}}{2}$; $\cos 2x = 2\cos^2 x - 1$

$$\cos 2x = 2\left(\frac{\sqrt{2 - \sqrt{2}}}{2}\right)^2 - 1 = \frac{2 - \sqrt{2}}{2} - 1 = -\frac{\sqrt{2}}{2}$$

$$\cos 2x = \cos \frac{3\pi}{4} \Leftrightarrow \begin{cases} 2x = \frac{3\pi}{4} + 2k\pi \\ 2x = -\frac{3\pi}{4} + 2k\pi \end{cases}$$

Les solutions de l'équation initiale sont

$$\begin{cases} x = \frac{3\pi}{8} + k\pi \\ x = -\frac{3\pi}{8} + k\pi \end{cases}$$

18 **Linéarisation de cos 4*x***

$\cos 4x = 2\cos^2 2x - 1 = 2\,(2\cos^2 x - 1)^2 - 1$
$\cos 4x = 8\cos^4 x - 8\cos^2 x + 1$

19 **Linéarisation de sin 3*x***

$\sin 3x = \sin(2x+x) = \sin 2x \cos x + \sin x \cos 2x$
$\sin 3x = 2\sin x \cos^2 x + \sin x\,(1 - 2\sin^2 x)$
$\sin 3x = 2\sin x\,(1 - \sin^2 x) + \sin x\,(1 - 2\sin^2 x)$
$\sin 3x = 3\sin x - 4\sin^3 x$
Résolution de $-4\sin^3 x + 3\sin x - 1 = 0$.
Cette équation est équivalente à $\sin 3x = 1$

c'est-à-dire : $3x = \frac{\pi}{2} + 2k\pi$; $x = \frac{\pi}{6} + 2k\frac{\pi}{3}$

20 $\cos(a+b)\cos(a-b) = (\cos a \cos b - \sin a \sin b)(\cos a \cos b + \sin a \sin b)$
$\cos(a+b)\cos(a-b) = \cos^2 a \cos^2 b - \sin^2 a \sin^2 b$
$\cos(a+b)\cos(a-b) = \cos^2 a\,(1 - \sin^2 b) - \sin^2 b\,(1 - \cos^2 a)$
$\cos(a+b)\cos(a-b) = \cos^2 a - \sin^2 b$
$\cos(a+b)\cos(a-b) = 1 - \sin^2 a - 1 + \cos^2 b = \cos^2 b - \sin^2 a.$

21 $\sin(a+b)\sin(a-b) = (\sin a \cos b + \sin b \cos a)(\sin a \cos b - \sin b \cos a)$
$\sin(a+b)\sin(a-b) = \sin^2 a \cos^2 b - \sin^2 b \cos^2 a$
$\sin(a+b)\sin(a-b) = \sin^2 a\,(1 - \sin^2 b) - \sin^2 b\,(1 - \sin^2 a)$
$\sin(a+b)\sin(a-b) = \sin^2 a - \sin^2 b$
$\sin(a+b)\sin(a-b) = 1 - \cos^2 a - 1 + \cos^2 b = \cos^2 b - \cos^2 a.$

22 $A = \cos a \sin(b+c) - \cos b \sin(a+c) + \cos c \sin(a-b)$.
$A = \cos a\,(\sin b \cos c + \sin c \cos b) - \cos b\,(\sin a \cos c + \sin c \cos a)$
$+ \cos c\,(\sin a \cos b - \cos a \sin b)$
$A = 0.$

23 $X = 1 + \tan a \tan 2a = 1 + \dfrac{\sin a \sin 2a}{\cos a \cos 2a} = \dfrac{\cos a \cos 2a + \sin a \sin 2a}{\cos a \cos 2a}$

$$X = \frac{\cos a}{\cos a \cos 2a} = \frac{1}{\cos 2a}$$

24 $Y = \sin a + \sin\left(a + \frac{2\pi}{3}\right) + \sin\left(a + \frac{4\pi}{3}\right)$

$$Y = \sin a + \sin a \cos\frac{2\pi}{3} + \sin\frac{2\pi}{3}\cos a + \sin a\cos\frac{4\pi}{3} + \sin\frac{4\pi}{3}\cos a$$

$$Y = \sin a - \frac{1}{2}\sin a + \frac{\sqrt{3}}{2}\cos a - \frac{1}{2}\sin a - \frac{\sqrt{3}}{2}\cos a = 0.$$

25 $a \neq \frac{\pi}{2} + k\pi$

. $\dfrac{1-(\tan a)^2}{1+(\tan a)^2} = \dfrac{\cos^2 a - \sin^2 a}{\cos^2 a + \sin^2 a} = \cos 2a$

. de même, $\dfrac{2\tan a}{1+(\tan a)^2} = \dfrac{2\sin a}{\cos a} \times \dfrac{\cos^2 a}{\sin^2 a + \cos^2 a} = 2\sin a\cos a = \sin 2a$

En appliquant ces formules avec $a = \frac{x}{2}$, on obtient :

$$\cos x = \frac{1-\left(\tan\frac{x}{2}\right)^2}{1+\left(\tan\frac{x}{2}\right)^2} = \frac{1-(2-\sqrt{3})^2}{1+(2-\sqrt{3})^2} = \frac{-6+4\sqrt{3}}{8-4\sqrt{3}} = \frac{\sqrt{3}}{2}$$

$$\sin x = \frac{2\tan\frac{x}{2}}{1+\left(\tan\frac{x}{2}\right)^2} = \frac{2(2-\sqrt{3})}{1+(2-\sqrt{3})^2} = \frac{4-2\sqrt{3}}{8-4\sqrt{3}} = \frac{1}{2}.$$

Les valeurs du cosinus et du sinus de x donnent $x = \frac{\pi}{6} + 2k\pi$

La solution cherchée comprise entre $\frac{\pi}{2}$ et $\frac{5\pi}{2}$ est $\frac{13\pi}{6}$.

26 $\tan\frac{\pi}{4} = \dfrac{2\tan\frac{\pi}{8}}{1-\left(\tan\frac{\pi}{8}\right)^2}$

Or $\tan\frac{\pi}{4} = 1$; on obtient l'équation suivante :

$$1 - \tan^2\frac{\pi}{8} = 2\tan\frac{\pi}{8}$$

On pose $X = \tan\frac{\pi}{8}$; $X^2 + 2X - 1 = 0$

$$X_1 = -1 + \sqrt{2}$$
$$X_2 = -1 - \sqrt{2}$$

La tangente de $\frac{\pi}{8}$ étant positive, $\tan\frac{\pi}{8} = \sqrt{2} - 1$

Résolution de l'équation $\sqrt{2}\tan^2 x - 2\tan x + 2 - \sqrt{2} = 0$

Posons $X = \tan x$

$$\sqrt{2}\,X^2 - 2X + 2 - \sqrt{2} = 0$$

$$\Delta = 4 - 4\sqrt{2}(2\sqrt{2}) = 12 - 8\sqrt{2} = (2-2\sqrt{2})^2$$

$$X = \frac{2 + 2 - 2\sqrt{2}}{2\sqrt{2}} = \frac{2-\sqrt{2}}{\sqrt{2}} = \sqrt{2} - 1$$

ou : $$X = \frac{2 - 2 + 2\sqrt{2}}{2\sqrt{2}} = 1$$

On a alors $\begin{cases} \tan x = 1 = \tan \dfrac{\pi}{4} \\ \tan x = \sqrt{2} - 1 = \tan \dfrac{\pi}{8} \end{cases} \Leftrightarrow \begin{cases} x = \dfrac{\pi}{4} + k\pi \\ x = \dfrac{\pi}{8} + k\pi \end{cases}$

27 On considère la fonction f définie par $f(x) = \sin^2 4x - 2\sin^2 8x$

$f(x) = \sin^2 4x - 2\,(2\sin 4x \cos 4x)^2$
$f(x) = \sin^2 4x - 8\sin^2 4x\,(1-\sin^2 4x)$
$f(x) = 8\sin^4 4x - 7\sin^2 4x$
$f(x) = \sin^2 4x\,(8\sin^2 4x-7)$

Résolution de $f(x) = 0$ $\quad \begin{cases} \sin^2 4x = 0 \\ 8\sin^2 4x - 7 = 0 \end{cases}$

$\sin 4x = 0 \quad ; \quad \sin 4x = \sqrt{\dfrac{7}{8}} \quad ; \quad \sin 4x = -\sqrt{\dfrac{7}{8}}$

Soit α tel que $\sin\alpha = \sqrt{\dfrac{7}{8}}$.

Alors les solutions de $f(x) = 0$ sont de la forme :

$$0+k\frac{\pi}{4},\ \frac{\alpha}{4}+k\frac{\pi}{2},\ \frac{\pi-\alpha}{4}+k\frac{\pi}{2},\ \frac{-\alpha}{4}+k\frac{\pi}{2},\ \frac{\pi+\alpha}{4}+k\frac{\pi}{2}$$

Une valeur approchée de α est 1,21 radians.
Les solutions sont partiellement représentées sur la figure ci-dessous.

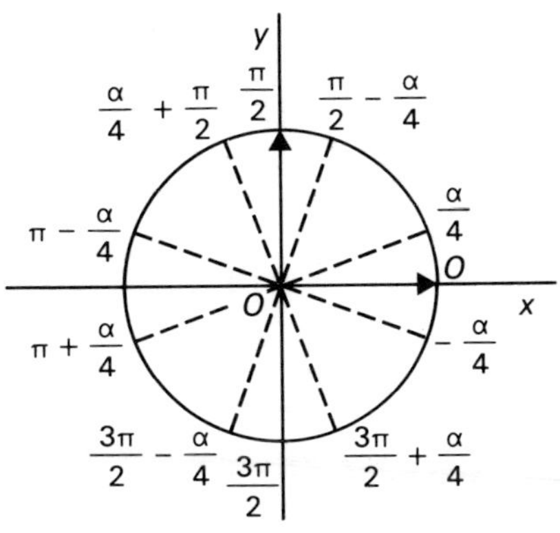

28 **1° Résolution de $\tan \alpha = \sqrt{3}$ dans $\left]0\ \frac{\pi}{2}\right[$**

$\tan \alpha = \tan \frac{\pi}{3} \Leftrightarrow \alpha = \frac{\pi}{3} + k\pi$; donc $\alpha = \frac{\pi}{3}$

2° Recherche des longueurs *OA* et *OB*

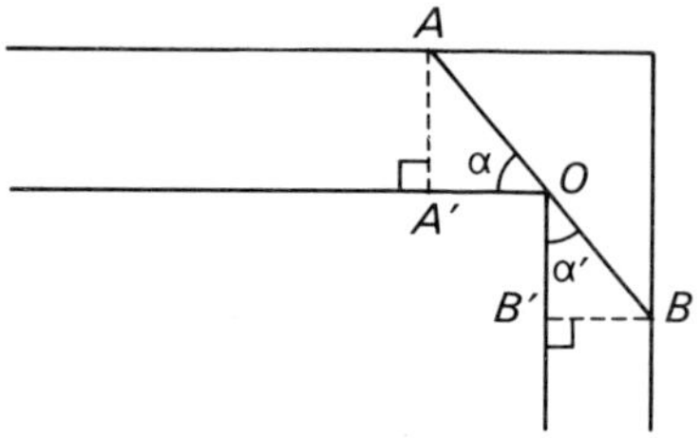

Soit A' et B' les projections orthogonales de A et de B sur les côtés opposés du couloir, et α' l'angle $\widehat{BOB'}$. On a :

$$\sin \alpha = \frac{AA'}{OA} \qquad OA = \frac{3\sqrt{3}}{\sin \alpha}\, m$$

$$\sin \alpha' = \frac{BB'}{OB}$$

$$OB = \frac{1}{\sin \alpha'}\, m = \frac{1}{\sin\left(\frac{\pi}{2} - \alpha\right)}\, m$$

$$OB = \frac{1}{\cos \alpha}\, m$$

3° Étude de la fonction *f*

La distance AB est $AO + OB$

$$f(x) = \frac{3\sqrt{3}}{\sin \alpha} + \frac{1}{\cos \alpha}$$

$$f'(x) = -\frac{3\sqrt{3}\cos \alpha}{(\sin \alpha)^2} + \frac{\sin \alpha}{(\cos \alpha)^2} = \frac{-3\sqrt{3}\,(\cos \alpha)^3 + (\sin \alpha)^3}{(\cos \alpha)^2\,(\sin \alpha)^2}$$

f admet un extremum lorsque la fonction dérivée s'annule et change de signe.

$f'(\alpha) = 0 \Leftrightarrow -3\sqrt{3}\,(\cos \alpha)^3 + (\sin \alpha)^3 = 0$

$(\tan \alpha)^3 = 3\sqrt{3}$

$\tan \alpha = \sqrt{3}$

D'après la question 1°, $\alpha_0 = \frac{\pi}{3}$.

$$f(\alpha_0) = \frac{3\sqrt{3}}{\sin \frac{\pi}{3}} + \frac{1}{\cos \frac{\pi}{3}} = \frac{3\sqrt{3}}{\frac{\sqrt{3}}{2}} + \frac{1}{\frac{1}{2}} = 8m$$

4° La dimension maximale d'un tableau devra donc être de 8 m

29 **1° Transformation de $g(x)$**

$$g(x) = 2\cos^2 x + \sin 2x = 2\left(\frac{1+\cos 2x}{2}\right) + \sin 2x$$

$g(x) = 1 + \cos 2x + \sin 2x$; donc $a = b = c = 1$.

2° Montrons que $g(x) = a + A\cos(2x+\varphi)$

$g(x) = 1 + A\cos(2x+\varphi) = 1 + A\cos 2x\cos\varphi + A\sin 2x\sin\varphi$

En identifiant, on obtient : $\begin{cases} A\cos\varphi = 1 \\ A\sin\varphi = 1 \end{cases}$

$$\cos^2\varphi + \sin^2\varphi = 1 \quad\Rightarrow\quad \left(\frac{1}{A}\right)^2 + \left(\frac{1}{A}\right)^2 = 1$$

En prenant, par exemple, A positif, on obtient :

$$A = \sqrt{2} \quad \text{Donc} \begin{cases} \cos\varphi = \dfrac{\sqrt{2}}{2} \\ \sin\varphi = \dfrac{\sqrt{2}}{2} \end{cases}$$

En conséquence, $\varphi = \frac{\pi}{4}$, d'où $g(x) = 1 + \sqrt{2}\cos\left(2x + \frac{\pi}{4}\right)$

3° Résolution de l'équation $g(x) = 0$

Utilisons la dernière expression obtenue :

$$1 + \sqrt{2}\cos\left(2x + \frac{\pi}{4}\right) = 0\ ; \qquad \cos\left(2x + \frac{\pi}{4}\right) = -\frac{\sqrt{2}}{2} = \cos\frac{3\pi}{4}$$

On obtient :

$$\begin{cases} 2x + \dfrac{\pi}{4} = 3\dfrac{\pi}{4} = 2k\pi \\ 2x + \dfrac{\pi}{4} = -3\dfrac{\pi}{4} + 2k\pi \end{cases}$$

Les solutions de l'équation $g(x) = 0$ sont de la forme $\frac{\pi}{4} + k\pi$ et $-\frac{\pi}{2} + k\pi$

30 **1° Transformation de $1 + \cos\frac{\pi}{6}$ et de $\sin\frac{\pi}{6}$**

. $\cos 2x = 2\cos^2 x - 1$; donc $\quad 1 + \cos\frac{\pi}{6} = 2\cos^2\frac{\pi}{12}$

. $\sin 2x = 2\sin x\cos x$; donc $\sin\frac{\pi}{6} = 2\sin\frac{\pi}{12}\cos\frac{\pi}{12}$

2° Recherche du module et de l'argument de Z

. $$|Z| = \sqrt{\left(1 + \cos\frac{\pi}{6}\right)^2 + \left(\sin\frac{\pi}{6}\right)^2} = \sqrt{2 + 2\cos\frac{\pi}{6}} = \sqrt{4\cos^2\frac{\pi}{12}}$$

$$|Z| = 2\cos\frac{\pi}{12}$$

. Soit θ un argument de Z.
On rappelle que si $z = a + ib$
alors $|z| = \sqrt{a^2 + b^2}$
et $\cos \theta = \dfrac{a}{\sqrt{a^2 + b^2}}$, $\sin \theta = \dfrac{b}{\sqrt{a^2 + b^2}}$.

On a

$$. \cos \theta = \frac{1 + \cos \frac{\pi}{6}}{2 \cos \frac{\pi}{12}} = \cos \frac{\pi}{12}$$

$$\sin \theta = \frac{\sin \frac{\pi}{6}}{2 \cos \frac{\pi}{12}} = \sin \frac{\pi}{12}$$

Par conséquent, l'argument de Z est $\dfrac{\pi}{12} + 2k\pi$.

3° Valeurs de $\cos \dfrac{\pi}{12}$ et de $\sin \dfrac{\pi}{12}$

On peut également écrire Z sous la forme $Z = \dfrac{2 + \sqrt{3}}{2} + \dfrac{i}{2}$

Par conséquent $|Z| = \sqrt{\left(\dfrac{2 + \sqrt{3}}{2}\right)^2 + \left(\dfrac{1}{2}\right)^2} \Rightarrow |Z| = \sqrt{2 + \sqrt{3}}$

$$\cos \frac{\pi}{12} = \frac{2 + \sqrt{3}}{2} \times \frac{1}{\sqrt{2 + \sqrt{3}}} = \frac{\sqrt{2 + \sqrt{3}}}{2}$$

$$\sin \frac{\pi}{12} = \frac{1}{2} \times \frac{1}{\sqrt{2 + \sqrt{3}}} = \frac{\sqrt{2 + \sqrt{3}}}{2\,(2 + \sqrt{3})} = \frac{(2 - \sqrt{3})\,\sqrt{2 + \sqrt{3}}}{2} = \frac{\sqrt{2 - \sqrt{3}}}{2}$$

Ces résultats sont identiques à ceux obtenus à l'exercice [8], même si la forme est différente.

IV GÉOMÉTRIE

VECTEURS ET REPÈRES DANS LE PLAN

13

- **Les vecteurs du plan**
- **Coordonnées dans le plan**
- **Les droites du plan**

Les vecteurs du plan

- **Définition :**

Deux bi-points (A, B) et (C, D) sont équipollents si (A, D) et (B, C) ont même milieu.

Le vecteur $\overrightarrow{AB}$ est l'ensemble des bi-points équipollents à (A, B).

- **Addition de deux vecteurs :**

Soit $\vec{u}$ et $\vec{v}$ deux vecteurs
et A un point quelconque du plan.
On appelle B et C les points tels que

$\overrightarrow{AB} = \vec{u}$ et $\overrightarrow{BC} = \vec{v}$

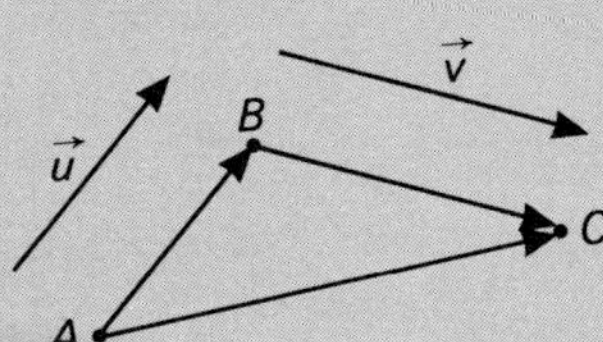

Par définition $\vec{u} + \vec{v} = \overrightarrow{AC}$.

- **Multiplication d'un vecteur par un réel :**

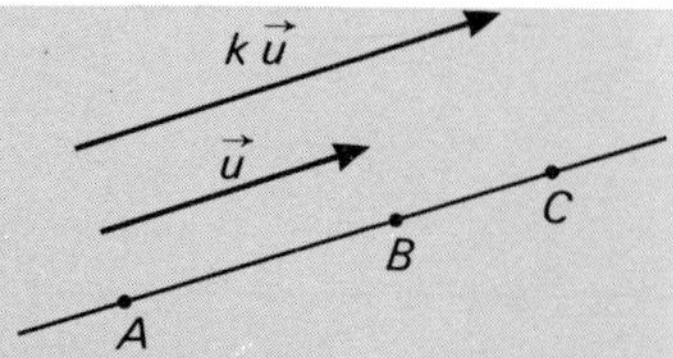

Soit $\vec{u}$ un vecteur et k un réel.

si $\vec{u} = \vec{0}$ alors $k\vec{u} = \vec{0}$

si $\vec{u} \neq \vec{0}$; soit $\overrightarrow{AB}$ un représentant de $\vec{u}$
et soit C le point de la droite (A, B) d'abscisse k dans le repère (A, B).
Par définition $k\vec{u} = \overrightarrow{AC}$.

- **Colinéarité de deux vecteurs :**

. Deux vecteurs $\vec{u}$ et $\vec{v}$ sont dits colinéaires si et seulement si l'un des deux est nul ou s'il existe un réel k tel que $\vec{u} = k\vec{v}$.

. Si $\vec{u}$ et $\vec{v}$ sont colinéaires et non nuls, ils ont la même direction.

Coordonnées dans le plan

- **Bases et repères :**

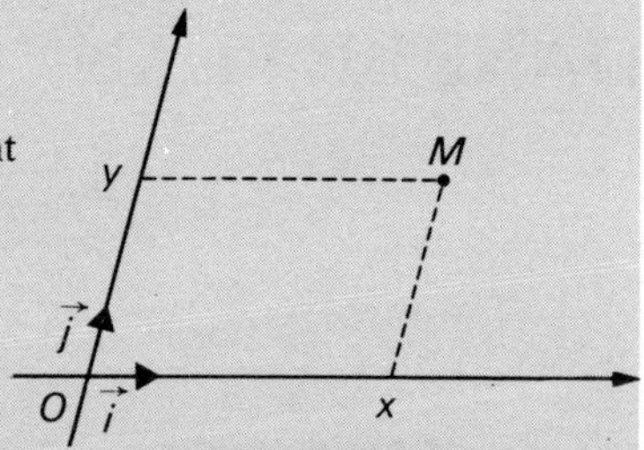

– Deux vecteurs $\vec{i}$ et $\vec{j}$ non colinéaires forment une base du plan.

– Un repère est un triplet $(O, \vec{i}, \vec{j})$ où O est un point et $(\vec{i}, \vec{j})$ une base du plan.

- **Coordonnées d'un vecteur, d'un point**

– Pour tout vecteur $\vec{u}$ il existe deux réels uniques x et y tels que $\vec{u} = x\vec{i} + y\vec{j}$.

x et y sont les coordonnées de $\vec{u}$ dans la base $(\vec{i}, \vec{j})$. On note $\vec{u}\,(x, y)$.

$\vec{u}\,(a, b)$ et $\vec{v}\,(a', b')$ sont colinéaires si et seulement si :

$$\det(\vec{u}, \vec{v}) = \begin{vmatrix} a & a' \\ b & b' \end{vmatrix} = 0.$$

– De même pour tout point M il existe deux réels uniques x et y tels que $\overrightarrow{OM} = x\vec{i} + y\vec{j}$. On note $M(x, y)$; x est l'abscisse de M et y est l'ordonnée de M.

– Soit $A(x_A , y_A)$ et $B(x_B , y_B)$ deux points du plan :

alors le vecteur $\overrightarrow{AB}$ a pour coordonnées $(x_B - x_A , y_B - y_A)$

Le milieu I de (A, B) a pour coordonnées $\left(\dfrac{x_A + x_B}{2}, \dfrac{y_A + y_B}{2}\right)$

– Si G est le barycentre de (A, a) et (B, b), ses coordonnées sont $\left(\dfrac{ax_A + bx_B}{a + b}, \dfrac{ay_A + by_B}{a + b}\right)$ (on rappelle que le barycentre de (A, a) et (B, b) avec

$a + b \neq 0$ est le point G tel que $a\overrightarrow{GA} + b\overrightarrow{GB} = \vec{0}$

ou encore tel que $\overrightarrow{OG} = \dfrac{a\overrightarrow{OA} + b\overrightarrow{OB}}{a + b}$)

Les droites dans le plan

Équations paramétriques

Soit D une droite passant par $A(x_A, y_A)$ et de vecteur directeur $\vec{u}\ (a, b)$

Pour tout point $M(x, y)$ de D, il existe un réel k tel que :

$$\begin{cases} x = x_A + ka \\ y = y_A + kb \end{cases}$$

Ce système est un système d'équations paramétriques de D.

Équation cartésienne

– L'ensemble des points du plan dont les coordonnées vérifient l'équation $ax + by + c = 0$ (a et b non tous les deux nuls) est une droite D admettant $\vec{u}\ (-b, a)$ comme vecteur directeur.

$ax + by + c = 0$ est une équation cartésienne de D.

– Si $b \neq 0$ alors $y = -\frac{a}{b}x - \frac{c}{b}$

$-\frac{a}{b}$ est appelé le **coefficient directeur** de la droite D. Deux droites sont parallèles si elles ont même coefficient directeur.

Soit A et B deux points du plan.

Une équation cartésienne de la droite (AB) est obtenue en écrivant que $\det(\overrightarrow{AM}, \overrightarrow{AB}) = 0$ où M est un point quelconque de (AB).

EXERCICES

Les vecteurs du plan

1 Soit ABC un triangle isocèle $AB = AC$. Construisez les points D et E tels que $\overrightarrow{AD} = \overrightarrow{AB} + \overrightarrow{AC}$ et $\overrightarrow{AE} = \overrightarrow{AB} - \overrightarrow{AC}$. Démontrez que B est le milieu de (D, E).

2 Soit $ABCD$ un parallélogramme. Construisez les points I, J et K tels que $\overrightarrow{AI} = \overrightarrow{AB} + \frac{1}{2}\overrightarrow{AD}$, $\overrightarrow{AJ} = 2\overrightarrow{AB} - \frac{1}{2}\overrightarrow{AC}$ et $\overrightarrow{AK} = \frac{1}{2}\overrightarrow{AB} + \frac{1}{2}\overrightarrow{AD}$.

3 A et B sont deux points distincts du plan. Construisez le barycentre G de $(A, 2)$ et $(B, -3)$.

4 Soit $ABCD$ quatre points. E est le milieu de (A, B) et F est le milieu de (C, D). Démontrez que $2\overrightarrow{EF} = \overrightarrow{AD} + \overrightarrow{BC}$.

■ Coordonnées dans le plan

Dans tous les exercices de ce paragraphe, le plan est rapporté à un repère $(O, \vec{i}, \vec{j})$.

5 On considère les points $A\left(2, -\frac{1}{2}\right)$, $B(3, 0)$ et $C\left(-\frac{1}{2}, 3\right)$

Déterminez les coordonnées de $\overrightarrow{AB}$, $\overrightarrow{BC}$ et $\overrightarrow{CA}$.

6 Soit $\vec{u}\ (1, \sqrt{2})$, $\vec{v}\ (-\sqrt{2}, 2)$ et $\vec{w}\ (\sqrt{2} + 1, 2\sqrt{2})$
Déterminez les coordonnées de $\vec{u} + \vec{v}$, $\vec{u} + \vec{v} + \vec{w}$, $\vec{u} - \sqrt{2}\,\vec{v}$.

7 On considère les points $A\left(\frac{1}{3}, \frac{-5}{3}\right)$ et $B\left(2, \frac{1}{3}\right)$ · Déterminez les coordonnées du barycentre de $(A, -1)$ et $(B, 3)$.

8 On considère les points $A(2, -1)$ et $B(0, 3)$. Déterminez les coordonnées de D tels que $OBDA$ soit un parallélogramme.

9 Pour quelles valeurs de m les vecteurs $\vec{u}\,(m, m+1)$ et $\vec{v}\,(-2, m)$ sont-ils colinéaires ?

10 Dans chacun des cas suivants, pouvez-vous trouver le réel m pour que les vecteurs $\vec{u}$ et $\vec{v}$ soient égaux :

1) $\vec{u}\,(m, m+1)$ et $\vec{v}\,(-1 + 2m, 4m - 2)$?
2) $\vec{u}\,(10 + 3m, 3 + m)$ et $\vec{v}\,(-2m, 5m + 9)$?

■ Les droites dans le plan

11 Déterminez une équation cartésienne et un système d'équations paramétriques de la droite (AB) avec $A(2, -1)$ et $B\left(\frac{1}{2}, 2\right)$ ·
Quel est le coefficient directeur de cette droite ?

12 Soit D d'équation $2x + y - 4 = 0$. Donnez un système d'équations paramétriques de D.

13 Soit la droite D admettant le système suivant

$$\begin{cases} x = 3 - \frac{1}{2}k \\ y = -1 + k \end{cases}$$

Donnez une équation cartésienne de D.

14 Donnez une équation cartésienne de la droite D passant par $A(1, -4)$ et parallèle à la droite D' d'équation $y = -4x + 2$.

15 D et D' ont pour équation $2x + y - 7 = 0$ et $-mx + 4y - 1 = 0$.
Existe-t-il une valeur de m telle que D et D' soient parallèles ?

PROBLÈMES

16 Soit $(O, \vec{i}, \vec{j})$ un repère du plan.

1° Tracez la droite D d'équation $\frac{1}{2}x - y - 1 = 0$. Déterminez les coordonnées des points d'intersection de D avec les axes.

2° Soit D' la droite passant par $A(1, 3)$ et le vecteur directeur $\vec{u}(1, -1)$. Trouvez une équation cartésienne de D'.

3° Déterminez les coordonnées du point d'intersection I de D avec D'.

4° Déterminez dans le triangle AIO une équation cartésienne de la médiatrice issue de O.

17 Le plan est rapporté à un repère $(O, \vec{i}, \vec{j})$. On considère la droite D d'équation cartésienne $2mx + (m-1)y - 3 = 0$ où m est un réel quelconque.

1° Déterminez la valeur de m pour laquelle D est parallèle à Ox.

2° Déterminez la valeur de m pour laquelle D est parallèle à la droite Δ d'équation $5x + 2y - 1 = 0$

3° Déterminez la valeur de m pour laquelle D passe par le point $A(0, 1)$

4° Démontrez que toutes les droites D_m passent par un point fixe I dont on donnera les coordonnées.

18 On considère dans un repère $(O, \vec{i}, \vec{j})$ les points $A(a, 0)$, $B(a, a)$ et $C(3, -1)$.

1° Déterminez les coordonnées du point D tel que $ABCD$ soit un parallélogramme. Quelles sont les coordonnées de son centre I ?

2° Déterminez les coordonnées du barycentre G_1 de $(A, 2)$ et $(B, -1)$ et du barycentre G_2 de $(C, 3)$ et $(D, -2)$. Déduisez-en celles de G barycentre de $(A, 2)$, $(B, -1)$, $(C, 3)$, $(D, -2)$.

3° Quel est l'ensemble décrit par G lorsque a varie dans $\mathbb{R}$?

19 On donne les points $A(-1, 2)$, $B(3, 0)$ et $C(4, 4)$.

1° Déterminez les coordonnées du centre de gravité G du triangle ABC.

2° Donnez une équation cartésienne de la droite (AG). Quelle est l'intersection I des droites (AG) et (BC) ?

3° Déterminez le réel k tel que $\overrightarrow{AG} = k\overrightarrow{AI}$. Pouviez-vous prévoir ce résultat ?

SOLUTIONS DES EXERCICES

1 On trace à partir de B un vecteur égal à $\overrightarrow{AC}$. L'extrémité de ce vecteur est le point D. De même en traçant à partir de B un vecteur égal à $\overrightarrow{CA}$, on obtient le point E.

On a donc $\overrightarrow{BE} = -\overrightarrow{AC} = -\overrightarrow{BD}$

$\overrightarrow{BD} + \overrightarrow{BE} = \vec{0}$. B est le milieu de (D, E).

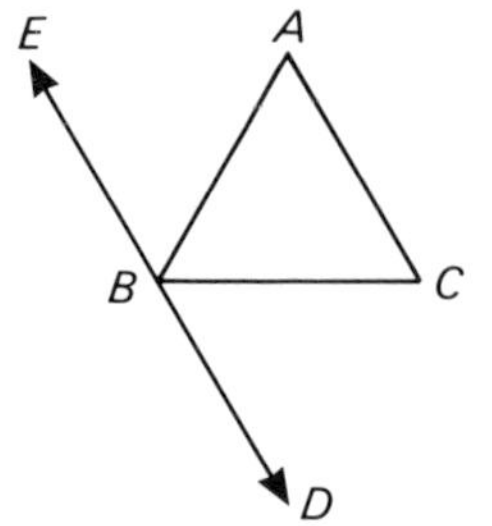

2 $ABCD$ étant un parallélogramme $\overrightarrow{AD} = \overrightarrow{BC}$.

On a donc $\overrightarrow{AI} = \overrightarrow{AB} + \frac{1}{2}\overrightarrow{BC}$.

I est le milieu de (B, C).

On peut remarquer que

$\overrightarrow{\mathrm{BK}} + \overrightarrow{\mathrm{BJ}} = \overrightarrow{\mathrm{BA}} + \overrightarrow{\mathrm{AK}} + \overrightarrow{\mathrm{BA}} + \overrightarrow{\mathrm{AJ}}$.

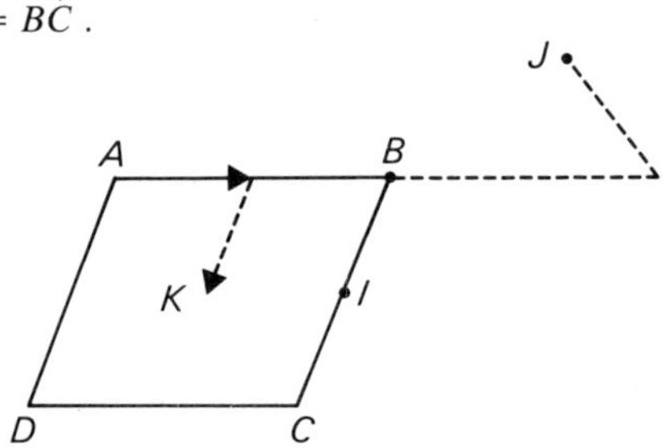

Soit encore

$\overrightarrow{\mathrm{BK}} + \overrightarrow{\mathrm{BJ}} = \overrightarrow{\mathrm{BA}} + \frac{1}{2}\overrightarrow{AB} + \frac{1}{2}\overrightarrow{\mathrm{AD}} + \overrightarrow{\mathrm{BA}} + 2\overrightarrow{\mathrm{AB}} - \frac{1}{2}\overrightarrow{\mathrm{AC}}$.

$\overrightarrow{\mathrm{BK}} + \overrightarrow{\mathrm{BJ}} = \frac{1}{2}(\overrightarrow{\mathrm{AB}} + \overrightarrow{\mathrm{AD}} + \overrightarrow{\mathrm{CA}}) = \frac{1}{2}(\overrightarrow{\mathrm{AB}} + \overrightarrow{\mathrm{CD}}) = \vec{0}$

B *est le milieu de* (K, J).

3 Par définition $\overrightarrow{OG} = \dfrac{2\overrightarrow{OA} - 3\overrightarrow{OB}}{2-3} = -2\overrightarrow{OA} + 3\overrightarrow{OB}$.

On peut choisir 0 en A ; $\overrightarrow{AG} = 3\overrightarrow{AB}$.

4 On a $\overrightarrow{AD} + \overrightarrow{BC} = \overrightarrow{AE} + \overrightarrow{EF} + \overrightarrow{FD} + \overrightarrow{BE} + \overrightarrow{EF} + \overrightarrow{FC}$

(par la relation de Chasles)

$\overrightarrow{AD} + \overrightarrow{BC} = 2\overrightarrow{EF}$ (car $\overrightarrow{FD} + \overrightarrow{FC} = \vec{0}$ et $\overrightarrow{AE} + \overrightarrow{BE} = \vec{0}$)

5 $\overrightarrow{AB}\left(1, \frac{1}{2}\right)$ $\overrightarrow{BC}\left(-\frac{7}{2}, 3\right)$ et $\overrightarrow{CA}\left(\frac{5}{2}, -\frac{7}{2}\right)$.

6 $\vec{u} + \vec{v}\,(1 - \sqrt{2}, \sqrt{2} + 2)$ $\vec{u} + \vec{v} + \vec{w}\,(2, 2 + 3\sqrt{2})$

$\vec{u} - \sqrt{2}\,\vec{v}\,(3, -\sqrt{2})$

On rappelle que si $\vec{u}$(a, b) *et* $\vec{v}$(a′, b′) *sont deux vecteurs, alors* $\vec{u} + \vec{v}$ *a pour coordonnées* (a + a′ , b + b′) *et* k$\vec{u}$ *a pour coordonnées* (ka, kb).

7 Soit $G(x_0, y_0)$ le barycentre de $(A, -1)$ et $(B, 3)$.

$$x_0 = \frac{-1 \times \frac{1}{3} + 3 \times 2}{-1 + 3} = \frac{17}{6}$$

$$y = \frac{-1 \times \left(\frac{-5}{3}\right) + 3 \times \frac{1}{3}}{-1 + 3} = \frac{4}{3}$$

8 Si $OBDA$ est un parallélogramme $\overrightarrow{OB} = \overrightarrow{AD}$.

$\overrightarrow{OB}(0, 3)$ et $\overrightarrow{AD}(x - 2, y + 1)$

$\begin{cases} x - 2 = 0 \\ y + 1 = 3 \end{cases}$ les coordonnées de D sont $(2, 2)$

9 Si $\vec{u}$ et $\vec{v}$ sont colinéaires alors $\det(\vec{u}, \vec{v}) = 0$

$$\begin{vmatrix} m & -2 \\ m + 1 & m \end{vmatrix} = 0 \quad \Leftrightarrow \quad m^2 + 2m - 2 = 0$$

$$\Delta = 12 \qquad m_1 = -1 + \sqrt{3}$$
$$m_2 = -1 - \sqrt{3}$$

10 *Deux vecteurs sont égaux si leurs coordonnées sont égales.*

1° Si $\vec{u}$ et $\vec{v}$ sont égaux alors $\begin{cases} m = -1 + 2m \\ m + 1 = 4m - 2 \end{cases} \Leftrightarrow \begin{cases} m = 1 \\ 3m = 3 \end{cases}$

pour $m = 1$ $\vec{u} = \vec{v}$.

2° De même $\begin{cases} 10 + 3m = -2m \\ 3 + m = 5m + 9 \end{cases}$ $\begin{cases} m = -2 \\ m = -\frac{3}{2} \end{cases}$

quel que soit le réel m, les vecteurs $\vec{u}$ et $\vec{v}$ ne sont pas égaux.

11 Soit un point $M(x, y)$. $M \in (AB) \Leftrightarrow \det(\overrightarrow{AM}, \overrightarrow{AB}) = 0$

$$\begin{vmatrix} x - 2 & \frac{1}{2} - 2 \\ y + 1 & 2 - (-1) \end{vmatrix} = 0 \quad \Leftrightarrow \quad 3x + \frac{3}{2} y - \frac{9}{2} = 0 \, .$$

12 Soit deux points quelconques de D.

$A(1, 2)$ et $B(0, 4)$. Alors $\overrightarrow{AB}$ est un vecteur directeur de D.

$\overrightarrow{AB}(-1, 2)$. Un système d'équations paramétriques de D est

$\begin{cases} x = 1 - k \\ y = 2 + 2k \end{cases}$

Attention : chaque droite possède une infinité de représentations paramétriques possibles.

13 Le problème consiste à éliminer k entre les deux équations.

$$\begin{cases} 2x = 6 - k \\ y = -1 + k \end{cases}$$

$2x + y = 5$ est une équation cartésienne de D.

14 D' a pour coefficient directeur -4.
D et D' sont parallèles. Une équation cartésienne de D est donc $y = -4x + b$.
$A \in D \Rightarrow -4 = -4x\,1 + b \quad b = 0$
Une équation cartésienne de D est $y = -4x$.

15 D et D' ont pour vecteur directeur respectivement $\vec{u}\,(-1, 2)$ et $\vec{v}\,(-4, -m)$.

D et D' sont parallèles si $\vec{u}$ et $\vec{v}$ sont colinéaires.

$$\det(\vec{u}, \vec{v}) = \begin{vmatrix} -1 & -4 \\ 2 & -m \end{vmatrix} = m + 8 = 0 \quad m = -8.$$

SOLUTIONS DES PROBLÈMES

16 **1°** Si $x = 0$, $y = -1$
si $y = 0$, $x = 2$
Les points d'intersection de D avec les axes sont
$E(0, -1)$ et $F(2, 0)$

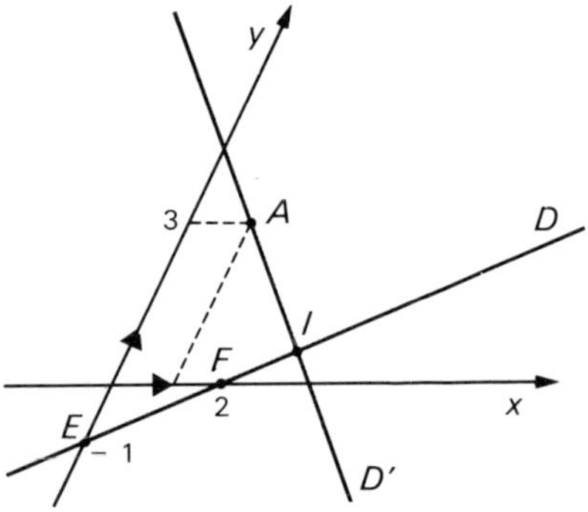

2° $M(x, y)$. $M \in D' \Leftrightarrow \det(\overrightarrow{AM}, \vec{u}) = 0 \qquad : +x + y - 4 = 0$

3° Les coordonnées de I sont obtenues en résolvant le système :

$$\begin{cases} \frac{1}{2}x - y - 1 = 0 \\ -x - y + 4 = 0 \end{cases} \qquad \begin{cases} x = \frac{10}{3} \\ y = \frac{2}{3} \end{cases}$$

4° *Ne confondez pas la médiane, droite qui joint le sommet* O *au milieu du côté opposé* (AI) *et la médiatrice, droite qui passe par le milieu de* (A, I) *et qui est orthogonale à* (AI).

Soit O' le milieu de (A, I). $\quad O'\left(\frac{13}{6}, \frac{11}{6}\right)$

$$\text{et } (\overrightarrow{OM}, \overrightarrow{OO'}) = 0 \quad \Leftrightarrow \quad \begin{vmatrix} x & \frac{13}{6} \\ y & \frac{11}{6} \end{vmatrix} = 0$$

$11x - 13y = 0$

17 D_m admet $\vec{u}\ (-m+1, 2m)$ comme vecteur directeur.

1° D_m est parallèle à Ox lorsque $\vec{u}$ et $\vec{i}$ sont colinéaires.

$$\det(\vec{u}, \vec{i}) = \begin{vmatrix} -m+1 & 1 \\ 2m & 0 \end{vmatrix} = -2m = 0 \qquad m = 0$$

2° Δ a pour vecteur directeur $\vec{v}\ (-2, 5)$.

$$\det(\vec{u}, \vec{v}) = \begin{vmatrix} -m+1 & -2 \\ 2m & 5 \end{vmatrix} = -5m + 5 + 4m = -m + 5 = 0 \ ; m = 5$$

3° $A \in D_m$. Ses coordonnées vérifient l'équation de D_m.
$2m \times 0 + (m-1) \times 1 - 3 = 0 \quad \Leftrightarrow \quad m = 4$

4° Soit (x_0, y_0) les coordonnées de I.
$\forall\, m \in \mathbb{R} \quad 2m\, x_0 + (m-1)\, y_0 - 3 = 0$
$\forall\, m \in \mathbb{R} \quad m\,(2x_0 + y_0) = y_0 + 3 \qquad (1)$

(1) est vrai si et seulement si $\begin{cases} 2x_0 + y_0 = 0 \\ y_0 + 3 = 0 \end{cases} \qquad I\left(\frac{3}{2}, -3\right)$

Une autre méthode possible consiste à déterminer les coordonnées du point d'intersection de deux droites quelconques de la famille et de vérifier ensuite que ce point appartient à toutes les droites.

$D_1 : \quad 2x - 3 = 0$
$D_2 : 4x + y - 3 = 0. \qquad D_1 \cap D_2 = \left\{ I\left(\frac{3}{2}, -3\right) \right\}$

$\forall\, m \in \mathbb{R} \quad I \in D_m \quad$ *car* $\quad 2m \times \frac{3}{2} + (m-1)(-3) - 3 = 0$

18

1° $ABCD$ est un parallélogramme $\Leftrightarrow \overrightarrow{AD} = \overrightarrow{BC}$

$\begin{cases} x - a = 3 - a \\ y - 0 = -1 - a \end{cases} \qquad D(3, -1-a)$

I est le milieu de (A, D) $\begin{cases} x_I = \dfrac{a+3}{2} \\ y_I = -\dfrac{1}{2} \end{cases}$

2° Soit (x_1, y_1) les coordonnées de G_1 et (x_2, y_2) les coordonnées de G_2 on peut écrire

$$\begin{cases} x_1 = \dfrac{2x_A - x_B}{2-1} = a \\ y_1 = \dfrac{2y_A - y_B}{2-1} = -a \end{cases}$$

De même $\begin{cases} x_2 = 3 \\ y_2 = -1 + 2a \end{cases}$

Le barycentre G de $(A, 2)$, $(B, -1)$, $(C, 3)$ et $(D, -2)$ est aussi celui de $(G, 1)$ et $(G, 1)$; G est donc le milieu de (G_1, G_2) .

$x_G = \dfrac{a + 3}{2}$, $y_G = \dfrac{-1 + a}{2}$

3° D'après la question **2°** $a = 2x_G - 3$ et $a = 2y_G + 1$
On obtient, en égalant les deux termes : $2x_G - 3 = 2y_G + 1$
ou encore : $y_G = x_G - 2$.
Donc G parcourt la droite D d'équation $y = x - 2$.

19 **1°** *Le centre de gravité est l'équibarycentre du triangle.*
G *est le barycentre de* (A, 1), (B, 1) *et* (C, 1).

$x_G = \dfrac{-1 + 3 + 4}{3} = 2$

$y_G = \dfrac{2 + 0 + 4}{3} = 2$

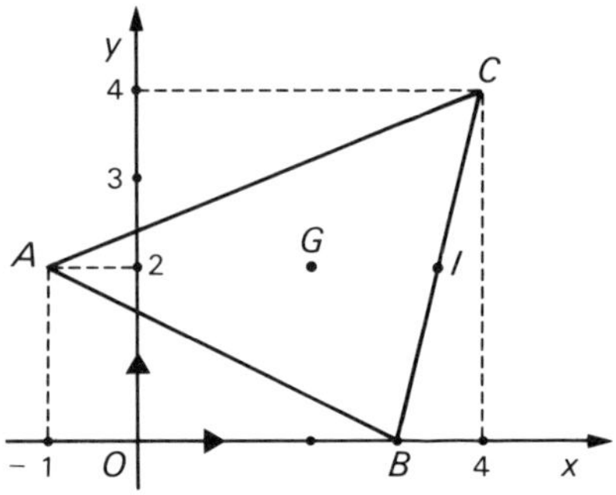

2° $\det(\overrightarrow{AM}, \overrightarrow{AB} = 0 \quad \Leftrightarrow \quad \begin{vmatrix} x + 1 & 2 + 1 \\ y - 2 & 2 - 2 \end{vmatrix} = 0$

Une équation de (AG) est $y = 2$. (AG) est une médiane du triangle ABC.
I est, par conséquent, le milieu de (B, C). $I\left(\dfrac{7}{2}, 2\right)$

3° On détermine les coordonnées de $\overrightarrow{AG}$ et de $\overrightarrow{AI}$.

$\overrightarrow{AG}\,(3, 0)$ $\overrightarrow{AI}\left(\dfrac{9}{2}, 0\right)$

$\overrightarrow{AG} = k\overrightarrow{AI} \;\Rightarrow\; k = \dfrac{2}{3}$

Ce résultat était prévisible ; *le centre de gravité d'un triangle est situé aux deux tiers des médianes.*

BARYCENTRE

14

Ce chapitre ne concerne pas la section F12

- **Barycentre de deux points pondérés**
- **Barycentre de trois points pondérés**
- **Barycentre de quatre points pondérés**

Barycentre de deux points pondérés

• Définition

Soit A et B deux points distincts du plan et (a, b) un couple de réels tels que l'on ait $a + b \neq 0$. Le point G défini par l'égalité vectorielle

$$a\overrightarrow{GA} + b\overrightarrow{GB} = \vec{0} \quad (1)$$

est appelé **barycentre** des points A et B **affectés** respectivement des **coefficients** a et b.

• Autre vocabulaire utilisé

On dit encore que G est le barycentre :

– des points A et B **pondérés** par les coefficients a et b,

– du **système :** (A, a) ; (B, b).

• Propriété fondamentale

– Pour tout point M du plan, on a :

$$(1) \iff (a + b)\overrightarrow{MG} = a\overrightarrow{MA} + b\overrightarrow{MB} \quad (2).$$

– Par exemple, si $M = A$, on en déduit que :

$$\overrightarrow{AG} = \frac{b}{a+b}\overrightarrow{AB} \quad (3), \text{ ce qui prouve que : } G \in (AB).$$

• Autre propriété

– Le barycentre du système : (A, a) ; (B, b) est inchangé si l'on multiplie a et b par un même réel non nul.

– En particulier, le barycentre du système : (A, a) ; (B, a), avec $a \neq 0$, est aussi le barycentre du système : $(A, 1)$; $(B, 1)$, c'est le milieu de $[AB]$, d'après (3).

• Coordonnées

Si : (x_A, y_A) ; (x_B, y_B) désignent les coordonnées respectives de A; B, dans un repère du plan, alors les coordonnées (x_G, y_G) du barycentre G du système (A, a) ; (B, b) sont :

$$x_G = \frac{ax_A + bx_B}{a+b} \quad ; \quad y_G = \frac{ay_A + by_B}{a+b}.$$

Barycentre de trois points pondérés

• Définition

Soit A, B et C trois points distincts du plan et (a, b, c) un triplet de réels tels que l'on ait : $a + b + c \neq 0$. Le point G défini par l'égalité vectorielle

$$a\overrightarrow{GA} + b\overrightarrow{GB} + c\overrightarrow{GC} = \vec{0} \quad (1')$$

est appelé **barycentre** des points A, B et C **affectés** respectivement des **coefficients** a, b et c.

• Autre vocabulaire utilisé

On dit encore que G est le barycentre :

- des points A, B et C **pondérés** par les coefficients a, b et c,
- du **système** (A, a) ; (B, b) ; (C, c).

• Propriété fondamentale :

Pour tout point M du plan, on a :

$$(a + b + c)\overrightarrow{MG} = a\overrightarrow{MA} + b\overrightarrow{MB} + c\overrightarrow{MC} \quad (2').$$

• Autres propriétés

– Le barycentre du système (A, a) ; (B, b) ; (C, c) est inchangé si l'on multiplie a, b et c par un même réel non nul. En particulier, si $a = b = c$, alors le barycentre G du système (A, a) ; (B, a) ; (C, a) est aussi celui du système $(A, 1)$; $(B, 1)$; $(C, 1)$; dans ce cas, on dit que G est le **centre de gravité** (ou **isobarycentre,** ou **équibarycentre**) des trois points A, B et C.

– Si $a + b \neq 0$, alors le système (A, a); (B, b) a un barycentre (dit **partiel**) G', et G est le barycentre du système $(G', a + b)$; (C, c).

• Coordonnées

Si (x_A, y_A) ; (x_B, y_B) ; (x_C, y_C) désignent les coordonnées respectives de A; B; C, dans un repère du plan, alors les coordonnées (x_G, y_G) du barycentre G du système (A, a) ; (B, b) ; (C, c) sont :

$$x_G = \frac{ax_A + bx_B + cx_C}{a + b + c} \quad ; \quad y_G = \frac{ay_A + by_B + cy_C}{a + b + c}.$$

Barycentre de quatre points pondérés

• Définition

Soit A, B, C et D quatre points distincts du plan et (a, b, c, d) un quadruplet de réels tels que l'on ait : $a + b + c + d \neq 0$. Le point G défini par l'égalité vectorielle

$$a\overrightarrow{GA} + b\overrightarrow{GB} + c\overrightarrow{GC} + d\overrightarrow{GD} = \vec{0} \quad (1'')$$

est appelé **barycentre** des points A, B, C et D **affectés** respectivement des **coefficients** a, b, c et d.

• **Autre vocabulaire utilisé**

On dit encore que G est le barycentre :

– des points A, B, C et D **pondérés** par les coefficients a, b, c et d,

– du **système** (A, a) ; (B, b) ; (C, c) ; (D, d).

• **Propriété fondamentale**

Pour tout point M du plan, on a :

$$(a+b+c+d)\overrightarrow{MG} = a\overrightarrow{MA} + b\overrightarrow{MB} + c\overrightarrow{MC} + d\overrightarrow{MD} \quad (2'').$$

• **Autres propriétés**

– Le barycentre du système (A, a) ; (B, b) ; (C, c) ; (D, d) est inchangé si l'on multiplie a, b, c et d par un même réel non nul. En particulier, si $a = b = c = d$, alors le barycentre G du système (A, a) ; (B, a) ; (C, a) ; (D, a) est aussi celui du système $(A, 1)$; $(B, 1)$; $(C, 1)$; $(D, 1)$; dans ce cas, on dit que G est le **centre de gravité** (ou **isobarycentre,** ou **équibarycentre**) des quatre points A, B, C et D.

– Si $a+b+c \neq 0$, alors le système (A, a) ; (B, b) ; (C, c) a un barycentre (dit **partiel**) G', et G est le barycentre du système $(G', a+b+c)$; (D, d).

– Si $a+b \neq 0$ et $c+d \neq 0$, alors le système (A, a) ; (B, b) a un barycentre partiel G'_1 ; le système (C, c) ; (D, d) a un barycentre partiel G'_2, et G est le barycentre du système $(G'_1, a+b)$; $(G'_2, c+d)$.

• **Coordonnées**

Si (x_A, y_A) ; (x_B, y_B) ; (x_C, y_C) ; (x_D, y_D) désignent les coordonnées respectives de A; B; C; D, dans un repère du plan, alors les coordonnées (x_G, y_G) du barycentre G du système (A, a) ; (B, b) ; (C, c) ; (D, d) sont :

$$x_G = \frac{ax_A + bx_B + cx_C + dx_D}{a+b+c+d} \quad ; \quad y_G = \frac{ay_A + by_B + cy_C + dy_D}{a+b+c+d}.$$

EXERCICES

▪ Barycentre de deux points pondérés

1 Soit A et B deux points distincts. Construisez le barycentre G du système $(A, 2)$; $(B, 7)$.

2 Soit A et B deux points distincts. Construisez le barycentre G du système $(A, -3$; $(B, 5)$.

3 Soit A et B deux points distincts du plan et I le milieu de $[AB]$. On sait que si $a = b$, alors I est le barycentre du système (A, a) ; (B, b), avec $a + b \neq 0$. Étudiez si la réciproque de cette propriété est exacte.

4 Soit I le milieu d'un segment $[AB]$. Démontrez que pour tout point M du plan on a : $\overrightarrow{MA} + \overrightarrow{MB} = 2\overrightarrow{MI}$.

5 On donne deux points distincts A et B. Déterminez un couple (a, b) de réels tels que le barycentre du système (A, a) ; (B, b) soit le symétrique C du point A par rapport à B.

6 On donne deux points distincts A et B. Déterminez un couple (a, b) de réels tels que le barycentre du système (A, a) ; (B, b) soit le point K déterminé par l'égalité vectorielle $\overrightarrow{AK} = \frac{3}{5} \overrightarrow{AB}$.

7 Soit A et B deux points distincts et x un réel quelconque. On considère le barycentre G du système (A, x) ; $(B, 1 - x)$. Trouvez l'ensemble des points G.

8 Comparez le barycentre G du système (A, a) ; (B, b) et le barycentre G' du système (B, b) ; (A, a).

■ Barycentre de trois points pondérés

9 Soit ABC un triangle du plan. Construisez le centre de gravité G des trois points A, B et C. Soit A' le milieu de $[BC]$. Démontrez que l'on a :

$$\overrightarrow{A'G} = \frac{1}{3} \overrightarrow{A'A}.$$

10 Soit ABC un triangle du plan. Construisez le barycentre G du système $(A, 3)$; $(B, 5)$; $(C, -4)$.

11 Soit $ABCD$ un parallélogramme. Est-il possible de déterminer un triplet (a, b, c) de réels tels que D soit le barycentre du système (A, a) ; (B, b) ; (C, c)?

■ Barycentre de quatre points pondérés

12 Soit $ABCD$ quatre points distincts d'un plan et I, J, K, L les milieux respectifs des segments $[AB]$, $[BC]$, $[CD]$, $[DE]$. En utilisant le centre de gravité G des quatre points A, B, C et D, démontrez que les segments $[IK]$ et $[JL]$ ont le même milieu.

13 Soit $ABCD$ un parallélogramme. Construisez de plusieurs manières le barycentre G du système $(A, 1)$; $(B, 1)$; $(C, 1)$: $(D, -2)$.

PROBLÈMES

14 Soit une droite D et deux points distincts A et B non situés sur D.

1° Construisez le barycentre I du système $(A, 2)$; $(B, 3)$.

2° A tout point M de D, on fait correspondre le barycentre G du système $(A, 2)$; $(B, 3)$; $(M, -1)$. Complétez l'égalité vectorielle $\overrightarrow{IG} = \ldots \overrightarrow{IM}$.

3° Trouvez et construisez l'ensemble E des points G.

15 Soit $ABCD$ un parallélogramme d'un plan P.

1° Construisez le barycentre I du système $(A, 4)$; $(B, -1)$.

2° Construisez le barycentre J du système $(C, 2)$; $(D, 1)$.

3° A tout point M du plan P, on fait correspondre les vecteurs $\vec{u} = 4\overrightarrow{MA} - \overrightarrow{MB}$ et $\vec{v} = 2\overrightarrow{MC} + \overrightarrow{MD}$.

a) Précisez l'ensemble E_1 des points M pour lesquels $\vec{u}$ et $\vec{v}$ sont colinéaires;
b) Précisez l'ensemble E_2 des points M pour lesquels on a : $\vec{u} = \vec{v}$;
c) Précisez l'ensemble E_3 des points M pour lesquels on a : $\vec{u} = -\vec{v}$;
d) Précisez l'ensemble E_4 des points M pour lesquels on a : $\|\vec{u}\| = \|\vec{v}\|$.

SOLUTIONS DES EXERCICES

1 Pour tout point M du plan, on a :

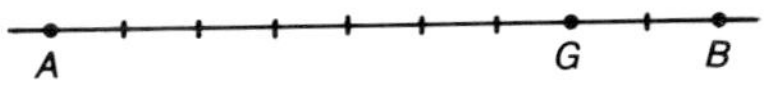

$(2 + 7)\overrightarrow{MG} = 2\overrightarrow{MA} + 7\overrightarrow{MB}$.

Si $M = A$, on obtient $\overrightarrow{AG} = \frac{7}{9}\overrightarrow{AB}$.

Observation : G est aussi le barycentre du système : (A, − 2) ; (B, − 7) *(multiplication de 2 et 7 par − 1). D'une manière générale, si* a *et* b *sont tous deux négatifs, nous vous conseillons de remplacer* a *et* b *par* − a *et* − b *dans la recherche du barycentre du système* (A, a) ; (B, b).

2 Pour tout point M du plan, on a :

$(-3 + 5)\overrightarrow{MG} = -3\overrightarrow{MA} + 5\overrightarrow{MG}$.

Si $M = A$, on obtient : $\overrightarrow{AG} = \frac{5}{2}\overrightarrow{AB}$.

3 Soit G le barycentre du système (A, a) ; (B, b). On a : $\overrightarrow{AG} = \frac{b}{a+b}\overrightarrow{AB}$ et $\overrightarrow{AI} = \frac{1}{2}\overrightarrow{AB}$, donc : $G = I \iff \frac{b}{a+b} = \frac{1}{2} \iff 2b = a + b \iff a = b$. La réciproque est bien exacte.
Autrement dit, le barycentre du système (A, a) ; (B, b) est le milieu de $[AB]$ si, et seulement si, $a = b$.

4 I est le barycentre du système $(A, 1)$; $(B, 1)$. On a donc :
$(1 + 1)\overrightarrow{MI} = (1)\overrightarrow{MA} + (1)\overrightarrow{MB}$, d'après la propriété fondamentale.
L'égalité $\overrightarrow{MA} + \overrightarrow{MB} = 2\overrightarrow{MI}$ a été obtenue d'une autre façon à l'exercice **10** du chapitre 3.

5 Soit G le barycentre du système considéré, avec $a + b \neq 0$.
On a (*cf.* résumé) : $\overrightarrow{AG} = \frac{b}{a+b}\overrightarrow{AB}$. D'autre part, $\overrightarrow{AC} = 2\overrightarrow{AB}$, donc :

$$G = C \iff \frac{b}{a+b} = 2 \iff b = -2a.$$

On peut prendre, par exemple : $(a, b) = (1, -2)$.

6 Soit G le barycentre du système considéré, avec $a + b \neq 0$.

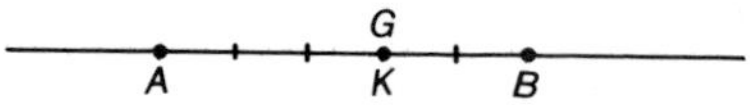

On a : $\overrightarrow{AG} = \dfrac{a}{a+b}\,\overrightarrow{AB}$,

donc : $G = K \iff \dfrac{b}{a+b} = \dfrac{3}{5} \iff 2b = 3a$. On peut prendre, par exemple : $(a, b) = (2, 3)$.

7 Pour tout point M du plan, on a : $[x + (1 - x)]\overrightarrow{MG} = x\overrightarrow{MA} + (1 - x)\overrightarrow{MB}$.
Si $M = B$, on obtient : $\overrightarrow{BG} = x\overrightarrow{BA}$. Il en résulte que l'ensemble des points G est la droite (AB).

Observation : si l'on avait pris $x \in [0, 1]$, *on aurait obtenu le segment* [AB] *pour ensemble des points* G*; si l'on avait pris* $x \geqslant 0$, *on aurait obtenu la demi-droite* [BA *pour ensemble des points* G.

8 $G = G'$ car, pour un point O quelconque du plan, on a :

$$\overrightarrow{OG} = \frac{a\overrightarrow{OA} + b\overrightarrow{OB}}{a+b} \quad ; \quad \overrightarrow{OG'} = \frac{b\overrightarrow{OB} + a\overrightarrow{OA}}{b+a}, \quad \text{d'ou :} \quad \overrightarrow{OG} = \overrightarrow{OG'}.$$

Plus généralement, le barycentre d'un système de (2 *ou* 3 *ou* 4) *points pondérés ne dépend pas de l'ordre dans lequel on fait intervenir ces points pondérés.*

9 G est le barycentre du système $(A, 1)$; $(B, 1)$; $(C, 1)$.

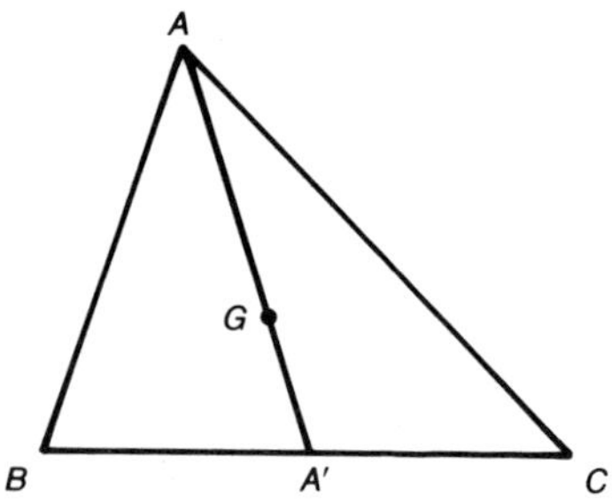

Première méthode :
G est aussi le barycentre du système $(B, 1)$; $(C, 1)$; $(A, 1)$. On sait que A' est le barycentre du système $(B, 1)$; $(C, 1)$ et que, alors, G est le barycentre du système $(A', 2)$; $(A, 1)$. Pour tout point M du plan, on a :

$(2 + 1)\overrightarrow{MG} = 2\overrightarrow{MA'} + \overrightarrow{MA}$.

En prenant $M = A'$, on obtient : $\overrightarrow{A'G} = \dfrac{1}{3}\,\overrightarrow{A'A}$.

Observation : on a démontré, à partir de la définition du centre de gravité G *des trois points* A, B *et* C, *que* G *est situé sur la médiane* [AA′] *du triangle* ABC. *On démontrerait de même que* G *est situé sur les deux autres médianes. Donc, les trois médianes du triangle* ABC *sont concourantes en* G, *appelé traditionnellement centre de gravité du triangle* ABC.

Deuxième méthode :

Pour tout point M du plan, on a : $(1 + 1 + 1)\overrightarrow{MG} = (1)\overrightarrow{MA} + (1)\overrightarrow{MB} + (1)\overrightarrow{MC}$, soit : $3\overrightarrow{MG} = \overrightarrow{MA} + \overrightarrow{MB} + \overrightarrow{MC}$. En prenant $M = A$, on obtient :

$\overrightarrow{AG} = \dfrac{1}{3}(\overrightarrow{AB} + \overrightarrow{AC})$.

Comme $\overrightarrow{AB} + \overrightarrow{AC} = 2\overrightarrow{AA'}$ (*cf.* exercice **4**), on a : $\overrightarrow{AG} = \dfrac{2}{3}\,\overrightarrow{AA'}$, d'où l'on déduit :

$\overrightarrow{A'G} = \dfrac{1}{3}\,\overrightarrow{A'A}$.

10 *Première méthode :*

Pour tout point M du plan, on a :

$(3 + 5 - 4)\overrightarrow{MG}$
$= 3\overrightarrow{MA} + 5\overrightarrow{MB} - 4\overrightarrow{MC}$.

En prenant $M = A$, on obtient : $\overrightarrow{AG} = \frac{5}{4}\overrightarrow{AB} - \overrightarrow{AC}$, d'où une construction de G : on construit K tel que $\overrightarrow{AK} = \frac{5}{4}\overrightarrow{AB}$, puis $\overrightarrow{KG} = \overrightarrow{CA}$.

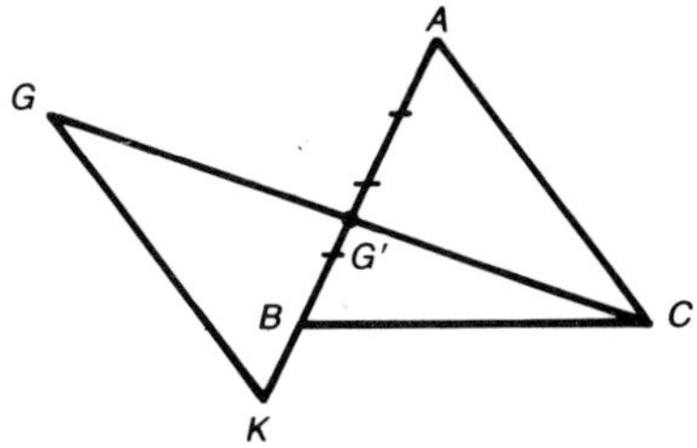

Deuxième méthode :

Soit G' le barycentre partiel du système $(A, 3)$; $(B, 5)$. On a : $\overrightarrow{AG'} = \frac{5}{8}\overrightarrow{AB}$. On sait que G est alors le barycentre du système : $(G', 3 + 5)$; $(C, -4)$, donc aussi du système $(G', 2)$; $(C, -1)$, d'où : $\overrightarrow{G'G} = -\overrightarrow{G'C}$.

Nous vous conseillons de faire vous-mêmes une autre construction de G. *Par exemple, construisez le barycentre partiel* G″ *du système* (B, 5) ; (C, − 4), *puis le barycentre* G *du système* (A, 3) ; (G″, 5 − 4).

11 Observons que s'il y a solution, alors $a + b + c \neq 0$.

Première méthode :

— Supposons que le barycentre G' du système (B, b) ; (C, c), existe. Alors D est le barycentre du système (A, a) ; $(G', b + c)$. Comme D appartient à (AG') et que G' appartient à (BC), G' est le milieu O du segment $[BC]$, donc $b = c$. On peut alors prendre $b = c = 1$, et D est le barycentre du système (A, a) ; $(O, 2)$, donc :

$\overrightarrow{AD} = \frac{2}{a+2}\overrightarrow{AO}$. Or, $\overrightarrow{AD} = 2\overrightarrow{AO}$, d'où : $\frac{2}{a+2} = 2$, ce qui donne $a = -1$.

Conclusion : D est le barycentre du système $(A, -1)$; $(B, 1)$; $(C, 1)$ et, plus généralement, du système (A, k) ; $(B, -k)$; $(C, -k)$, où : $k \in \mathbb{R}^*$.

— Montrons que si G' n'existe pas, c'est-à-dire si $c = -b$, alors le barycentre G du système (A, a) ; (B, b) ; $(C, -b)$ ne peut être D. En effet, pour tout point M du plan, on a : $(a + b - b)\overrightarrow{MG} = a\overrightarrow{MA} + b\overrightarrow{MB} - b\overrightarrow{MC}$. En prenant $M = A$, on obtient $\overrightarrow{AG} = \frac{b}{a}\overrightarrow{CB}$, et G appartient à la parallèle à (BC) passant par A.

Deuxième méthode :

Rapportons le plan au repère $(A, \overrightarrow{AB}, \overrightarrow{AC})$. Dans ce repère, les coordonnées des points A; B; C; D sont respectivement $(0,0)$; $(1,0)$; $(0,1)$; $(1,1)$. Le point D est le barycentre du système (A, a) ; (B, b) ; (C, c) si, et seulement si, on a les égalités (*cf.* coordonnées du barycentre) :

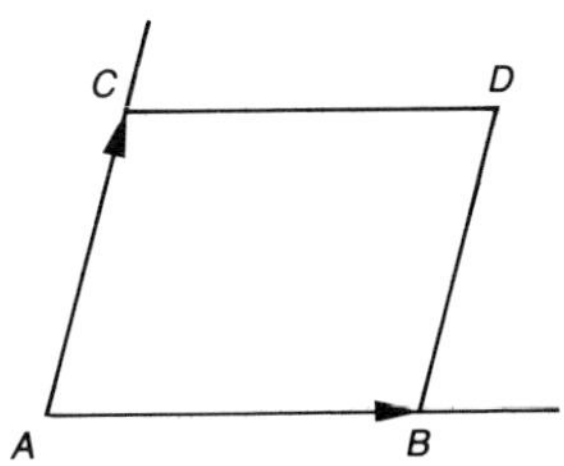

$$1 = \frac{(a \times 0) + (b \times 1) + (c \times 0)}{a + b + c} \quad (1) \quad ; \quad 1 = \frac{(a \times 0) + (b \times 0) + (c \times 1)}{a + b + c} \quad (2)$$

$(1) \iff a + b + c = b \iff a + c = 0 \qquad (2) \iff a + b + c = c \iff a + b = 0.$

On en déduit : $c = -a$ et $b = -a$, d'où : $(a, b, c) = (k, -k, -k)$, avec $k \in \mathbb{R}^*$ (car $a + b + c \neq 0$).

12 On sait que G est le barycentre du système $(A, 1); (B, 1); (C, 1); (D, 1)$. Le point I est le barycentre du système $(A, 1)$; $(B, 1)$ et le point K est le barycentre $(C, 1); (D, 1)$, donc G est le barycentre du système $(I, 1 + 1)$; $(K, 1 + 1)$, ce qui prouve que G est le milieu de $[IK]$. On démontre, de même, que G est le milieu de $[LI]$.

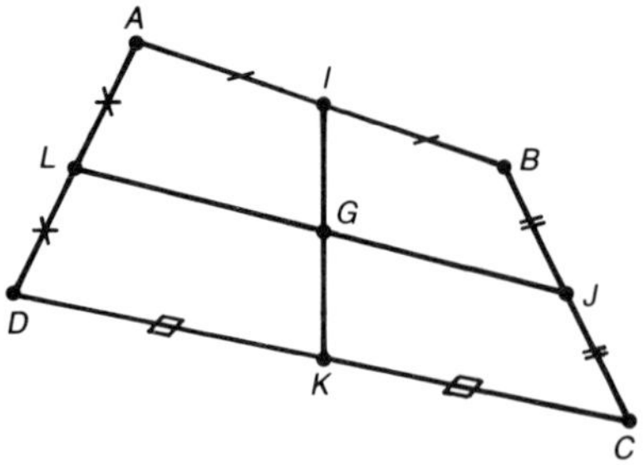

13 *Première méthode :*

Pour tout point M du plan, on a :

$(1 + 1 + 1 - 2)\overrightarrow{MG} = \overrightarrow{MA} + \overrightarrow{MB} + \overrightarrow{MC} - 2\overrightarrow{MD}$.

En prenant $M = D$, on obtient :

$\overrightarrow{DG} = \overrightarrow{DA} + \overrightarrow{DB} + \overrightarrow{DC}$. On construit I tel que :

$\overrightarrow{DI} = \overrightarrow{DA} + \overrightarrow{DB}$, puis : $\overrightarrow{IG} = \overrightarrow{DC}$.

Deuxième méthode :

Soit G' le barycentre partiel du système $(A, 1)$; $(B, 1)$; $(C, 1)$.

On sait que G est le barycentre du système $(G', 3)$; $(D, -2)$,

d'où : $\overrightarrow{DG} = 3\overrightarrow{DG'}$.

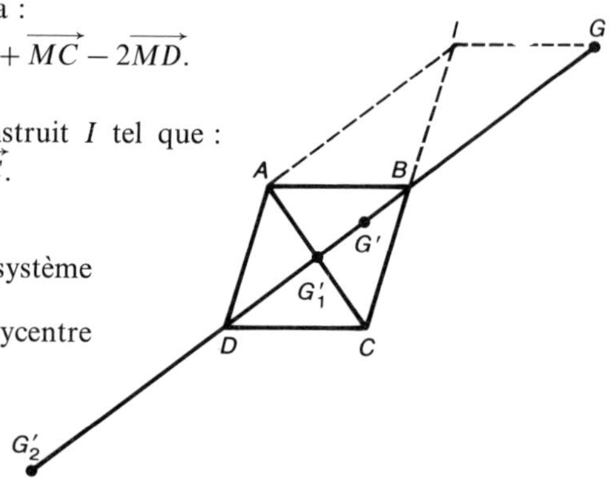

G′ est le centre de gravité du triangle ABC. *Démontrez que la dernière égalité vectorielle détermine le même point* G *que celui qui a été obtenu avec la première méthode.*

Troisième méthode :

Soit G'_1 le barycentre partiel du système $(A, 1)$; $(C, 1)$ (G'_1 est le milieu de $[AC]$) et G'_2 le barycentre partiel du système $(B, 1)$; $(D, -2)$ (on a : $\overrightarrow{DG'_2} = -\overrightarrow{DB}$). On sait que G est le barycentre du système $(G'_1, 1 + 1)$; $(G'_2, 1 - 2)$. On a donc : $\overrightarrow{G'_1G} = -\overrightarrow{G'_1G'_2}$.

Démontrez que le point G *défini par la dernière égalité vectorielle est bien le même que celui qui a été obtenu avec la première méthode.*

14 1° **Construction de I**

$\overrightarrow{AI} = \frac{3}{5}\overrightarrow{AB}.$

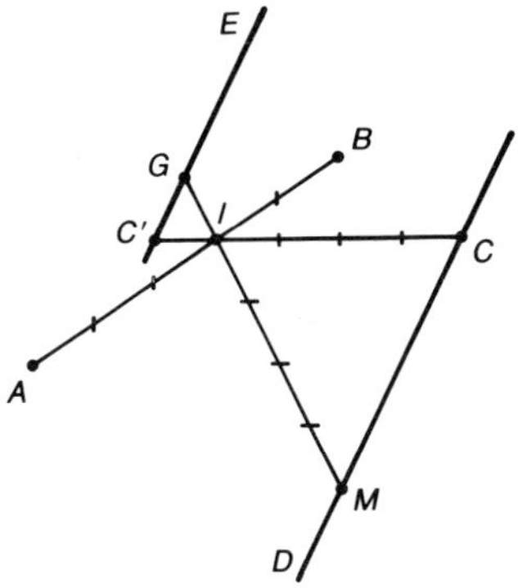

2° **Égalité vectorielle $\overrightarrow{IG} = \ldots\overrightarrow{IM}$**

On sait que G est le barycentre du système $(I, 2+3)$; $(M, -1)$, d'où :

$\overrightarrow{IG} = -\frac{1}{4}\overrightarrow{IM}.$

3° **Ensemble E**

D'après **2°**, G est l'image de M dans l'homothétie de centre I et de rapport $-\frac{1}{4}$, donc E est l'image de D dans cette homothétie.

Construction de E

Soit C un point de D et C' son image dans l'homothétie considérée $\left(\overrightarrow{IC'} = -\frac{1}{4}\overrightarrow{IC}\right)$. La droite E est la parallèle à D passant par C'.

15 1° **Construction de I**

$\overrightarrow{AI} = -\frac{1}{3}\overrightarrow{AB}.$

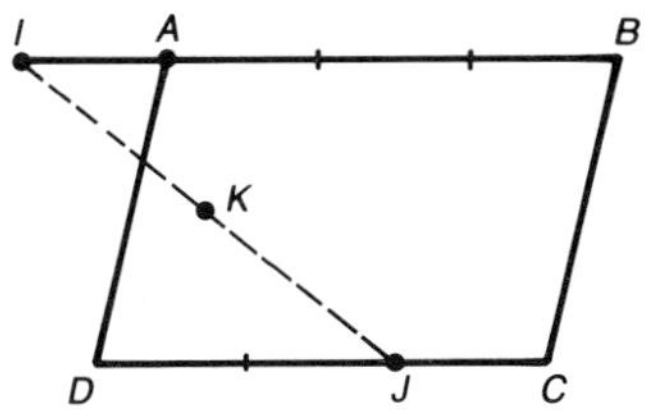

2° **Construction de J**

$\overrightarrow{CJ} = \frac{1}{3}\overrightarrow{CD}.$

3° a) **Ensemble E_1**

On a : $\vec{u} = (4-1)\overrightarrow{MI}$ et $\vec{v} = (2+1)\overrightarrow{MJ}$, d'où : $\vec{u} = 3\overrightarrow{MI}$ (1) ; $\vec{v} = 3\overrightarrow{MJ}$ (2) ; ($\vec{u}$ et $\vec{v}$ colinéaires) $\Longleftrightarrow$ ($\overrightarrow{MI}$ et $\overrightarrow{MJ}$ colinéaires) $\Longleftrightarrow$ $(M \in (IJ))$.
L'ensemble E_1 est la droite (IJ);

b) **Ensemble E_2**

D'après les égalités (1) et (2) : $M \in E_2 \Longleftrightarrow \overrightarrow{MI} = \overrightarrow{MJ}$. Cette dernière égalité n'est satisfaite pour aucun point M, donc : $E_2 = \varnothing$.

c) **Ensemble E_3**

D'après les égalités (1) et (2) : $M \in E_3 \Longleftrightarrow \overrightarrow{MI} = -\overrightarrow{MJ}$, donc : $E_3 = \{K\}$, en désignant par K le milieu de $[IJ]$;

d) **Ensemble E_4**

D'après les égalités (1) et (2) :

$M \in E_4 \Longleftrightarrow \|3\overrightarrow{MI}\| = \|3\overrightarrow{MJ}\| \Longleftrightarrow 3 \times MI = 3 \times MJ \Longleftrightarrow MI = MJ,$

donc E_4 est la médiatrice du segment $[IJ]$.

15 PRODUIT SCALAIRE DANS LE PLAN

- **Définition du produit scalaire**
- **Repères orthonormaux**
- **Orthogonalité dans le plan**

Définition du produit scalaire

- Soit deux vecteurs non nuls $\vec{u}$ et $\vec{v}$ du plan. On appelle O, A et B trois points du plan P tels que $\overrightarrow{OA} = \vec{u}$ et $\overrightarrow{OB} = \vec{v}$.

On appelle H le projeté orthogonal de B sur la droite (OA).

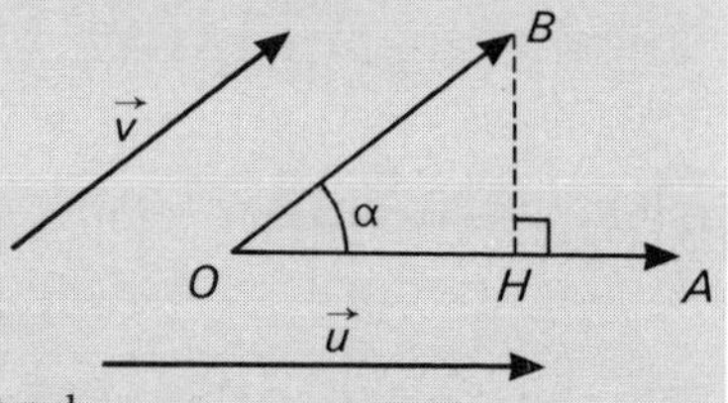

Par définition, le produit scalaire de $\vec{u}$ par $\vec{v}$ est le produit des valeurs algébriques $\overline{OA}.\overline{OH}$.

Si l'un des vecteurs est nul le produit scalaire est nul.

On note : $\vec{u}.\vec{v} = \overline{OA}.\overline{OH}$.

Autre expression du produit scalaire

Si α est une mesure de l'angle $(\vec{u}, \vec{v})$, on démontre que $\vec{u}.\vec{v} = \|\vec{u}\|\,\|\vec{v}\| \cos \alpha$

- *Propriétés du produit scalaire*

$\vec{u}$, $\vec{v}$ et $\vec{w}$ étant trois vecteurs quelconques et k un réel, le produit scalaire vérifie les propriétés suivantes :

. $\vec{u}.\vec{v} = \vec{v}.\vec{u}$

. $\vec{u}.(\vec{v} + \vec{w}) = \vec{u}.\vec{v} + \vec{u}.\vec{w}$

. $k\vec{u}.\vec{v} = k(\vec{u}.\vec{v})$

Repères orthonormaux

Deux vecteurs sont dits orthogonaux si et seulement si leur produit scalaire est nul.

$(O, \vec{i}, \vec{j})$ est un **repère orthonormal** si et seulement si les vecteurs $\vec{i}$ et $\vec{j}$ sont unitaires et orthogonaux :

$$\begin{cases} \|\vec{i}\| = \|\vec{j}\| = 1 \\ \vec{i}\,.\,\vec{j} = 0 \end{cases}$$

Si dans une base orthonormale $\vec{u}$ et $\vec{v}$ ont pour coordonnées $\vec{u}\,(x, y)$ et $\vec{v}\,(x', y')$, le produit scalaire de $\vec{u}$ par $\vec{v}$ est $\boldsymbol{\vec{u}\,.\,\vec{v} = xx' + yy'}$ et la norme de $\vec{u}$ est $\boldsymbol{\|\vec{u}\| = \sqrt{x^2 + y^2}}$

On en déduit la valeur du cosinus d'une mesure α de l'angle $(\vec{u}, \vec{v})$.

$$\cos \alpha = \frac{\vec{u}\,.\,\vec{v}}{\|\vec{u}\|.\|\vec{v}\|} = \frac{xx' + yy'}{\sqrt{x^2 + y^2}\,\sqrt{x'^2 + y'^2}}$$

Orthogonalité dans le plan

Dans tout ce paragraphe le plan est rapporté à un repère orthonormal $(O, \vec{i}, \vec{j})$.

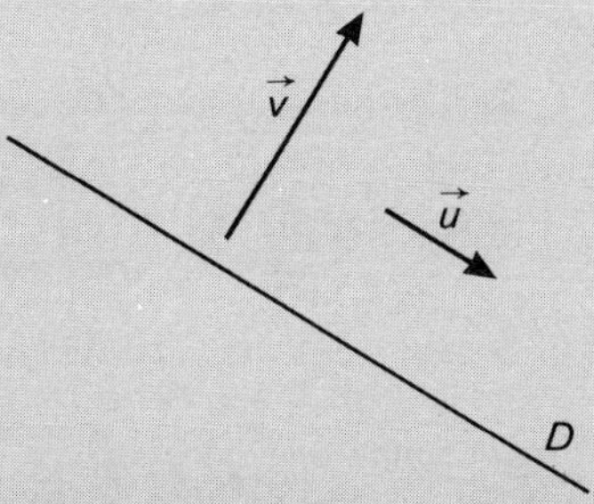

Soit D une droite d'équation cartésienne $ax + by + c = 0$.

Un vecteur directeur de D est $\vec{u}\,(-b, a)$.

Un vecteur normal de D est $\vec{v}\,(a, b)$ (on appelle vecteur normal de D tout vecteur non nul orthogonal à $\vec{u}$).

- Deux droites D et D' d'équations cartésiennes $ax + by + c = 0$ et $a'x + b'y + c' = 0$ sont orthogonales si et seulement si leurs vecteurs directeurs sont orthogonaux, c'est-à-dire si et seulement si $aa' + bb' = 0$.

- La distance d'un point $M(x_0, y_0)$ à la droite d'équation cartésienne $ax + by + c = 0$ est $\dfrac{|ax_0 + by_0 + c|}{\sqrt{a^2 + b^2}}$.

- **La distance des deux points** $A\,(x_A, y_A)$ et $B\,(x_B, y_B)$ est donnée par :

$d(A, B) = \sqrt{(x_B - x_A)^2 + (y_B - y_A)^2}$

Équation de cercle : le cercle C de centre I et de rayon R est l'ensemble des points M situés à la distance R de I.

1° Si I a pour coordonnées (a, b), M appartient à C lorsque :

$(x - a)^2 + (y - b)^2 = R^2$

2° Réciproquement : soit l'équation $x^2 + y^2 - 2ax - 2by + c = 0$ (1) avec $a^2 + b^2 - c \geqslant 0$.

(1) $\Leftrightarrow$ $(x - a)^2 + (y - b)^2 = a^2 + b^2 - c$.

L'ensemble E des points M vérifiant (1) est le cercle de centre $I(a, b)$ et de rayon $\sqrt{a^2 + b^2 - c}$.

Remarque : M *appartient au cercle de diamètre* [AB] *si et seulement si le produit scalaire* $\overrightarrow{MA}.\overrightarrow{MB}$ *est nul.*

■ Définition du produit scalaire

1 Déterminez le produit scalaire de deux vecteurs $\vec{u}$ et $\vec{v}$ de norme $\frac{1}{3}$ et 6 et de mesure d'angle $\frac{\pi}{3}$ rd.

2 On considère un triangle ABC tel que $AB = 4$ cm, $AC = 3{,}5$ cm et $\widehat{BAC} = 45°$. Déterminez le produit scalaire $\overrightarrow{AB}.\overrightarrow{AC}$. Déduisez-en les produits scalaires $\overrightarrow{BA}.\overrightarrow{AC}$, $\overrightarrow{AC}.\overrightarrow{AB}$ et $\overrightarrow{BA}.\overrightarrow{CA}$.

3 Sachant que la distance de A à B est $2\sqrt{5}$, que la distance de B à C est $\frac{\sqrt{5}}{3}$ et que le produit scalaire $\overrightarrow{BA}.\overrightarrow{BC}$ est $\frac{5\sqrt{3}}{3}$, déterminez le cosinus de l'angle $\widehat{ABC}$.

4 Déterminez le travail de la force $\vec{F}$ sur le point M entre O et I.
On donne $\begin{cases} \|\vec{F}\| = 50 \text{ N} \\ OI = 2{,}50 \text{ m} \\ \alpha = 20° \end{cases}$

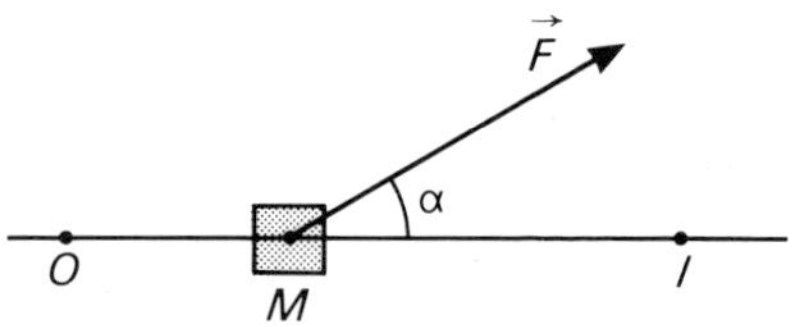

Rappelez-vous que, par définition, le travail de la force $\vec{\mathrm{F}}$ *entre* O *et* I *est le produit scalaire* $\vec{\mathrm{F}}.\overrightarrow{\mathrm{OI}}$.

5 Déterminez le travail nécessaire pour faire avancer sur 500 m une remorque tractée par un câble faisant un angle de 25° avec la direction du mouvement. La force de traction est de 500 N.

6 Soit deux vecteurs $\vec{u}$ et $\vec{v}$. Calculez les produits scalaires suivants :
$(2\vec{u}+\vec{v})(\vec{u}-\vec{v})$; $(3\vec{u}-2\vec{v})^2$; $(\vec{u}+\vec{v})(\vec{u}-\vec{v})$ sachant que la norme de $\vec{u}$ est 2, celle de $\vec{v}$ est 1 et que les vecteurs $\vec{u}$ et $\vec{v}$ sont orthogonaux.

7 Une boule électrisée M, suspendue à une tige fixée en O, parcourt l'arc de cercle $\overset{\frown}{AB}$ situé dans un champ électrique horizontal $\vec{E}$ de norme 10^2 V/m. La boule M porte une charge de 2×10^{-6} coulombs. Quel est le travail mis en jeu par les forces électriques au cours de ce déplacement ?

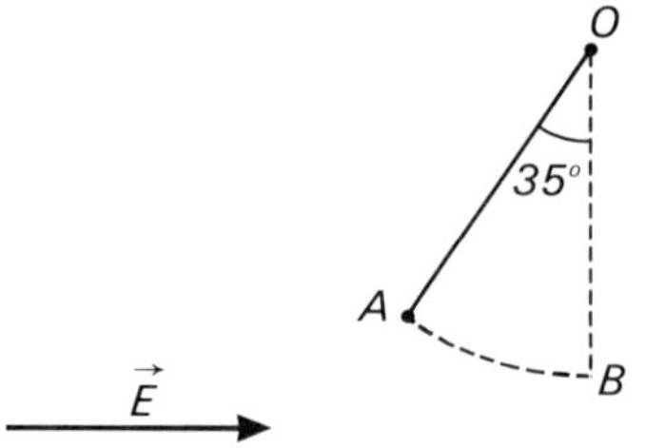

8 Montrez que quels que soient les points A, B, C du plan euclidien :
$\overrightarrow{MA}.\overrightarrow{BC}+\overrightarrow{MB}.\overrightarrow{CA}+\overrightarrow{MC}.\overrightarrow{AB} = 0$. Déduisez-en que dans un triangle, les hauteurs sont concourantes.

▪ Repères orthonormaux

Dans tout ce paragraphe, on considère un repère $(O, \vec{i}, \vec{j})$ orthonormal.

9 Déterminez les valeurs de a pour lesquelles les vecteurs $\vec{u}$ et $\vec{v}$ suivants forment une base orthogonale :

1° $\vec{u}(2, -1)$ et $\vec{v}(a, 3)$

2° $\vec{u}(2a, 1)$ et $\vec{v}(a, -2a)$

3° $\vec{u}(a^2 + a, -6)$ et $\vec{v}(2, 4)$.

10 Déterminez les vecteurs unitaires et orthogonaux à $\vec{u}\left(\frac{1}{2}, \frac{\sqrt{3}}{2}\right)$

11 Déterminez les vecteurs unitaires et colinéaires à $\vec{u}(-1, 3)$

12 Calculez le cosinus d'une mesure de l'angle $(\widehat{\vec{u}, \vec{v}})$ dans les cas suivants :

1° $\vec{u}(2, 3)$ et $\vec{v}(-3, 5)$

2° $\vec{u}(0, 4)$ et $\vec{v}(62, 0)$

3° $\vec{u}(1, -5)$ et $\vec{v}(-3, 15)$

4° $\vec{u}\left(2, -\frac{1}{2}\right)$ et $\vec{v}\left(1, -\frac{1}{4}\right)$

13 On considère les points A, B, C, D définis par :
$A(1, 1)$; $B(2, 3)$; $C(6, 1)$ et $D(5, -1)$

Calculez les produits scalaires $\overrightarrow{AB}.\overrightarrow{AC}$ et $\overrightarrow{CB}.\overrightarrow{CD}$.

Déterminez les normes $\|\overrightarrow{AB}\|$, $\|\overrightarrow{BC}\|$, $\|\overrightarrow{CD}\|$, $\|\overrightarrow{DA}\|$.
Que pouvez-vous en conclure pour le quadrilatère $ABCD$?

14 On considère trois points A, B, C définis par :
$\overrightarrow{OA} = \overrightarrow{2i} + \vec{j}$, $\overrightarrow{OB} = \overrightarrow{4i}$ et $\overrightarrow{OC} = \overrightarrow{ai} + \overrightarrow{bj}$.
Déterminez a et b pour que le triangle A, B, C soit équilatéral.

▪ Orthogonalité dans le plan

Dans tout ce paragraphe le plan est rapporté à un repère orthonormal $(O, \vec{i}, \vec{j})$.

15 Déterminez une équation de la droite D' orthogonale à D et passant par le point A :

1° $D : y = -2x + 1$ $\quad A(3, 1)$

2° $D : y = \frac{1}{2}x - 3$ $\quad A(\sqrt{2}, -\sqrt{2})$

3° $D : 2x - 4y + 5 = 0$ $\quad A\left(\frac{1}{2}, \frac{1}{2}\right)$

16 Déterminez une équation de la médiatrice Δ du segment $[A, B]$:
1° $A(0, 0)$ et $B(0, 5)$
2° $A(0, 2)$ et $B(0, -4)$
3° $A\left(\frac{1}{2}, \frac{7}{2}\right)$ et $B\left(-1, \frac{9}{2}\right)$

17 Déterminez la distance du point A à la droite D :

1° $A(1, -3)$ et $D : y = 2x - 3$

2° $A\left(-\frac{1}{2}, \frac{3}{2}\right)$ et $D : x - 2y + 1 = 0$

3° $A(\sqrt{2}, -1)$ et $D : x\sqrt{2} + 3y = 0$

18 Déterminez m pour que les droites D et D' soient perpendiculaires :

1° $D : y = 2x + 1$ et $D' : y = 2mx + 5$

2° $D : 3x - my + 4 = 0$ et $D' : -2x + 3y + 1 = 0$

19 Trouvez les coordonnées du projeté orthogonal H du point A sur la droite D :

1° $D : 2x + y - 3 = 0$ et $A(3, 2)$

2° $D : y = -3x + 1$ et $A(0, 0)$

3° $D : -x + 2y = 0$ et $A\left(\sqrt{5}, \frac{\sqrt{5}}{2}\right)$

20 Trouvez une équation cartésienne du cercle de centre $I\left(\frac{3}{2}, -\frac{1}{2}\right)$ et de rayon $R = 1$.

21 Trouvez une équation cartésienne du cercle de diamètre $[A, B]$ avec $A(1, 0)$ et $B(3, 3)$.

22 Trouvez une équation cartésienne du cercle de centre $I(1, -1)$ et passant par O.

23 Trouvez une équation cartésienne du cercle circonscrit au triangle ABC.
$A(-1, -1)$, $B(0, -2)$ et $C(3, 1)$.
(Montrez d'abord que le triangle est rectangle.)

24 Trouvez une équation cartésienne du cercle de centre $A(3, 0)$ et tangent à la droite D d'équation $y = x$.

25 Précisez les coordonnées du centre et le rayon des cercles d'équations :

1° $C_1 : x^2 + y^2 - 2x + 6y - 6 = 0$

2° $C_2 : x^2 + y^2 + x = 0$

3° $C_3 : x^2 + y^2 - 3x + 2y + \frac{13}{4} = 0$

PROBLÈMES

26 Dans un repère orthonormal $(O, \vec{i}, \vec{j})$ on considère les points $A(3, 6)$, $B(0, 1)$ et $C(7, 1)$.

1° Déterminez une équation cartésienne de chacune des hauteurs du triangle ABC.

2° Déduisez-en les coordonnées de l'orthocentre H, c'est-à-dire le point d'intersection des trois hauteurs du triangle.

3° Déterminez une équation cartésienne de chacune des trois médiatrices.

4° Trouvez alors les coordonnées de leur point d'intersection Ω.

5° Déterminez une équation cartésienne de chacune des trois médianes.

6° Trouvez alors les coordonnées du centre de gravité G.

7° Démontrez que G, H, Ω sont alignés.

27 Le plan est rapporté à un repère orthonormal d'axes $x'Ox$ et $y'Oy$.

1° On considère les points $A(1, 1)$, $B(-3, -1)$, $C(0, -2)$ et $I(-2, 0)$. Donnez une équation cartésienne du cercle (Γ) circonscrit au triangle ABC.

2° Soit D le point d'intersection du cercle avec la droite (CI). Calculez les coordonnées de D.

3° Déterminez les coordonnées du point d'intersection K de (AB) avec (DC). En utilisant l'expression analytique du produit scalaire $\overrightarrow{KA}.\overrightarrow{KB}$, démontrez que $\overline{KA}.\overline{KB} = \overline{KC}.\overline{KD}$.

4° Si L est le point d'intersection de (AC) avec (BD), démontrez en utilisant une expression géométrique du produit scalaire $\overrightarrow{LA}.\overrightarrow{LB}$ que $\overline{LC}.\overline{LA} = \overline{LB}.\overline{LD}$.

28 On considère dans un repère orthonormal $(O, \vec{i}, \vec{j})$ le cercle (C) d'équation : $x^2 + y^2 - 2x + 4y = 0$.

1° Tracez le cercle (C). Déterminez les coordonnées du centre et le rayon de (C). Montrez que le point $A(2, 0)$ appartient à (C).

2° Donnez une équation de la tangente Δ en A au cercle (C).

3° Déterminez les coordonnées du point d'intersection I de Δ avec l'axe des ordonnées.

4° On appelle D_m une droite passant par I et de coefficient directeur m. Donnez une équation cartésienne de D_m.

5° Déterminez les valeurs de m pour lesquelles ils existent des points d'intersection M_1 et M_2 entre (C) et D_m.

6° Calculez $\overline{IM_1}.\overline{IM_2}$. Que pouvez-vous en conclure ?

SOLUTIONS DES EXERCICES

1 Par définition

$$\vec{u}.\vec{v} = \|\vec{u}\|\,\|\vec{v}\|\cos(\vec{u},\ \vec{v}) = \frac{1}{3} \times 6 \times \cos\frac{\pi}{3} = 1.$$

2 $\overrightarrow{AB}.\overrightarrow{AC} = AB.AC\cos\widehat{BAC} = 4 \times 3{,}5 \times \cos 45° = 7\sqrt{2}$

Le produit scalaire étant commutatif $\overrightarrow{AC}.\overrightarrow{AB} = \overrightarrow{AB}.\overrightarrow{AC}$ et

$\overrightarrow{BA}.\overrightarrow{CA} = (-\overrightarrow{AB}).(-\overrightarrow{AC}) = \overrightarrow{AB}.\overrightarrow{AC}.$

3 $\overrightarrow{BA}.\overrightarrow{BC} = BA.BC.\cos\widehat{ABC} \Rightarrow \cos\widehat{ABC} = \dfrac{\overrightarrow{BA}.\overrightarrow{BC}}{BA.BC}$

$$\cos\widehat{ABC} = \frac{\dfrac{5\sqrt{3}}{3}}{2\sqrt{5} \times \dfrac{\sqrt{5}}{3}} = \frac{\sqrt{3}}{2}.$$

4 Le travail d'une force est le produit scalaire du vecteur force par le vecteur déplacement.

$W = \vec{F}.\overrightarrow{OI} = \|\vec{F}\|\,\|\overrightarrow{OI}\|\cos(\vec{F},\ \overrightarrow{OI}) = 50 \times 2{,}50 \times \cos 20° \simeq 117{,}46$ joules.

5 Le travail nécessaire pour faire avancer la remorque est $500 \times 500 \times \cos 25°$, c'est-à-dire $2{,}27 \times 10^5$ joules.

6 On a $\|\vec{u}\| = 2$, $\|\vec{v}\| = 1$ et $\vec{u}.\vec{v} = 0$. Donc $\vec{u}^2 = 4$ et $\vec{v}^2 = 1$
En utilisant les propriétés du produit scalaire, on développe les expressions données :

$(2\vec{u} + \vec{v})(\vec{u} - \vec{v}) = 2\vec{u}^2 - \vec{v}^2 - \vec{u}.\vec{v} = 7$

$(3\vec{u} - 2\vec{v})^2 = 9\vec{u}^2 + 4\vec{v}^2 - 12\vec{u}.\vec{v} = 40$

$(\vec{u} + \vec{v})(\vec{u} - \vec{v}) = \vec{u}^2 - \vec{v}^2 = 3.$

7 Soit H le projeté orthogonal de A sur la droite (OB). Le travail des forces électriques est

$W = q\vec{E}.\overrightarrow{AH} = q\vec{E}.AO\sin 35°$
$W = 2 \times 10^{-6} \times 10^{-2} \times 0{,}50 \times \sin 35°$
$W \simeq 5{,}74 \times 10^{-5}$ joules

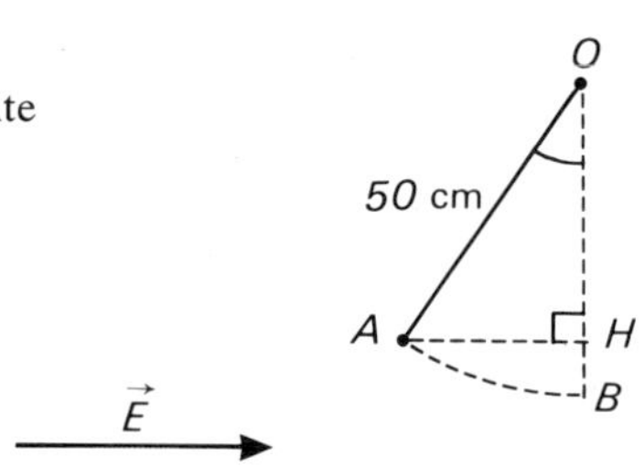

8 Utilisons la relation de Chasles pour décomposer les vecteurs $\overrightarrow{MB}$ et $\overrightarrow{MC}$.

$a = \overrightarrow{MA}.\overrightarrow{BC} + \overrightarrow{MB}.\overrightarrow{CA} + \overrightarrow{MC}.\overrightarrow{AB} = \overrightarrow{MA}.\overrightarrow{BC} +$

$(\overrightarrow{MA} + \overrightarrow{AB}).\overrightarrow{CA} + (\overrightarrow{MA} + \overrightarrow{AC}).\overrightarrow{AB}$

$a = \overrightarrow{MA}.(\overrightarrow{BC} + \overrightarrow{CA} + \overrightarrow{AB}) + \overrightarrow{AB}.\overrightarrow{CA} + \overrightarrow{AC}.\overrightarrow{AB} = 0$

Soit D_1 et D_2 les hauteurs issues de A et de B dans le triangle ABC. On appelle M le point d'intersection de D_1 avec D_2 .

$M \in D_1 \Rightarrow \overrightarrow{MA}.\overrightarrow{BC} = 0$

$M \in D_2 \Rightarrow \overrightarrow{MB}.\overrightarrow{CA} = 0$

En utilisant la relation précédemment démontrée, on obtient $\overrightarrow{MC}.\overrightarrow{AB} = 0$. Ceci prouve que (MC) est orthogonal à (AB), c'est-à-dire que (MC) est la hauteur issue de C. M est donc le point de concours des trois hauteurs, appelé orthocentre du triangle.

9 Une base orthogonale est une base où les vecteurs sont orthogonaux.

1° $\vec{u}.\vec{v} = 2a - 3 \quad ; \vec{u} \perp \vec{v} \quad \Leftrightarrow \quad a = \dfrac{3}{2}$

2° $\vec{u}.\vec{v} = 2a^2 - 2a \ ; \vec{u} \perp \vec{v} \quad \Leftrightarrow \quad a = 0 \quad$ ou $a = +1$.

La valeur 0 est à rejeter, les vecteurs $\vec{u}$ et $\vec{v}$ seraient alors nuls.

3° $\vec{u}.\vec{v} = 2a^2 + 2a - 24$

$\Delta = 4 + 4 \times 2 \times 24 = 14^2 \qquad \vec{u} \perp \vec{v} \quad \Leftrightarrow \quad a = 3$ ou $a = -4$.

10 Soit (x, y) les coordonnées d'un vecteur $\vec{v}$ unitaire et orthogonal à $\vec{u}$.

On a les relations $\begin{cases} x^2 + y^2 = 1 \\ \dfrac{1}{2}x + \dfrac{\sqrt{3}}{2}y = 0 \end{cases} \Leftrightarrow \begin{cases} y^2 + 3y^2 = 1 \\ x = -y\sqrt{3} \end{cases}$

Les solutions sont $\vec{v}_1\left(-\dfrac{\sqrt{3}}{2}, \dfrac{1}{2}\right)$ et $\vec{v}_2\left(\dfrac{\sqrt{3}}{2}, -\dfrac{1}{2}\right)$

On peut remarquer – et c'était prévisible – que $\vec{v}_2 = -\vec{v}_1$.

11 Soit x et y les coordonnées d'un vecteur $\vec{v}$ unitaire et colinéaire à $\vec{u}$.

. $\det(\vec{u}, \vec{v}) = 0 \quad \Leftrightarrow \quad -y - 3x = 0$

. $\|\vec{v}\| = 1 \quad \Leftrightarrow \quad x^2 + y^2 = 1.$

On obtient alors $\begin{cases} y = -3x \\ 10x^2 = 1 \end{cases}$

Les solutions cherchées sont $\vec{v}_1\left(\dfrac{\sqrt{10}}{10}, \dfrac{-3\sqrt{10}}{10}\right)$ et $\vec{v}_2\left(-\dfrac{\sqrt{10}}{10}, \dfrac{3\sqrt{10}}{10}\right)$

12 Le cosinus de la mesure de l'angle est obtenu à partir du produit scalaire :

$$\cos(\widehat{\vec{u}, \vec{v}}) = \frac{\vec{u}.\vec{v}}{\|\vec{u}\|.\|\vec{v}\|}$$

1° $\cos(\widehat{\vec{u}, \vec{v}}) = \dfrac{9}{\sqrt{13}\,\sqrt{34}} = \dfrac{9\sqrt{442}}{442}$

2° $\cos(\widehat{\vec{u}, \vec{v}}) = 0$ les vecteurs sont orthogonaux.

3° $\cos(\widehat{\vec{u}, \vec{v}}) = \dfrac{-78}{\sqrt{26}\,\sqrt{234}} = \dfrac{-78}{\sqrt{6084}} = -1$ Les vecteurs sont colinéaires et de sens opposés.

4° $\cos(\widehat{\vec{u}, \vec{v}}) = \dfrac{\dfrac{17}{8}}{\sqrt{\dfrac{17}{4}} \cdot \sqrt{\dfrac{17}{4}}} = 1.$ Les vecteurs sont colinéaires et de même sens.

13 Les composantes des vecteurs $\overrightarrow{AB}$, $\overrightarrow{AD}$, $\overrightarrow{CB}$ et $\overrightarrow{CD}$ sont respectivement :

$\overrightarrow{AB}(1, 2)$, $\overrightarrow{AD}(4, -2)$, $\overrightarrow{CB}(-4, 2)$ et $\overrightarrow{CD}(-1, -2)$.

$\overrightarrow{AB}.\overrightarrow{AD} = 0$ et $\overrightarrow{CB}.\overrightarrow{CD} = 0$.

$\|\overrightarrow{AB}\| = \sqrt{5}$ $\quad \|\overrightarrow{BC}\| = 2\sqrt{5}$

$\|\overrightarrow{CD}\| = \sqrt{5}$ $\quad \|\overrightarrow{AD}\| = 2\sqrt{5}$

Le quadrilatère $ABCD$ ayant deux angles droits et des côtés opposés égaux deux à deux est un rectangle.

14 Pour que le triangle ABC soit équilatéral, il faut et suffit que $AB = BC = CA$.
On doit avoir $\sqrt{5} = \sqrt{(a-4)^2 + b^2} = \sqrt{(a-2)^2 + (b-1)^2}$

On obtient le système suivant :

$$\begin{cases} a^2+b^2-8a+11=0 \\ a^2+b^2-4a-2b+5=a^2+b^2-8a+16 \end{cases} \quad (1)$$

$$(1) \Leftrightarrow \begin{cases} a^2 + \left(2a - \dfrac{11}{2}\right)^2 - 8a + 11 = 0 \quad (2) \\ b = 2a - \dfrac{11}{2} \end{cases}$$

L'équation (2) est équivalente à $4a^2 - 24a + 33 = 0$

$$\Delta = 48 \quad \begin{cases} a_1 = \dfrac{6+\sqrt{3}}{2} \\ b_1 = \dfrac{1+2\sqrt{3}}{2} \end{cases} \quad \text{et} \quad \begin{cases} a_2 = \dfrac{6-\sqrt{3}}{2} \\ b_2 = \dfrac{1-2\sqrt{3}}{2} \end{cases}$$

Il existe deux points C_1 *et* C_2 *répondant à la question.*
C_1 *et* C_2 *sont symétriques par rapport à la droite* (AB) (C_1AC_2B *est un losange*).

15 Deux droites : $D : y = ax + b$ et $D' : y = a'x + b'$ sont orthogonales si et seulement si $aa' = -1$.

1° D' a une équation de la forme $y = \frac{1}{2}x + b$.

A appartient à D', donc $\quad 1 = \frac{3}{2} + b$

Une équation de D' est $y = \frac{1}{2}x - \frac{1}{2}$.

2° Une démarche analogue donne $D' : y = -2x + \sqrt{2}$

3° D admet pour vecteur orthogonal le vecteur $\vec{u}(2, -4)$

Un point M appartient à D' si et seulement si $\overrightarrow{AM}$ et $\vec{u}$ sont colinéaires.

$$\det(\overrightarrow{AM}, \vec{u}) = \begin{vmatrix} x - \frac{1}{2} & 2 \\ y - \frac{1}{2} & -4 \end{vmatrix} = 0$$

$D' : -4x - 2y + 3 = 0$.

16 **1°** La médiatrice Δ du segment $[A, B]$ passe par le milieu $I\left(0, \frac{5}{2}\right)$ de (A, B) et admet

$\overrightarrow{AB}$ comme vecteur orthogonal.

Un point M est sur Δ si et seulement si $\overrightarrow{IM}.\overrightarrow{AB} = 0$.

$(x - 0) \times 0 + \left(y - \frac{5}{2}\right) \times 5 = 0$

Δ a pour équation $y = \frac{5}{2}$

2° Un travail analogue donne $\Delta : x = -1$.

3° De même $\qquad \Delta : -\frac{3}{2}x + y - \frac{35}{8} = 0$.

17 **1°** Si D a pour équation $2x - y - 3 = 0$ la distance d'un point $M(x_0, y_0)$ à D est

$\frac{|2x_0 - y_0 - 3|}{\sqrt{2^2 + 1^2}} \qquad d(A, D) = \frac{|2 + 3 - 3|}{\sqrt{5}} = \frac{2\sqrt{5}}{5}$

2° $d(A, D) = \frac{\sqrt{5}}{2}$

3° $d(A, D) = \frac{\sqrt{11}}{11}$.

18 **1°** Si D et D' sont perpendiculaires le produit de leurs coefficients directeurs est -1. $\qquad 2 \times 2m = -1 \iff m = -\frac{1}{4}$

2° D et D' sont perpendiculaires si et seulement si leurs vecteurs orthogonaux sont orthogonaux entre eux.

$\vec{u}(3, -m)$ $\quad \vec{v}(-2, 3)$ $\qquad \vec{u} \perp \vec{v} \Leftrightarrow -6 - 3m = 0$

$$m = -2$$

19 **1°** H projeté orthogonal de A sur D est tel que : $\begin{cases} H \in D \\ \overrightarrow{AH} \perp \vec{u} \end{cases}$

où $\vec{u}$ est un vecteur directeur de D. On obtient le système suivant :

$$\begin{cases} 2x + y - 3 = 0 \\ (x - 3)(-1) + (y - 2) \times 2 = 0 \end{cases}$$

La résolution du système donne $H(1, 1)$.

2° Un travail analogue donne $H\left(\frac{3}{10}, \frac{1}{10}\right)$

3° A appartient à D ; les points H et A sont confondus.

20 $x^2 + y^2 + 3x - y + \frac{3}{2} = 0.$

21 Le point M appartient au cercle de diamètre $[A, B]$ si et seulement si $\overrightarrow{MA}.\overrightarrow{MB} = 0$
$(x - 1)(x - 3) + (y - 0)(y - 3) = 0$
$x^2 + y^2 - 4x - 3y + 3 = 0$

22 Le rayon du cercle est $R = IO = \sqrt{2}$
Une équation du cercle est $x^2 + y^2 - 2x + 2y = 0$

23 Le triangle est rectangle en $B(\overrightarrow{BA}.\overrightarrow{BC} = 0)$.
Il s'agit donc du cercle de diamètre $[A, C]$.
$(x + 1)(x - 3) + (y + 1)(y - 1) = 0$
$x^2 + y^2 - 2x - 4 = 0$

24 Le rayon de ce cercle est la distance de A à la droite.

$$R = d(A, D) = \frac{|3 - 0|}{\sqrt{2}} = \frac{3\sqrt{2}}{2}$$

Une équation du cercle est $\quad x^2 + y^2 - 6x + \frac{9}{2} = 0.$

25 **1°** $C_1 : (x - 1)^2 + (y + 3)^2 = 16.$
Le cercle a pour centre $I(1, -3)$ et pour rayon 4.

2° Il s'agit du cercle de centre $I\left(-\frac{1}{2}, 0\right)$ et pour rayon $\frac{1}{2}$.

3° Il s'agit du cercle de centre $I\left(\frac{3}{12}, -1\right)$ et de rayon 0. C'est un cercle point.

26 1° Équations des trois hauteurs : $\begin{cases} x = 3 \\ 4x - 5y + 5 = 0 \\ -3x - 5y + 26 = 0 \end{cases}$

2° La résolution du système précédent donne $H\left(3, \frac{17}{5}\right)$.

Pour résoudre un système de trois équations à deux inconnues, on résout le système avec deux équations et on vérifie dans la troisième.

3° Les médiatrices sont parallèles aux hauteurs et passent par les milieux des côtés. Leurs équations respectives sont

$x = \frac{7}{2}$

$4x - 5y - \frac{5}{2} = 0$

$-3x - 5y + 22 = 0$

4° Les médiatrices sont concourantes en un point Ω dont les coordonnées sont données par la résolution du système précédent : $\Omega\left(\frac{7}{2}, \frac{23}{10}\right)$.

5° Les médianes sont les droites reliant les sommets aux milieux des côtés opposés. Leurs équations sont :

$5x + \frac{1}{2}y - 18 = 0$

$\frac{1}{2}x - y + 1 = 0$

$5x + 11y - 46 = 0$

6° Le centre de gravité est le point d'intersection des médianes. Les coordonnées de G sont $G\left(\frac{10}{3}, \frac{8}{3}\right)$.

7° Pour démontrer que G, H, Ω sont alignés, il suffit de montrer que $\overrightarrow{GH}$ et $\overrightarrow{G\Omega}$ sont colinéaires.

$$\det(\overrightarrow{GH}, \overrightarrow{G\Omega}) = \begin{vmatrix} 3 - \frac{10}{3} & \frac{7}{2} - \frac{10}{3} \\ \frac{17}{5} - \frac{8}{3} & \frac{23}{10} - \frac{8}{3} \end{vmatrix} = \left(-\frac{1}{3}\right)\left(-\frac{11}{30}\right) - \left(\frac{11}{15}\right)\left(\frac{1}{6}\right) = 0$$

Les points G, H *et* Ω *appartiennent à une même droite appelée droite d'Euler du triangle.*
Cette propriété est vraie dans tout triangle.

27 **1°** D'après le dessin, le triangle semble rectangle en C. Vérifions-le :

$\overrightarrow{CA}(-1, -3)$ $\overrightarrow{CB}(3, -1)$

$\overrightarrow{CA}.\overrightarrow{CB} = 0$ donc $\overrightarrow{CA} \perp \overrightarrow{CB}$.

Le cercle (Γ) circonscrit au triangle ABC est donc le cercle de diamètre $[AB]$.

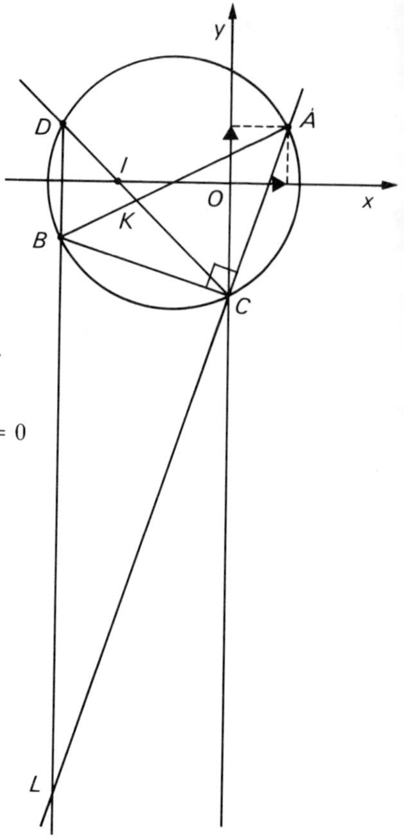

$M \in (\Gamma) \Leftrightarrow \overrightarrow{MA} \perp \overrightarrow{MB}$
$(1-x)(-3-x)+(1-y)(-1-y)=0$
$\Gamma : x^2 + y^2 + 2x - 4 = 0$

2° Cherchons une équation de la droite (CI).

$M \in (CI) \Leftrightarrow \overrightarrow{CM}$ et $\overrightarrow{CI}$ sont colinéaires.

$$\begin{vmatrix} x - 0 & -2 - 0 \\ y + 2 & 0 + 2 \end{vmatrix} = 0 \quad \Leftrightarrow \quad 2x + 2y + 4 = 0$$

$(CI) : y = -x - 2$
Les coordonnées de C et de D se trouvent en résolvant le système :

$$\begin{cases} y = -x - 2 \\ x^2 + y^2 + 2x - 4 = 0 \end{cases}$$

$$\Leftrightarrow \quad \begin{cases} y = -x - 2 \\ x^2 + (-x - 2)^2 + 2x - 4 = 0 \quad (1) \end{cases}$$

L'équation (1) est équivalente à :
$2x^2 + 6x = 0 \quad x = 0$ ou $x = -3$
$C(0, -2)$ et $D(-3, 1)$.

3° Résolvons le système

$$\begin{cases} y = -x - 2 \\ y = \frac{1}{2}x + \frac{1}{2} \end{cases} \qquad \text{équation de } (AB)$$

On trouve $K\left(-\frac{5}{3}, -\frac{1}{3}\right)$

Les points B, K, A étant alignés dans cet ordre $\overrightarrow{KA}.\overrightarrow{KB} = \overline{KA}.\overline{KB}$

$\overline{KA}.\overline{KB} = -\frac{40}{9}$

De même $\overrightarrow{KC}.\overrightarrow{KD} = \overline{KC}.\overline{KD} = -\frac{40}{9}$

Donc $\overline{KA}.\overline{KB} = \overline{KC}.\overline{KD}$

5° Par définition du produit scalaire :

$\overrightarrow{LA}.\overrightarrow{LB} = \overline{LA}.\overline{LC}$ car C est la projection orthogonale de B sur (LA).

De même $\overrightarrow{LA}.\overrightarrow{LB} = \overline{LB}.\overline{LD}$ car D est la projection orthogonale de A sur (LB)

Donc $\overline{LA}.\overline{LC} = \overline{LB}.\overline{LD}$

28 **1°** L'équation $x^2 + y^2 - 2x + 4y = 0$ est équivalente à :
$(x-1)^2 + (y+2)^2 = 5$
Il s'agit donc d'un cercle de centre $J(1, -2)$ et de rayon $\sqrt{5}$.
$A(2, 0)$ appartient à (C) car ses coordonnées vérifient l'équation du cercle.

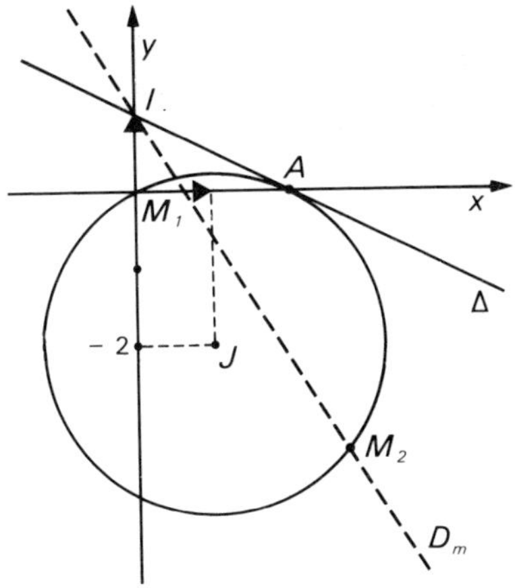

2° La tangente Δ est orthogonale en A à (AI)

$M \in \Delta \Leftrightarrow \overrightarrow{AM}.\overrightarrow{AI} = 0$
$(x-2)(1-2) + (y-0)(-2-0) = 0$
$x + 2y - 2 = 0$

3° I a pour coordonnées $(0, 1)$

4° D_m admet pour équation cartésienne $y = mx + b$
Si $I \in D_m$ alors $1 = b$; $D_m : y = mx + 1$

5° Pour trouver les coordonnées de M_1 et de M_2, il faut résoudre le système :

$$\begin{cases} y = mx + 1 \\ x^2 + y^2 - 2x + 4y = 0 \end{cases} \Leftrightarrow \begin{cases} y = mx + 1 \\ x^2 + (mx+1)^2 - 2x + 4(mx+1) = 0 \quad (1) \end{cases}$$

(1) est équivalente à :
$(m^2 + 1)x^2 + (6m - 2)x + 5 = 0$
$\Delta = 4(4m^2 - 6m - 4)$

Les racines de Δ sont $m' = -\dfrac{1}{2}$ et $m'' = 2$.

Résumons les résultats dans un tableau :

m	$-\infty$		$-\frac{1}{2}$		2		$+\infty$
Δ		$+$	0	$-$	0	$+$	
intersection de Δ avec C	M_1 M_2		A	$\varnothing$	B		M_1 M_2

6° Si M_1 et M_2 existent, on a les relations suivantes : $x_1x_2 = \dfrac{5}{m^2+1}$

et $y_1 = mx_1 + 1$, $y_2 = mx_2 + 1$.

I, M_1 et M_2 sont alignés, donc $\overrightarrow{IM}_1.\overrightarrow{IM}_2 = \overline{IM}_1.\overline{IM}_2$
$\overline{IM}_1.\overline{IM}_2 = (x_1 - 0)(x_2 - 0) + (y_1 - 1)(y_2 - 1)$
$\overline{IM}_1.\overline{IM}_2 = x_1x_2 + y_1y_2 - (y_1 + y_2) + 1$
$\overline{IM}_1.\overline{IM}_2 = x_1x_2 + m^2x_1x_2 + m(x_1 + x_2) + 1 - m(x_1 + x_2) - 2 + 1$

$\overline{IM}_1.\overline{IM}_2 = \dfrac{5}{(m^2+1)}(m^2 + 1) = 5$

Ce produit ne dépend pas de la valeur de m, donc de la droite D_m choisie. Il est appelé **puissance de I par rapport au cercle (C).**

16 RELATIONS MÉTRIQUES DANS LE PLAN

- **Relations métriques dans le triangle**
- **Calculs d'aires**

Relations métriques dans le triangle

On considère un triangle quelconque ABC. On pose $a = BC$; $b = CA$ et $c = AB$; on appelle $\hat{A}$, $\hat{B}$ et $\hat{C}$ les angles non orientés $\widehat{BAC}$, $\widehat{CBA}$, $\widehat{ACB}$. On a alors les relations suivantes :

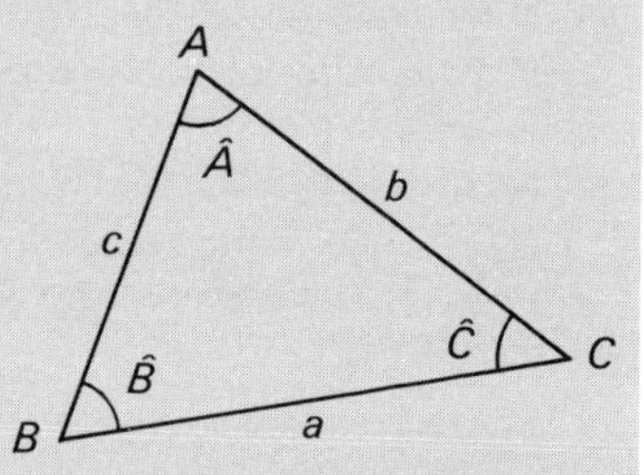

$a^2 = b^2 + c^2 - 2bc \cos \hat{A}$

$b^2 = a^2 + c^2 - 2ac \cos \hat{B}$

$c^2 = a^2 + b^2 - 2ab \cos \hat{C}$

Ces égalités permettent de trouver les longueurs des côtés et les mesures des angles dès que l'on connaît la longueur de deux des côtés et la mesure d'un angle.

On rappelle que dans un triangle quelconque la somme des angles est 180° ou π radians.

On appelle cercle circonscrit au triangle ABC le cercle passant par les trois sommets A, B, C. Son centre est le point d'intersection des médiatrices. Si R est le rayon de ce cercle, on a la relation :

$$\frac{a}{\sin \hat{A}} = \frac{b}{\sin \hat{B}} = \frac{c}{\sin \hat{C}} = 2R.$$

Calculs d'aires

L'aire S du triangle ABC est la moitié de celle du rectangle $BB'C'C$.

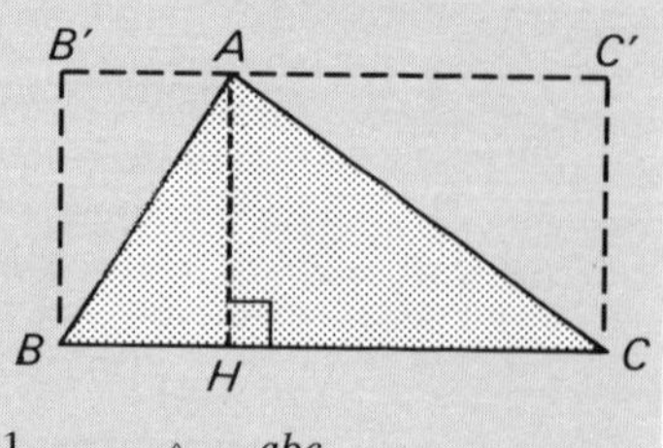

Par conséquent $S = \frac{1}{2} \times AH \times BC$.

On démontre que l'aire d'un triangle ABC est aussi égale à :

$$S = \frac{1}{2}\, ab \sin \hat{C} = \frac{1}{2}\, bc \sin \hat{A} = \frac{1}{2}\, ac \sin \hat{B} = \frac{abc}{4R}$$

Rappels des aires de quelques surfaces particulières :

Parallélogramme

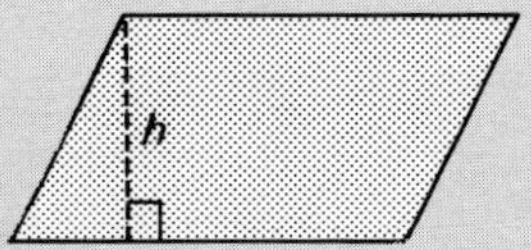

$$S = l \times h$$

Losange

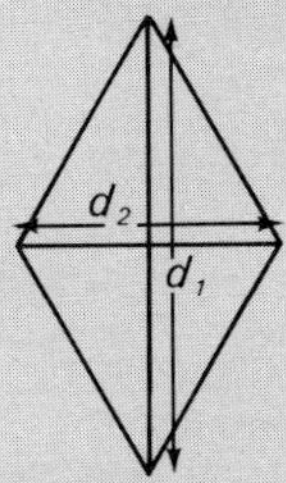

$$S = \frac{1}{2} d_1 \times d_2$$

Disque

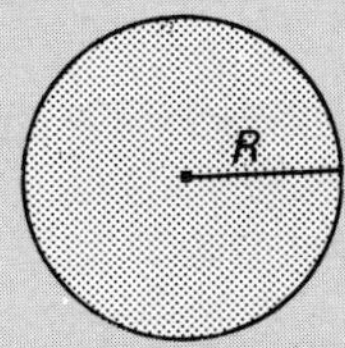

$$S = \pi R^2$$

Trapèze

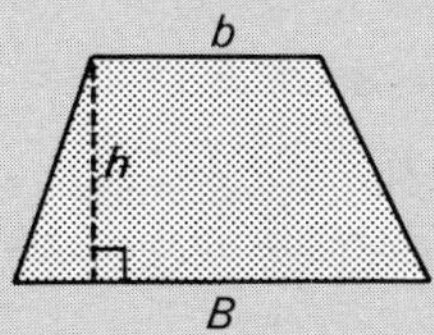

$$S = h \times \frac{B + b}{2}$$

Secteur circulaire

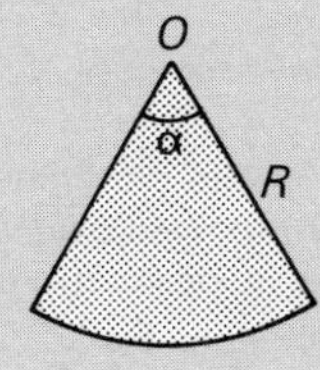

$$S = \frac{1}{2} Rl = \frac{\pi R^2 \alpha}{360°} = \frac{R^2 x}{2}$$

(α en degrés, x en radians)

Polygone régulier à n côtés

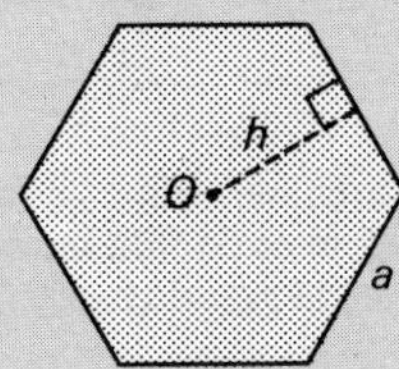

$$S = n \times \frac{h \times a}{2}$$

EXERCICES

■ Relations métriques dans le triangle

ABC étant un triangle de côtés a, b, c et d'angles de mesures $\hat{A}$, $\hat{B}$, $\hat{C}$, trouvez les caractéristiques manquantes (angles, côtés) du triangle sachant que :

1 $a = 2$ m, $b = 2{,}7$ m, $\hat{C} = 31°$.

2 $a = 15$ cm, $\hat{B} = 30°$, $\hat{C} = 60°$.

3 $a = 1{,}5$ m, $b = 2$ m, $c = 3{,}5$ m.

4 $a = 2{,}75$ cm, $b = 3{,}21$ cm, $c = 2{,}18$ cm.

5 Le triangle est isocèle de sommet A ; $a = 4$ cm et la hauteur issue de A mesure 7,2 cm.

6 Le triangle est équilatéral de côté 2,5 mm.

7 $b = 7$ m, $\widehat{B} = 35°$, $\widehat{A} = 92°$.

8 Deux forces $\vec{f}_1$ et $\vec{f}_2$ de 20 N et 35 N s'exercent sur un point mobile M dans un plan (fig.). Sachant que l'angle fait par les directions de ces deux forces est de 80°, déterminez la direction et le module de leur résultante $\vec{f}$.

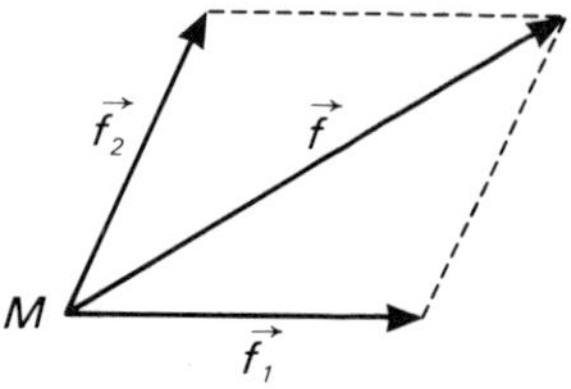

9 Même travail lorsque les forces sont de même intensité 100 N et d'angle 120°.

10 Décomposez une force $\vec{f}$ de 30 N en la somme de deux forces $\vec{f}_1$ et $\vec{f}_2$ dont les directions font respectivement avec celle de $\vec{f}$ des angles de 22° et 57°.

11 Un champ trapézoïdal dont les côtés parallèles mesurent respectivement 150 m et 325 m et dont la hauteur est 110 m, est bordé par une route faisant un angle de 50° avec la grande base. Déterminez le périmètre du champ.

12 Soit ABC un triangle tel que $AB = x$, $BC = \sqrt{10}x$ et $AC = 4x$. Déterminez le cosinus de l'angle $\widehat{A}$ et trouvez en fonction de x la longueur de la médiane issue de A (on pourra pour cela, calculer de deux manières différentes $\|\overrightarrow{AB} + \overrightarrow{AC}\|^2$).

13 Dans un triangle ABC, on appelle H le pied de la hauteur issue de A, I le milieu de (B, C) et R le rayon du cercle circonscrit.
On pose $AH = 2{,}5$ cm, $AI = 2{,}6$ cm et $R = 2$ cm. Calculez HI, OI, AB, AC, BC.
O est le centre du cercle circonscrit à ABC.

■ Calculs d'aires

14 Calculez l'aire d'un triangle ABC lorsque la hauteur issue de A mesure 72,32 m et que le côté BC mesure 271 dm.

15 Un triangle ABC est isocèle ($AB = AC$). On donne $A = 120°$ et $BC = 12$ cm. Calculez son aire.

16 Calculez l'aire d'un triangle équilatéral de côté a.

17 Déterminez la hauteur d'un triangle de base 27 cm et d'aire 210,6 cm.

18 Calculez l'aire d'un triangle isocèle dont l'hypothénuse mesure 20 mm.

19 Un triangle ABC vérifie $\widehat{A} = 38°$, $\widehat{B} = 100°$ et $AB = 22{,}3$ cm. Calculez son aire.

20 Calculez l'aire d'un trapèze rectangle dont les bases mesurent respectivement 2,12 dm et 4,8 dm et dont la hauteur est de 1,5 dm.

21 $ABCD$ est un rectangle. E est le barycentre de $(A, 2)$ et $(B, 3)$. F est le barycentre de $(C, 3)$ et $(D, 1)$. On pose $AB = 80$ cm et $BC = 20$ cm.
Calculez l'aire du triangle AED, celle du triangle EDF, puis l'aire du trapèze $EBCF$.

22 A et B sont deux points distincts de 12 cm. I est le milieu de (A, B). Soit un point M de la médiatrice de (A, B) tel que la distance IM soit égale à x. On construit d'un même côté de (AB) le carré $AICD$ et le rectangle $BIME$. Calculez en fonction de x l'aire du domaine obtenu.

23 Calculez de la surface définie par la figure ci-contre :

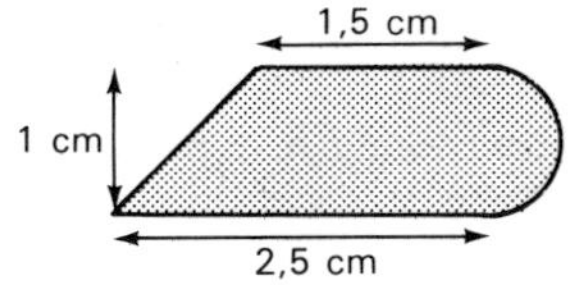

24 Le côté d'un triangle équilatéral mesure 5 cm. Déterminez l'aire de la surface limitée par le triangle et son cercle circonscrit.

25 Un pentagone régulier est inscrit dans un cercle de 10 cm de rayon. Déterminez l'aire de ce pentagone.

26 Calculez l'aire d'un losange de 11,2 dm de côté et dont l'un des angles mesure 60°.

27 Calculez l'aire du domaine de la figure définie ci-contre :

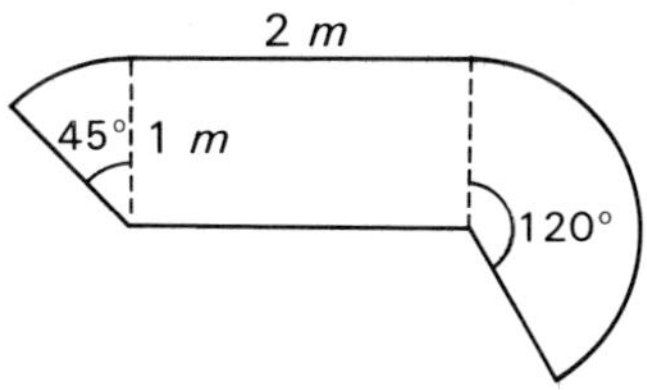

PROBLÈMES

28 (*d'après bac*)

1° Déterminez les coordonnées du point d'intersection des droites (BC) et Ox.

2° Calculez l'aire du triangle (ABD).

3° Calculez l'aire du triangle (ABC).

4° Donnez une valeur approchée à 0,1 degré près de la mesure des angles du triangle (ABC).

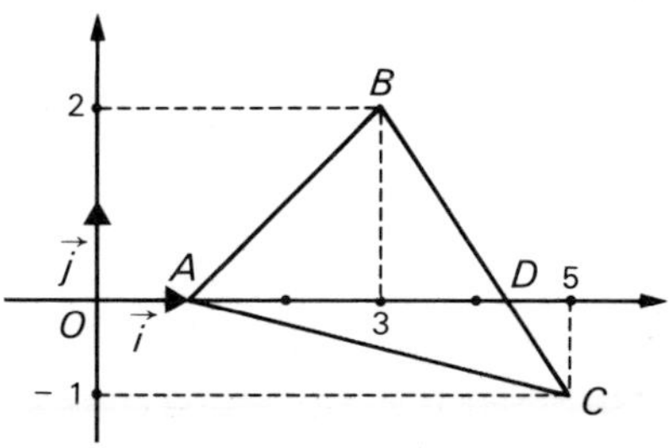

29 On considère un triangle ABC. Soit I le milieu de (B, C) et H le pied de la hauteur issue de A.

1° Démontrez la relation suivante appelée premier théorème de la médiane :

$$AB^2 + AC^2 = 2AI^2 + \frac{BC^2}{2}.$$

2° Que pouvez-vous conclure de la relation précédente si le triangle est rectangle en A ?

3° Démontrez la relation suivante appelée second théorème de la médiane : $AB^2 - AC^2 = 2\overline{BC}.\overline{IH}$.

4° Que pouvez-vous conclure de la relation précédente si le triangle est isocèle $(AB = AC)$?

5° Montrez que la somme des carrés des trois médianes est égale aux trois quarts de la somme des carrés des trois côtés du triangle.

30 Soit ABC un triangle équilatéral de 4 cm de côté. Soit P un point du segment $[BC]$. On pose $BP = x$.

1° Soit Q et R deux points des segments $[AB]$ et $[AC]$. On appelle P_1 et P_2 les symétriques de P par rapport aux droites (AB) et (AC). Démontrez que le périmètre du triangle PQR est la longueur de la ligne brisée P_1QRP_2.

2° Calculez en fonction de x les longueurs BI, IP, CJ, JP, I étant le point d'intersection de (AB) avec (PP_1) et J étant le point d'intersection de (AC) avec (PP_2).

3° Montrez que si le triangle PQR est équilatéral, les angles $\widehat{PQB}$ et $\widehat{CPR}$ sont égaux.

De même pour $\widehat{QPB}$ et $\widehat{PRC}$. Déduisez-en la position des points Q et R pour que le triangle soit équilatéral.

4° Dans ce dernier cas, déterminez x pour que l'aire du triangle PQR soit minimale.

31 On considère dans un repère orthonormal $(O, \vec{i}, \vec{j})$ la courbe C d'équation $y = \dfrac{1}{x}$.

1° Tracez la courbe C.

2° Soit M_0 d'un point de C d'abscisse x_0. Déterminez une équation de la tangente T_0 à C en M_0.

3° Déterminez les coordonnées des points d'intersection A_0 et B_0 de T_0 avec les axes.

4° Calculez l'aire du triangle OA_0B_0. Que pouvez-vous en conclure ?

SOLUTIONS DES EXERCICES

1 On applique la formule du cours :

$c^2 = a^2 + b^2 - 2ab \cos \widehat{C} = 2^2 + 2{,}7^2 - 2 \times 2 \times 2{,}7 \cos 31° \simeq 2{,}0326 \text{ m}^2$.
$C \simeq 1{,}43$ m.

On a alors $\cos \widehat{A} = \dfrac{b^2 + c^2 - a^2}{2bc} \simeq 0{,}69 \Rightarrow \widehat{A} \simeq 46° \, 15' \, 44''$

(le cosinus étant positif, A est compris entre 0° et 90°).
La somme des angles étant de 180°, on obtient

$\widehat{B} = 180° - 31° - 46° \, 15' \, 44''$

$\widehat{B} \simeq 102° \, 44' \, 16''$

2 $\widehat{A} = 180° - (30° + 60°) = 90°$. Le triangle est rectangle en A.

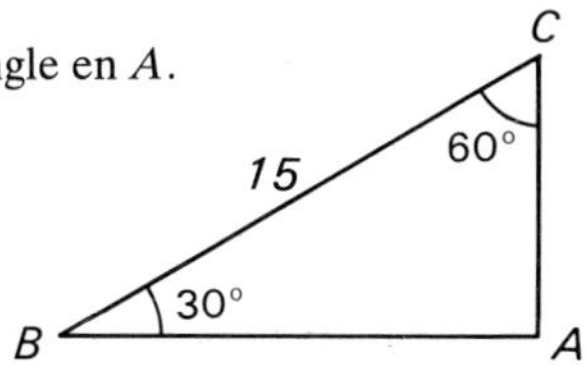

$c = a \cos \widehat{B} = 15 \times \cos 30° = \dfrac{15\sqrt{3}}{2} \simeq 12{,}99$ cm

$b = a \sin \widehat{B} = 15 \times \sin 30° = 7{,}5$ cm.

3 $\cos \widehat{A} = \dfrac{b^2 + c^2 - a^2}{2bc} = \dfrac{14}{14} = 1$

Donc $\widehat{A} = 180°$ et le triangle est plat. Les points A, B et C sont alignés.

Les angles $\widehat{B}$ et $\widehat{C}$ sont nuls.

4 $\cos \widehat{A} = \dfrac{b^2 + c^2 - a^2}{2bc} \simeq 0{,}54 \Rightarrow \widehat{A} \simeq 57° \, 37' \, 31''$

$\cos \widehat{B} = \dfrac{a^2 + c^2 - b^2}{2ac} \simeq 0{,}17 \Rightarrow \widehat{B} \simeq 80° \, 20' \, 44'$

Donc $\widehat{C} = 180° - (\widehat{A} + \widehat{B}) \simeq 42° \, 01' \, 45''$.

5 Le triangle BAH est rectangle en H. En utilisant le théorème de Pythagore, on écrit :

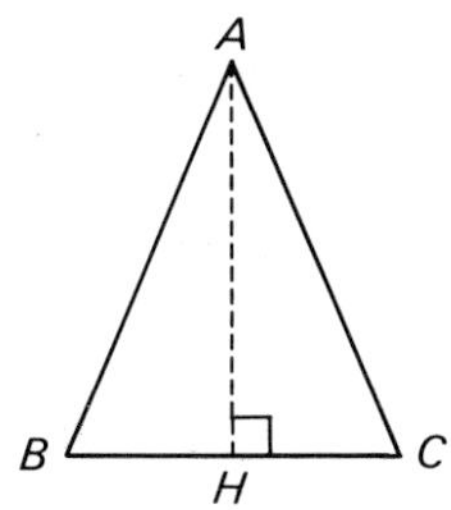

$c^2 = AB^2 = AH^2 + BH^2 = 2^2 + 7{,}2^2 = 55{,}84$
$b = c \simeq 7{,}47$ cm

$\cos \widehat{B} = \dfrac{BH}{BA} \simeq 0{,}27 \Rightarrow \widehat{B} = \widehat{C} \simeq 74° \, 28' \, 33''$.

$\widehat{A} = 180° - (\widehat{B} + \widehat{C}) \simeq 31° \, 02' \, 54''$.

6 Dans un triangle équilatéral les trois angles ont même mesure :

$\widehat{A} = \widehat{B} = \widehat{C} = 60°$. De même les trois côtés ont même longueur :
$a = b = c = 2{,}5$ cm.

7 $\widehat{C} = 180° - (\widehat{A} + \widehat{B}) = 53°$. Il est préférable ici d'utiliser les formules :

$\dfrac{a}{\sin \widehat{A}} = \dfrac{b}{\sin \widehat{B}} \Rightarrow a = b \dfrac{\sin \widehat{A}}{\sin \widehat{B}} = 7 \times \dfrac{\sin 92°}{\sin 35°} \simeq 12{,}20$ m

Puis on détermine c en utilisant la relation $c^2 = a^2 + b^2 - 2ab \cos \hat{C}$
$c^2 \simeq 95{,}00 \quad \Rightarrow \quad c \simeq 9{,}75$ m.

8 Les angles $\widehat{CMB}$ et $\widehat{MBA}$ ont même mesure. Par conséquent :

$\widehat{MAB} = 180° - (\widehat{AMB} + \widehat{MBA}) = 180° - (\widehat{AMB} + \widehat{BMC}) = 180° - 80° = 100°$.
Dans le triangle MAB, on applique la formule du cours :

$MB^2 = MA^2 + AB^2 - 2\,MA.AB \cos \hat{A}$
$MB^2 = 20^2 + 35^2 - 2 \times 20 \times 35 \cos 100° \simeq 1\,868{,}1074$

$\|\vec{f}\| = MB = 43{,}22$ N

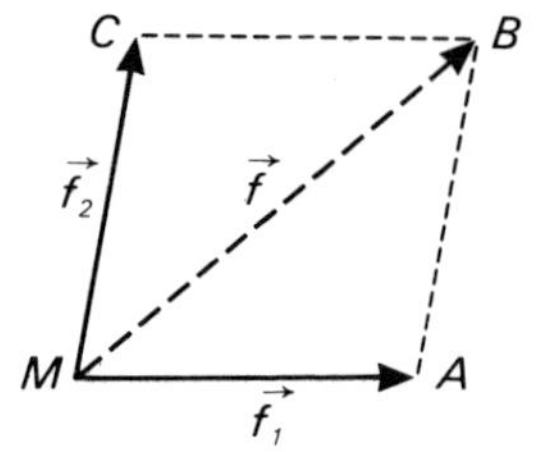

D'autre part, $\cos \widehat{BAM} = \dfrac{MB^2 + MA^2 - AB^2}{2MB.MA} \simeq 0{,}603\,370\,806$.

$\widehat{BAM} \simeq 52°\,53'\,18''$. Cet angle détermine la direction de la résultante et donc celle du mouvement du point M.

9 Si les forces $\vec{f}_1$ et $\vec{f}_2$ sont de même intensité, le parallélogramme obtenu est un losange. $\hat{A} = 180° - 120° = 60°$. L'angle que fait $\vec{f}_1$ avec $\vec{f}$ mesure la moitié de l'angle $(\widehat{\vec{f}_1, \vec{f}_2})$. Donc $(\widehat{\vec{f}_1, \vec{f}}) = 60°$. Le triangle MAB est équilatéral. Par conséquent, la force résultante est de 100 N.

10 L'angle $\widehat{OCA}$ mesurant 57°, l'angle $\widehat{OAC}$ mesure $180° - (22° + 57°) = 101°$.
On a alors : $\dfrac{OA}{\sin \widehat{OCA}} = \dfrac{AC}{\sin \widehat{COA}} = \dfrac{OC}{\sin \widehat{OAC}}$

$$\|\vec{f}_1\| = OA = OC \times \frac{\sin \widehat{OCA}}{\sin \widehat{OAC}} = 30 \times \frac{\sin 57°}{\sin 101°} \simeq 25{,}63 \text{ N}$$

$$\|\vec{f}_2\| = AC = OC \times \frac{\sin \widehat{COA}}{\sin \widehat{OAC}} = 30 \times \frac{\sin 22°}{\sin 101°} \simeq 11{,}45 \text{ N}$$

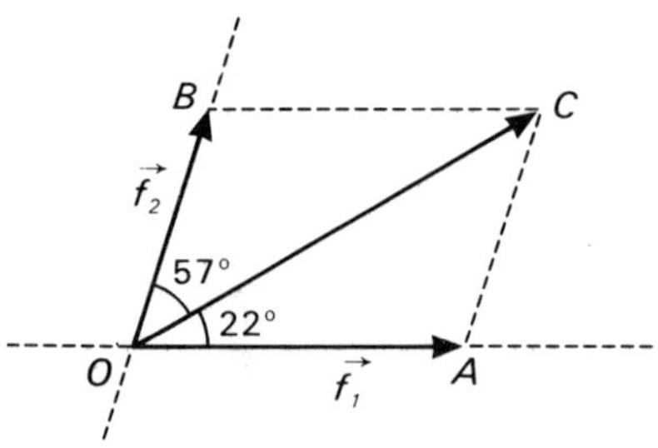

11 Soit $ABCD$ le trapèze formé par le champ et I et J les pieds des hauteurs issues de B et de C.
On a $AD = 325$ m, $BC = 150$ m et $BI = CJ = 110$ m.
On va calculer les mesures des côtés du triangle CDJ.

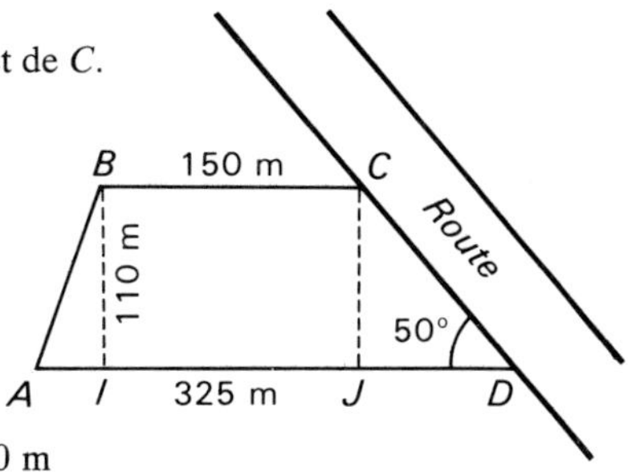

$$\tan 50° = \frac{CJ}{DJ} \Rightarrow DJ = \frac{110}{\tan 50°} \simeq 92{,}30 \text{ m}$$

$$DC = \frac{CJ}{\sin 50°} = \frac{110}{\sin 50°} \simeq 143{,}59 \text{ m}$$

Par conséquent, $AI = 325 - (IJ + JD) = 82{,}70$ m.
Appliquons le théorème de Pythagore au triangle rectangle ABI :
$AB^2 = AI^2 + IB^2 \simeq (82{,}70)^2 + 110^2 \Rightarrow AB \simeq 137{,}62$ m.
On obtient alors le périmètre P du champ en ajoutant les mesures des quatre côtés :
$P = AB + BC + CD + DA = 756{,}21$ m.

12 On a établi en cours que :

$$\cos \hat{A} = \frac{-BC^2 + AB^2 + AC^2}{2AB.AC} = \frac{-10x^2 + x^2 + 16x^2}{2x \times 4x} = \frac{7}{8} = 0{,}875$$

Soit I le milieu de (B, C), pied de la médiane issue de A.

On a $\overrightarrow{AB} + \overrightarrow{AC} = 2\overrightarrow{AI}$. Par conséquent $\|\overrightarrow{AB} + \overrightarrow{AC}\|^2 = 4\,\|\overrightarrow{AI}\|^2 = 4AI^2$.

D'autre part, on établit le calcul suivant :

$$\|\overrightarrow{AB} + \overrightarrow{AC}\|^2 = (\overrightarrow{AB} + \overrightarrow{AC})^2 = \overrightarrow{AB}^2 + \overrightarrow{AC}^2 + 2\overrightarrow{AB}.\overrightarrow{AC}.$$

$$\|\overrightarrow{AB} + \overrightarrow{AC}\|^2 = AB^2 + AC^2 + 2AB.AC.\cos A$$

$$\|\overrightarrow{AB} + \overrightarrow{AC}\|^2 = x^2 + 16x^2 + 2.x.4x.0{,}875 = 24x^2.$$

Par conséquent, $4AI^2 = 24x^2$; et la longueur de la médiane est $\sqrt{6}x$.

Remarque : x *étant une longueur est toujours positif.*

13 Le triangle AHI est rectangle en H.
On peut appliquer le théorème de Pythagore :
$HI^2 = AI^2 - AH^2 = 2{,}6^2 - 2{,}5^2 = 0{,}51 \Rightarrow HI \simeq 0{,}71$ cm

(AH) est une hauteur et (OI) une médiatrice du triangle. (OI) est parallèle à (AH). Soit O' le projeté de O sur la droite (AH). $OO' = HI \simeq 0{,}71$ cm
Le théorème de Pythagore appliqué au triangle AOO' donne :
$AO'^2 = AO^2 - OO'^2 = 4 - 0{,}51 = 3{,}49$
$\Rightarrow AO' \simeq 1{,}87$ cm
Par conséquent $OI = O'H = AH - AO'$
$\simeq 2{,}4 - 1{,}87 \simeq 0{,}53$ cm.

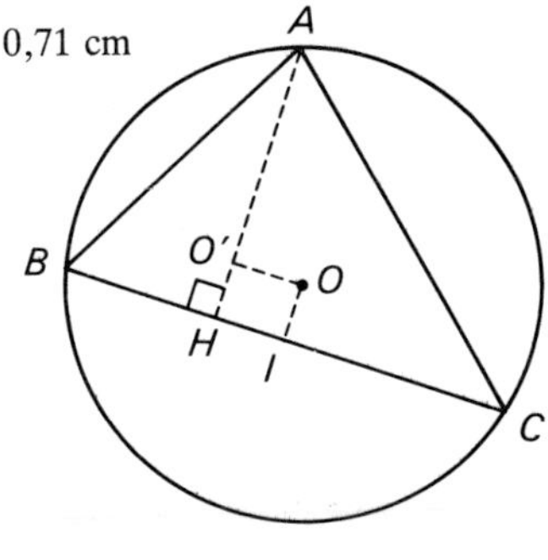

On calcule maintenant les longueurs des côtés du triangle ; le triangle OBI est rectangle en I.

$BI^2 = OB^2 - OI^2 = 2^2 - (0{,}53)^2 = 3{,}719\,1 \Rightarrow BI \simeq 1{,}93$ cm et $BC \simeq 3{,}86$ cm
D'autre part, $BH = BI - HI \simeq 1{,}93 - 0{,}71 = 1{,}22$ cm.
$AB^2 = AH^2 + HB^2 = 2{,}4^2 + 1{,}22^2 = 7{,}248\,4 \Rightarrow AB \simeq 2{,}69$ cm.

Enfin, on calcule AC de la façon suivante :
$HC = HI + IC = 0{,}71 + 1{,}93 = 2{,}64$ cm.
$AC^2 = AH^2 + HC^2 = 2{,}4^2 + 2{,}64^2 \simeq 12{,}729\,6 \Rightarrow AC \simeq 3{,}57$ cm.

14 $S = \frac{1}{2} bh = \frac{1}{2} \times 27{,}1 \times 72{,}32 \text{ m}^2 = 979{,}936 \text{ m}^2$.

Attention de bien exprimer chaque longueur dans la même unité.
Ici 271 dm = 27,1 m.

15 Dans un triangle isocèle, la hauteur AH est aussi bissectrice et médiane

$$\tan \widehat{BAH} = \frac{BH}{AH} \Rightarrow AH = \frac{BH}{\tan \widehat{BAH}} = \frac{6}{\tan 60°} = \frac{6}{\sqrt{3}} = 2\sqrt{3}$$

L'aire du triangle est $S = \frac{1}{2} \times 12 \times 2\sqrt{3} = 12\sqrt{3} \text{ cm}^2 \simeq 20{,}78 \text{ cm}^2$.

16 Dans un triangle équilatéral, chaque angle mesure 60°.

La hauteur du triangle est donnée par : $h = a \sin 60° = a \frac{\sqrt{3}}{2}$

La surface du triangle est $S = \frac{1}{2} \times a \times a \frac{\sqrt{3}}{2} = \frac{a^2\sqrt{3}}{4}$

17 $S = \frac{1}{2} bh \Rightarrow h = \frac{2S}{b} = \frac{2 \times 210{,}6}{27} = 15{,}6$ cm.

18 Soit x la longueur des deux côtés adjacents à l'angle droit. En utilisant le théorème de Pythagore, on a :
$x^2 + x^2 = 20^2 \qquad x^2 = 200 \text{ mm}^2 \quad \Rightarrow \quad x \simeq 14{,}14$ mm
L'aire du triangle est $S = \frac{1}{2} .x.x = \frac{1}{2} x^2 = 100 \text{ mm}^2$.

19 $\hat{C} = 180° - (\hat{A} + \hat{B}) = 180° - 138° = 42°$

$$\frac{a}{\sin \hat{A}} = \frac{c}{\sin \hat{C}} \quad \Rightarrow \quad a = c \times \frac{\sin \hat{A}}{\sin \hat{C}} = 22{,}3 \times \frac{\sin 38°}{\sin 42°}$$

On obtient alors la surface du triangle en utilisant la formule

$$S = \frac{1}{2} ac \sin \hat{B} = \frac{1}{2} 22{,}3 \times \frac{\sin 38°}{\sin 42°} \times 22{,}3 \times \sin 100° \simeq 100{,}88 \text{ cm}^2.$$

20 Le trapèze se décompose en un rectangle $ABDE$ et un triangle BDC.
L'aire du rectangle est $1{,}5 \times 2{,}12 = 3{,}18$ dm^2,
celle du triangle est $\frac{1}{2} \times 1{,}5 \times (4{,}8 - 2{,}12) =$
$2{,}01$ dm^2.
L'aire du trapèze est $2{,}01 + 3{,}18 = 5{,}19$ dm^2.

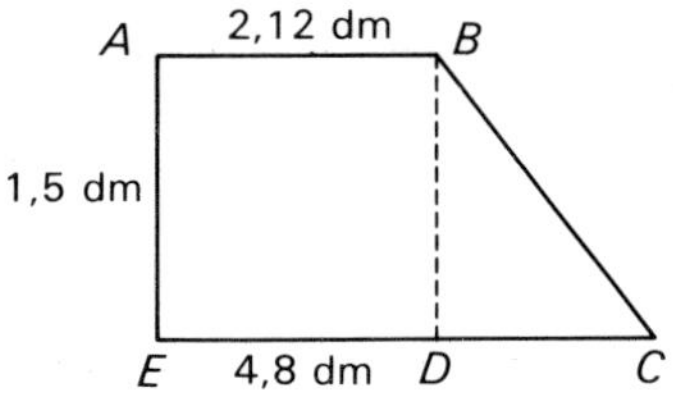

21 Si E est le barycentre de $(A, 2)$ et $(B, 3)$ on a :
$2\overrightarrow{EA} + 3\overrightarrow{EB} = \vec{0}$, ou encore $\overrightarrow{AE} = \frac{3}{5}\overrightarrow{AB}$.

Donc $AE = \frac{3}{5} \times 80 = 48$ cm.

De même $3\overrightarrow{FC} + 1\overrightarrow{FD} = \vec{0} \quad \Rightarrow \quad \overrightarrow{CF} = \frac{1}{4}\overrightarrow{CD}$

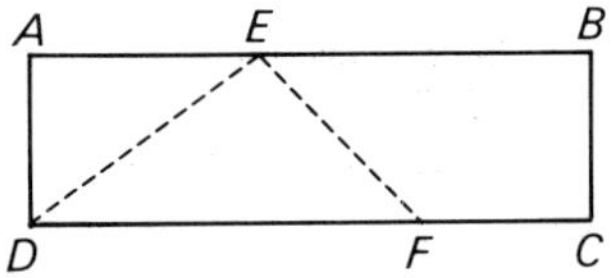

$CF = 20$ cm.
Le triangle AED est rectangle en A.
$S_{AED} = \frac{1}{2} AE.AD = \frac{1}{2} \times 48 \times 20 = 480$ cm^2.
Le triangle EDF admet DF comme base et AD comme hauteur.

$S_{EDF} = \frac{1}{2} AD.DF = \frac{1}{2} \times 20 \times 60 = 600$ cm^2
Enfin l'aire du trapèze $EBCF$ s'obtient en retranchant à l'aire du rectangle les deux aires précédemment calculées :
$S_{EBCF} = S_{ABCD} - (S_{AED} + S_{EDF}) = 20 \times 80 - (480 + 600) = 520$ cm^2.

22 Le domaine est composé d'un carré et d'un rectangle :
$S_{AICD} = AI^2 = 36$ cm^2
$S_{BIME} = MI \times IB = 6x$ cm^2
L'aire du domaine est $(36 + 6x)$ cm^2.

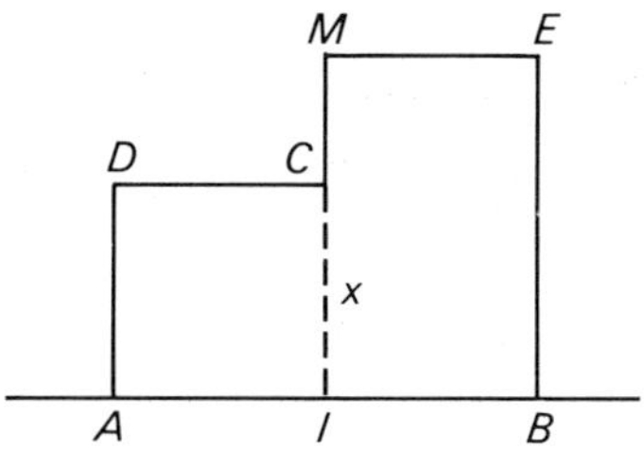

23 Découpons la surface en trois parties : un triangle (rectangle isocèle), un rectangle et un demi-disque.
Aire du triangle : $\frac{1}{2} \times 1 \times 1 = \frac{1}{2}$ cm^2
Aire du rectangle : $1{,}5 \times 1 = 1{,}5$ cm^2
Aire du demi-disque : $\pi \times \left(\frac{1}{2}\right)^2 = \frac{\pi}{4}$ cm^2
L'aire cherchée est donc $2{,}79$ cm^2.

24 L'aire du triangle est $S = \dfrac{25\sqrt{3}}{4}$ cm^2 (cf. exercice 16).

D'autre part, $2R = \dfrac{a}{\sin \hat{A}} = \dfrac{5}{\sin 60°} = \dfrac{10}{\sqrt{3}} \Rightarrow R = \dfrac{5\sqrt{3}}{3}$ cm.

L'aire du disque circonscrit au triangle est $\pi\left(\frac{5\sqrt{3}}{3}\right)^2 = \frac{25\pi}{3}$ cm^2

L'aire cherchée est $\frac{25\pi}{3} - \frac{25\sqrt{3}}{4}$ cm$^2 \simeq 15{,}35$ cm^2.

25 Soit O le centre du cercle circonscrit au pentagone, AB un des côtés et I le milieu de (A, B). On a $\widehat{AOB} = \frac{360°}{5} = 72°$ puisque la figure est constituée de cinq triangles égaux à AOB.
Dans le triangle AOB, on a la relation :

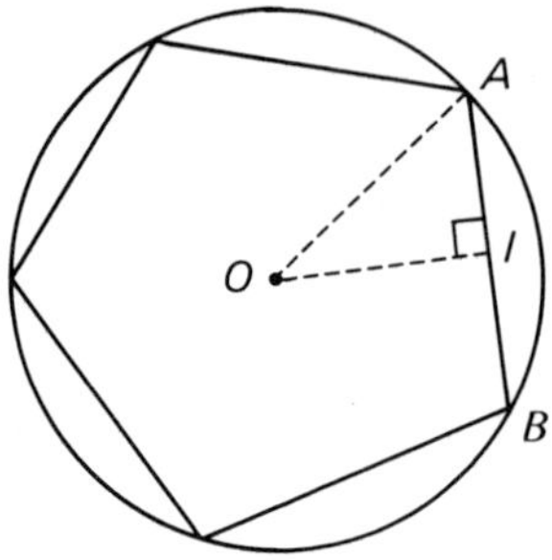

$AB^2 = OA^2 + OB^2 - 2OA.OB\cos\widehat{AOB} = 10^2 + 10^2 - 2 \times 10 \times 10 \times \cos 72°$.
$AB \simeq 138{,}196\,6 \Rightarrow AB \simeq 11{,}76$ cm.

Le triangle OIA est rectangle en I.
On peut écrire

$$OI^2 = OA^2 - IA^2 = 10^2 - \left(\frac{11{,}76}{2}\right)^2 = 65{,}45 \Rightarrow OI = 8{,}09 \text{ cm}.$$

L'aire du pentagone est cinq fois celle du triangle OAB :

$$S = 5\frac{1}{2} \times OI \times AB = \frac{5}{2} \times 8{,}09 \times 11{,}76 \simeq 237{,}85 \text{ cm}^2.$$

26 L'aire du losange $ABCD$ est l'aire du rectangle $BB'D'D$.

$\sin 30° = \frac{IB}{AB} \Rightarrow IB = AB \sin 30° = \frac{11{,}2}{2} = 5{,}6$ dm.

De même $AI = AB\cos 30° = 5{,}6 \times \frac{\sqrt{3}}{2} \simeq 4{,}85$ dm.

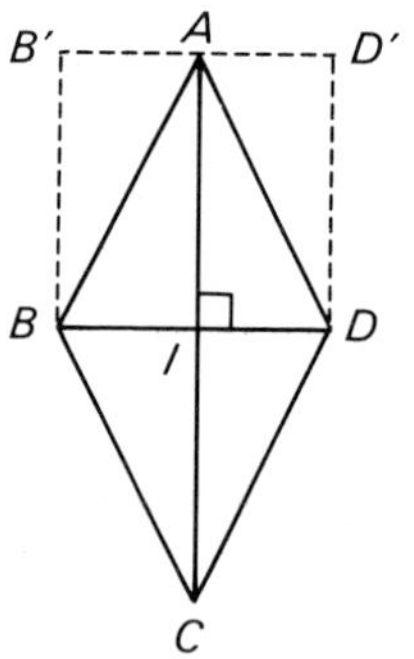

L'aire du losange est $S = BB' \times BD = AI \times 2BI \simeq 4{,}85 \times 2 \times 5{,}6$ dm$^2 = 54{,}32$ dm^2.

27 Le premier secteur circulaire a pour aire $S_1 = \frac{\pi \times 1^2 \times 45}{360} = \frac{\pi}{8}$ m^2

Le second a pour aire $S_2 = \frac{\pi \times 1^2 \times 120}{360} = \frac{\pi}{3}$ m^2.

Le rectangle a une aire $S_3 = 2$ m^2.

L'aire totale est $S = S_1 + S_2 + S_3 = \frac{11\pi + 48}{24} \simeq 3{,}44$ m^2.

SOLUTIONS DES PROBLÈMES

28 **1°** Une équation de (BC) est donnée par :
$$\begin{vmatrix} x-3 & 5-3 \\ y-2 & -1-2 \end{vmatrix} = 0 \iff -3(x-3) - 2(y-2) = 0$$
$-3x - 2y + 13 = 0.$

D a pour coordonnées $\left(\frac{13}{3}, 0\right)$.

2° ADB est un triangle de hauteur 2 et de base $AD = \frac{10}{3}$.

$$S_{ADB} = \frac{1}{2} \times 2 \times \frac{10}{3} = \frac{10}{3}\ ua$$

3° Déterminons les longueurs des côtés du triangle ABC :

$AB = \sqrt{2^2 + 2^2} = 2\sqrt{2}$

$BC = \sqrt{2^2 + 3^2} = \sqrt{13}$

$CA = \sqrt{4^2 + 1^2} = \sqrt{17}$

On a donc $\cos \widehat{A} = \dfrac{AB^2 + AC^2 - BC^2}{2AB.AC} = \dfrac{8 + 17 - 3}{4\sqrt{34}} = \dfrac{3\sqrt{34}}{34}$.

Par conséquent $\sin \widehat{A} = \sqrt{1 - \cos^2 \widehat{A}} = \sqrt{\dfrac{25}{34}} = \dfrac{5\sqrt{34}}{34}$

et l'aire du triangle ABC est donnée par $S = \frac{1}{2} AB.AC \sin \widehat{A}$

$$S = \frac{1}{2} \times 2\sqrt{2} \times \sqrt{17} \times \frac{5\sqrt{34}}{34} = 5\ ua$$

(*On pourrait aussi calculer une mesure d'une hauteur du triangle en cherchant la distance de* B *à* (AC)).

4° D'après la question précédente $\cos \widehat{A} = \dfrac{3\sqrt{34}}{34} \Rightarrow \widehat{A} = 59{,}0°$

De même $\cos \widehat{B} = \dfrac{BA^2 + BC^2 - AC^2}{2BA.BC} = \dfrac{8 + 13 - 17}{4\sqrt{26}} = \dfrac{\sqrt{26}}{26} \Rightarrow \widehat{B} \simeq 78{,}7°$.

$$\cos \widehat{C} = \frac{CA^2 + CB^2 - AB^2}{2CA.CB} = \frac{17 + 13 - 8}{2\sqrt{221}} = \frac{11}{\sqrt{221}} \Rightarrow \widehat{C} \simeq 42{,}3°.$$

29 **1°** $AB^2 + AC^2 = (\overrightarrow{AI} + \overrightarrow{IB})^2 + (\overrightarrow{AI} + \overrightarrow{IC})^2$

$AB^2 + AC^2 = AI^2 + IB^2 + 2\overrightarrow{AI}.\overrightarrow{IB} + AI^2 + IC^2 + 2\overrightarrow{AI}.\overrightarrow{IC}$

$AB^2 + AC^2 = 2AI^2 + IB^2 + IC^2 + 2\overrightarrow{AI}.(\overrightarrow{IB} + \overrightarrow{IC})$

Or I étant milieu de (B, C) $\quad \overrightarrow{IB} + \overrightarrow{IC} = \overrightarrow{0}$

et $IB = IC = \dfrac{BC}{2}$.

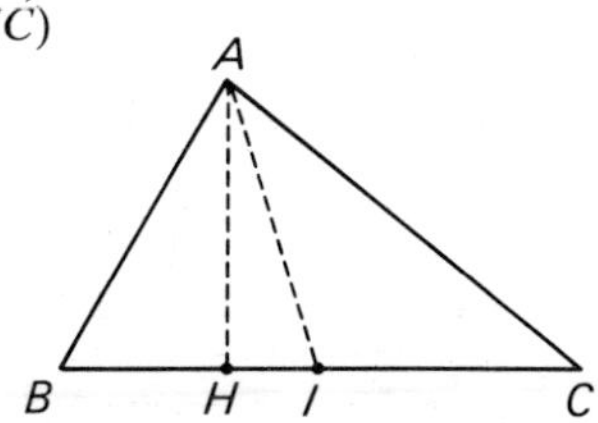

On obtient la relation cherchée : $AB^2 + AC^2 = 2AI^2 + \dfrac{BC^2}{2}$

2° Si le triangle est rectangle en A, $AB^2 + AC^2 = BC^2$, en remplaçant dans le premier théorème de la médiane, on obtient : $BC^2 = 2AI^2 + \dfrac{BC^2}{2}$

$AI^2 = \dfrac{BC^2}{4} \Rightarrow AI = \dfrac{BC}{2}$ · Dans un triangle rectangle en A, la médiane issue de A est égale à la moitié de l'hypothénuse.

3° $AB^2 - AC^2 = (\overrightarrow{AB} - \overrightarrow{AC})(\overrightarrow{AB} + \overrightarrow{AC})$

$AB^2 - AC^2 = \overrightarrow{CB}.2\overrightarrow{AI} = 2\overline{CB}.\overline{IH}$ (la définition du produit scalaire).

4° Si le triangle est isocèle $AB = AC$. Alors $2\overline{BC}.\overline{IH} = 0 \Rightarrow I = H$.
La médiane et la hauteur issues de A sont confondues.

5° Soit J et K les milieux des côtés (B, C) et (C, A).

Alors $AB^2 + AC^2 = 2AI^2 + \dfrac{BC^2}{2}$

$BA^2 + BC^2 = 2BK^2 + \dfrac{AC^2}{2}$

$CA^2 + CB^2 = 2CJ^2 + \dfrac{AB^2}{2}$ On ajoute membre à membre les trois égalités.

$$2(AB^2 + BC^2 + CA^2) = 2(AI^2 + BK^2 + CJ^2) + \frac{1}{2}(AB^2 + BC^2 + CA^2)$$

$$AI^2 + BK^2 + CJ^2 = \frac{3}{4}(AB^2 + BC^2 + CA^2).$$

30 **1°** Par symétrie les longueurs P_1Q et PQ sont égales. De même P_2R et PR sont égales. Par conséquent, le périmètre de PQR est la longueur de la ligne brisée P_1QRP_2.

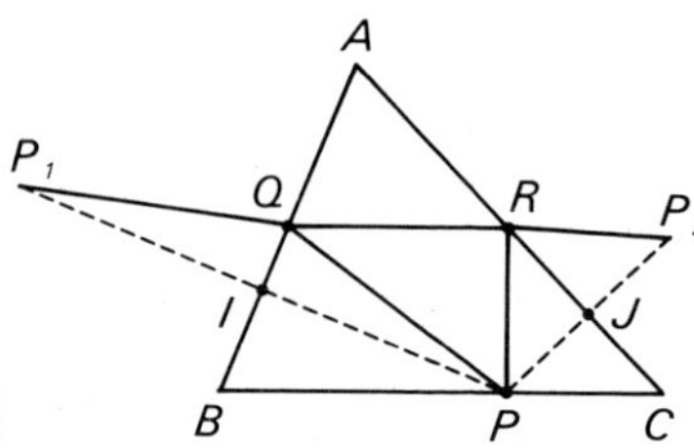

2° Dans le triangle BIP on a

$BI = BP \cos 60° = \dfrac{x}{2}$

$IP_1 = IP = \sqrt{BP^2 - BI^2} = \sqrt{x^2 - \dfrac{x^2}{4}} = x\dfrac{\sqrt{3}}{2}$

De même, dans le triangle CPJ, on a $CJ = CP \cos 60° = \dfrac{4 - x}{2}$

$JP_2 = JP = \sqrt{CP^2 - CJ^2} = \sqrt{(4 - x)^2 + \left(\dfrac{4 - x}{2}\right)^2} = \dfrac{(4 - x)\sqrt{3}}{2}$.

3° Si le triangle PQR est équilatéral, on a les égalités suivantes :

$\widehat{QBP} + \widehat{BPQ} + \widehat{PQB} = 180°$

$\widehat{CPR} + \widehat{RPQ} + \widehat{QPB} = 180°$

$60° + \widehat{BPQ} + \widehat{PQB} = \widehat{CPR} + 60° + \widehat{QPB}$. Donc, $\widehat{PQB} = \widehat{CPR}$. On démontre de même que $\widehat{QPB} = \widehat{PRC}$. Les triangles BPQ et CPR ayant trois angles égaux et un côté de même longueur $(PQ = PR)$ sont superposables. Par conséquent $BP = CR = x$. Un raisonnement analogue montre que $AQ = BP = CR = x$.

4° On détermine la longueur du côté QP :
$QP^2 = BP^2 + BQ^2 - 2BP.BQ \cos 60°$

$QP^2 = x^2 + (4-x)^2 - 2x(4-x) \times \frac{1}{2} = x^2 + 16 - 8x + x^2 - 4x + x^2$

$QP^2 = 3x^2 - 12x + 16.$

L'aire de PQR est $S = \frac{\sqrt{3}\,PQ^2}{4}$ (cf. ex. 16). $S = \frac{3\sqrt{3}}{4}x^2 - 3\sqrt{3}x + 4\sqrt{3}$.

Posons $f(x) = S$.

Étudions les variations de f.

$f'(x) = \frac{3\sqrt{3}}{2}x - 3\sqrt{3}$

$f'(x) = 0 \Leftrightarrow x = 2.$

x	0		2		4
$f'(x)$		$-$	0	$+$	
$f(x)$	$4\sqrt{3}$	↘	$\sqrt{3}$	↗	$4\sqrt{3}$

L'aire est minimale pour $x = 2$, c'est-à-dire lorsque P est le milieu de (B, C).
Elle est alors de $\sqrt{3}$ cm^2, c'est-à-dire le quart de l'aire du triangle ABC.

31 **1°** Soit $f(x) = \frac{1}{x}$

$f'(x) = -\frac{1}{x^2}$

x	$-\infty$		0		$+\infty$
$f'(x)$		$-$	‖	$-$	
$f(x)$	0	↘ $-\infty$	‖	$+\infty$ ↘	0

2° M_0 a pour coordonnées x_0 et $\frac{1}{x_0}$.

Une équation de la tangente à (C) en M est $y = f'(x_0)(x - x_0) + f(x_0)$.

$y = \frac{1}{x_0^2}(x - x_0) + \frac{1}{x_0} = -\frac{1}{x_0^2}x + \frac{2}{x_0}$

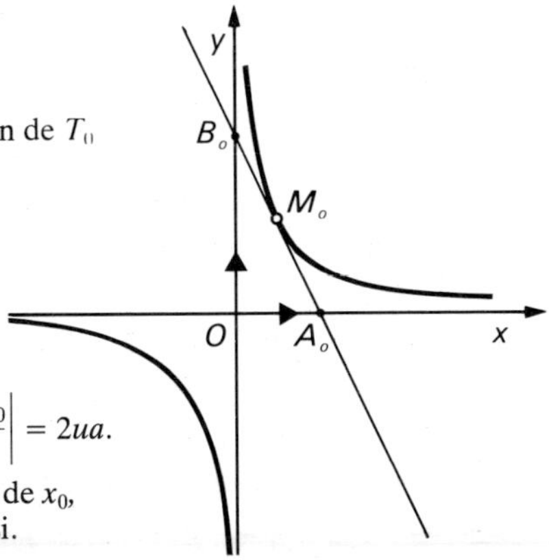

3° Les coordonnées des points d'intersection de T_0 avec les axes sont :

$A_0(2x_0, 0)$; $B_0\left(0, \frac{2}{x_0}\right)$

4° Le triangle OA_0B_0 est rectangle en O.
Son aire est :

$S_0 = \frac{1}{2} OA_0 \times OB_0 = \frac{1}{2}|2x_0| \times \left|\frac{2}{x_0}\right| = \frac{1}{2}\left|\frac{4x_0}{x_0}\right| = 2ua.$

L'aire de ce triangle est donc indépendante de x_0, c'est-à-dire indépendante du point M_0 choisi.

17 GÉOMÉTRIE DANS L'ESPACE

- **Vecteurs de l'espace**
- **Repères dans l'espace**
- **Droites et plans dans l'espace**

Vecteurs de l'espace

Toutes les propriétés des vecteurs du plan se généralisent aux vecteurs de l'espace. Rappelons quelques-unes de ces propriétés :

Pour tous vecteurs $\vec{u}$, $\vec{v}$ et $\vec{w}$ de l'espace :

– $\vec{u} + \vec{v} = \vec{v} + \vec{u}$ l'addition est commutative ;

– $(\vec{u} + \vec{v}) + \vec{w} = \vec{u} + (\vec{v} + \vec{w})$ l'addition est associative ;

– deux vecteurs non nuls $\vec{u}$ et $\vec{v}$ sont colinéaires si et seulement si $\exists \in \mathbb{R} \quad \vec{u} = k\vec{v}$ (si deux vecteurs sont colinéaires, ils ont la même direction) ;

– pour tous points A, B, C de l'espace $\overrightarrow{AB} + \overrightarrow{BD} = \overrightarrow{AC}$ (relation de Chasles) ;

– pour tous points A, B, C, D de l'espace les phrases suivantes sont équivalentes

a) $\overrightarrow{AB} = \overrightarrow{DC}$

b) $\overrightarrow{AD} = \overrightarrow{BC}$

c) (A, B, C, D) est un parallélogramme

d) les diagonales (A, C) et (B, D) se coupent en leur milieu ;

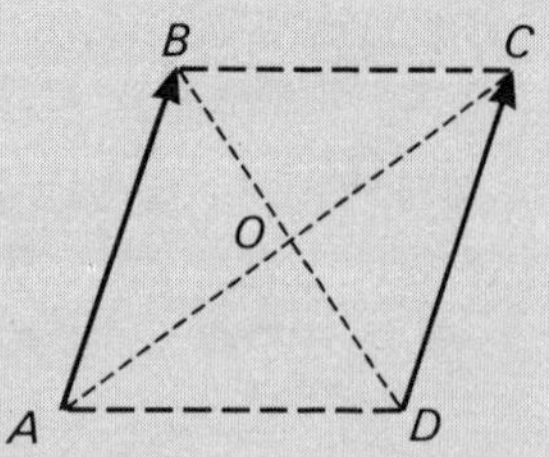

– trois vecteurs non nuls $\vec{u}$, $\vec{v}$, $\vec{w}$ sont coplanaires si et seulement si

$\exists\, \alpha \in \mathbb{R} \quad \exists\, \beta \in \mathbb{R} \quad \vec{u} = \alpha\,\vec{v} + \beta\,\vec{w}$

Par conséquent, quatre points distincts A, B, C, D sont coplanaires si et seulement si

$\exists\, \alpha \in \mathbb{R} \quad \exists\, \beta \in \mathbb{R} \quad \overrightarrow{AD} = \alpha\overrightarrow{AB} + \beta\overrightarrow{AC}.$

■ Repères dans l'espace

Soit O un point de l'espace et $(\vec{i}, \vec{j}, \vec{k})$ trois vecteurs non coplanaires de l'espace E.

On dit que $(\vec{i}, \vec{j}, \vec{k})$ est une base et $(O, \vec{i}, \vec{j}, \vec{k})$ est un repère de l'espace E.

Pour tout point M de E, il existe trois nombres et trois seulement x, y, z tels que

$\overrightarrow{OM} = x\vec{i} + y\vec{j} + z\vec{k}$.

x, y, z sont les coordonnées de M dans le repère $(O, \vec{i}, \vec{j}, \vec{k})$.

x est l'abscisse de M, y son ordonnée et z sa cote.

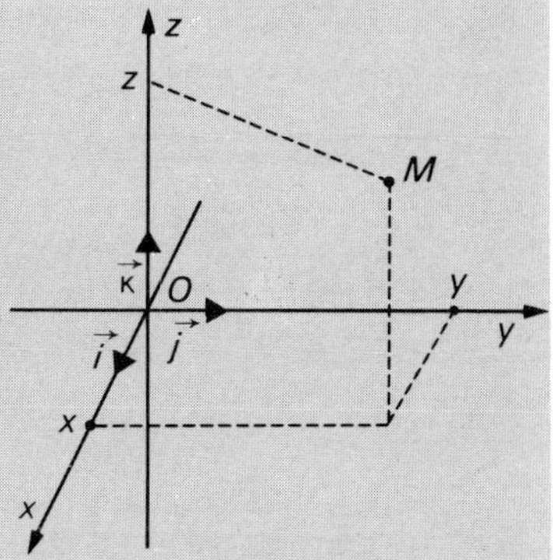

Soit $A(x_A, y_A, z_A)$ et $B(x_B, y_B, z_B)$ deux points quelconques de l'espace.

Les coordonnées du vecteur $\overrightarrow{AB}$ dans la base $(\vec{i}, \vec{j}, \vec{k})$ sont $(x_B - x_A, y_B - y_A, z_B - z_A)$.

Les coordonnées du milieu de (A, B) sont

$$\left(\frac{x_A + x_B}{2}, \frac{y_A + y_B}{2}, \frac{z_A + z_B}{2}\right)$$

Soit $\vec{u}(x, y, z)$ et $\vec{v}(x', y', z')$ deux vecteurs quelconques de l'espace.

Les coordonnées du vecteur $\vec{u} + \vec{v}$ sont $(x + x', y + y', z + z')$.

Les coordonnées du vecteur $k\vec{u}$ où $k \in \mathbb{R}$ sont (kx, ky, kz).

Si $xyz = 0$, $\vec{u}$ et $\vec{v}$ sont colinéaires si et seulement si $\frac{x'}{x} = \frac{y'}{y} = \frac{z'}{z}$.

■ Droites et plans dans l'espace

Une droite D est définie par la donnée de deux points distincts A et B ou encore par la donnée d'un point A et d'un vecteur directeur $\vec{u}\,(\vec{u} \neq \vec{O})$.

Un plan P est défini par la donnée de trois points non alignés A, B et C ou encore par la donnée d'un point A et de deux vecteurs non colinéaires $\vec{u}$ et $\vec{v}$.

- Deux droites D et D' peuvent être :

a) confondues

b) sécantes si elles ont un seul point commun

c) parallèles

d) non coplanaires
(D et D' ne sont pas dans le même plan).

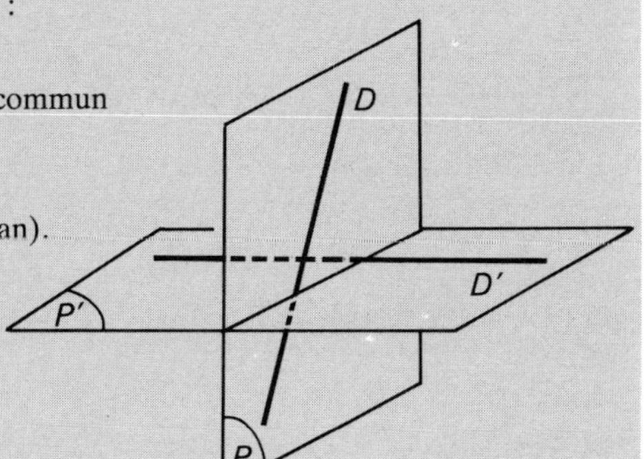

• Deux plans P et P' peuvent être :

a) confondus

b) strictement parallèles

c) sécants suivant une droite D.

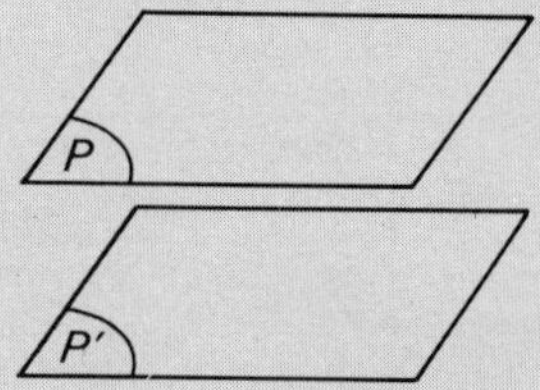

• Une droite D peut être :

a) contenue dans un plan P

b) sécante en un point à un plan P

c) parallèle à un plan P.

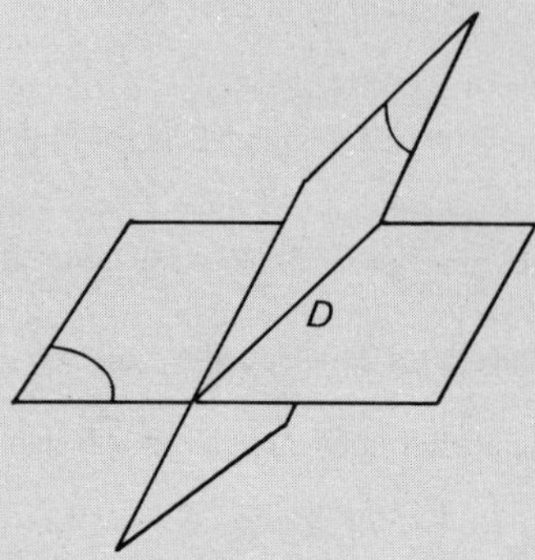

• Soit deux points distincts $A(x_A, y_A, z_A)$ et $B(x_B, y_B, z_B)$. Un point M appartient à la droite (AB) si et seulement si $\exists\, k \in \mathbb{R} \quad \overrightarrow{AM} = k\overrightarrow{AB}$

On obtient le système $\begin{cases} x = x_A + k(x_B - x_A) \\ y = y_A + k(y_B - y_A) \\ z = z_A + k(z_B - z_A) \end{cases}$ appelé représentation paramétrique de (AB)

• Soit trois points non alignés $A(x_A, y_A, z_A)$, $B(x_B, y_B, z_B)$ et $C(x_C, y_C, z_C)$. Un point M appartient au plan (ABC) si et seulement si $\exists\, k \in \mathbb{R}$ et $\exists\, k' \in \mathbb{R}$ $\overrightarrow{AM} = k\overrightarrow{AB} + k\overrightarrow{AC}$. On obtient le système :

$\begin{cases} x = x_A + k(x_B - x_A) + k'(x_C - x_A) \\ y = y_A + k(y_B - y_A) + k'(y_C - y_A) \\ z = z_A + k(z_B - z_A) + k'(z_C - z_A) \end{cases}$ appelé représentation paramétrique du plan P.

A partir de ce système on obtient une équation cartésienne du plan en éliminant les paramètres k et k'.

■ Vecteurs de l'espace

1 On considère trois points de l'espace. I est le milieu de (A, B). Montrez que le vecteur $\overrightarrow{MA} + \overrightarrow{MB} - 2\overrightarrow{MI}$ est indépendant de M. Trouvez le point M tel que $\overrightarrow{MA} + \overrightarrow{MB} = \overrightarrow{MC}$.

2 Soit A, B, C et D quatre points non coplanaires de l'espace. On appelle I le milieu de (A, C), J le milieu de (B, D), K le milieu de (A, D) et L le milieu de (B, C). Faites un dessin et démontrez les égalités suivantes :

$\overrightarrow{AB} + \overrightarrow{CD} = 2\overrightarrow{IJ}$ et $\overrightarrow{AB} - \overrightarrow{CD} = 2\overrightarrow{KL}$. Que pouvez-vous dire des droites (KI) et (JL) ?

3 Soit A, B, C et D quatre points non coplanaires. Représentez les points E, F, G, H définis par : $\overrightarrow{AE} = \frac{1}{3}\overrightarrow{AB}$; $\overrightarrow{AF} = \frac{1}{3}\overrightarrow{AD}$; $\overrightarrow{CG} = \frac{1}{3}\overrightarrow{CD}$ et $\overrightarrow{CH} = \frac{1}{3}\overrightarrow{CB}$.
Démontrez que $EFGH$ est un parallélogramme.

4 Soit A, B, C trois points non alignés. On considère l'application f de E dans E qui à tout point M de E associe le point M' de E tel que $\overrightarrow{MM'} = \overrightarrow{MA} + \overrightarrow{MB} + \overrightarrow{MC}$. En utilisant le centre de gravité G de A, B, C, montrez que f est une homothétie.

5 On considère quatre points A, B, C, D non coplanaires. On appelle G le barycentre de $(A, 3)$, $(B, -2)$, $(C, 2)$ et $(D, -2)$. M étant un point quelconque de l'espace E exprimez le vecteur $\vec{V} = 3\overrightarrow{MA} - 2\overrightarrow{MB} + 2\overrightarrow{MC} - 2\overrightarrow{MD}$ en fonction du vecteur $\overrightarrow{MG}$.

Déterminez l'ensemble des points M tels que $\vec{V}$ soit colinéaire à $\overrightarrow{AB}$.

6 Soit A, B, C trois points non alignés et D une droite passant par A non contenue dans le plan ABC. Soit M un point de D distinct de A. Représentez les points suivants :
I barycentre de $(A, 1)$, $(M, 2)$; J barycentre de $(B, -1)$, $(C, 1)$; K barycentre de $(A, 1)$, $(B, -1)$, $(C, 2)$, $(M, 2)$.

■ Repères dans l'espace

Dans tous les exercices suivants l'espace est rapporté à un repère $(O, \vec{i}, \vec{j}, \vec{k})$.

7 On donne les points suivants : $A\left(1, \frac{1}{2}, -1\right)$, $B\left(0, \frac{3}{2}, 1\right)$, $C\left(-2, \frac{1}{2}, 0\right)$.

Déterminez les coordonnées des vecteurs $\overrightarrow{AB}$ et $\overrightarrow{BC}$. Déterminez les coordonnées du milieu I de (A, B), du milieu J de (B, C), du milieu K de (A, C).
Quelles sont les coordonnées du point L tel que $IJKL$ soit un parallélogramme ?

8 Déterminez les coordonnées du barycentre G de $(A, 1)$, $(B, 1)$, $(C, -1)$ les points A, B et C étant les mêmes que dans l'exercice précédent.

9 Les points $A(1, 4, 0)$, $B(-2, 3, 1)$ et $C(7, 6, -2)$ sont-ils alignés ?

10 Même question avec les points $A(2, -1, 1)$, $B(3, 7, -3)$ et $C(0, -4, 1)$.

11 Les points $A(0, 1, -2)$, $B(2, 5, 4)$, $C\left(-\frac{1}{2}, 0, -1\right)$ et $D(1, 3, 5)$ sont-ils coplanaires ?

12 Même question avec les points $A(1, 1, 1)$, $B(0, 2, 1)$, $C(-1, -3, -2)$ et $D(0, 2, 5)$.

13 Déterminez s'ils existent les réels non nuls m et p pour que les vecteurs $\vec{u}(m, m+p, 2m-p)$ et $\vec{v}\left(m, \frac{p}{2}, 5m+p\right)$.

14 Même question avec $\vec{u}(m-p, m-2p, p)$ et $\vec{v}\left(\frac{m}{2}+p, 3m+2p, -2p\right)$.

15 Les vecteurs $\vec{u}$, $\vec{v}$ et $\vec{w}$ suivants sont-ils coplanaires :
$\vec{u}\left(1, -\frac{3}{2}, \frac{7}{2}\right)$, $\vec{v}\left(2, -\frac{1}{2}, \frac{5}{2}\right)$, $\vec{w}\left(3, -1, \frac{1}{2}\right)$?

16 Même question avec les vecteurs :
$\vec{u}(2, -1, 2\sqrt{2})$, $\vec{v}(\sqrt{2}, -\sqrt{2}, 2)$, $\vec{w}(4, -3, 4\sqrt{2})$.

■ Droites et plans de l'espace

Donnez une représentation paramétrique de chacune des droites D *suivantes (exercices 17 à 20).*

17 D passe par $A(2, -1, 0)$ et $B(1, 7, -3)$.

18 D passe par $A\left(1, -\frac{1}{2}, \frac{1}{4}\right)$ et admet pour vecteur directeur $\vec{u}(-1, 0, 3)$.

19 D passe par $A\left(\sqrt{3}, 2, -\frac{1}{3}\right)$ et est parallèle à la droite D' admettant pour représentation paramétrique le système

$$\begin{cases} x = 2 - k \\ y = 3 \\ z = -7 + 2k \end{cases}$$

20 D passe par l'origine du repère et par le point $A(2, 1, -1)$.

---

21 On considère la droite D de représentation paramétrique :

$$\begin{cases} x = -1 + 2k \\ y = 3k \\ z = 1 + k \end{cases}$$

Les points suivants appartiennent-ils à D :
$A(1, 3, 2)$? $B\left(0, 1, \frac{1}{3}\right)$? $C(-1, 0, 1)$?

22 Étudiez l'intersection des deux droites D et D' définies par :

$$D \begin{cases} x = 2 - 6k \\ y = 1 + 2k \\ z = -1 - 12k \end{cases} \qquad D' \begin{cases} x = 1 + \frac{9}{2}t \\ y = -3t \\ z = 4 + 18t \end{cases}$$

23 Même question avec les droites définies par :

$$D \begin{cases} x = -1 + 3k \\ y = 2 - \frac{1}{2}k \\ z = -2k \end{cases} \qquad D' \begin{cases} x = -4 + t \\ y = 3 \\ z = 1 - t \end{cases}$$

24 Même question avec les droites définies par :

$$D \begin{cases} x = -1 + k \\ y = 2 + 3k \\ z = -4 \end{cases} \qquad D' \begin{cases} x = 1 + 2t \\ y = -3t \\ z = -5 + t \end{cases}$$

Donnez une représentation paramétrique, puis une équation cartésienne du plan P *dans les cas suivants (ex. 25 à 27).*

25 P passe par les points $A(2, -1, 4)$, $B(0, 1, 3)$ et $C(-1, 1, 1)$.

26 P passe par le point $A\left(1, \frac{1}{2}, -\frac{1}{2}\right)$ et a pour vecteurs directeurs $\vec{u}(1, -4, 3)$ et $\vec{v}(2, 1, 0)$.

27 P passe par les points $A(4, -1, 2)$ et $B(1, 0, 1)$ et a pour vecteur directeur $\vec{u}(2, 1, -2)$.

28 Déterminez l'intersection du plan P d'équation $2x + y - z = -1$ avec la droite D de représentation paramétrique :

$$\begin{cases} x = -1 + 2t \\ y = 2 - t \\ z = 3 + t \end{cases}$$

29 Déterminez l'intersection du plan P d'équation $y + 2z = 0$ avec la droite D de représentation paramétrique

$$\begin{cases} x = 3k \\ y = -\frac{1}{2} + 2k \\ z = 1 - k \end{cases}$$

30 Déterminez l'intersection du plan P d'équation $x - 2y + z = 3$ avec la droite D de représentation paramétrique

$$\begin{cases} x = 1 - k \\ y = -5 + 3k \\ z = 1 + 7k \end{cases}$$

31 L'espace E est rapporté à un repère $(O, \vec{i}, \vec{j}, \vec{k})$.
On considère les points suivants : $I(1, 0, 0)$, $J(0, 1, 0)$, $K(0, 0, 1)$ et $M(0, 0, m)$.
Soit D et D' deux droites définies par leurs représentations paramétriques :

$$D\begin{cases} x = 4 + k \\ y = 5 - 4k \\ z = 1 + k \end{cases} \qquad D'\begin{cases} x = 4 + 2t \\ y = 5 + t \\ z = 1 + t \end{cases}$$

1° Déterminez en fonction du réel m les coordonnées des points d'intersection A et B de D et D' avec le plan passant par M et parallèle au plan OIJ.

2° Déterminez la valeur de m pour que les points M, A et B soient alignés.

3° Montrez qu'il existe deux droites D_1 et D_2 sécantes avec D, D' et (OK) et parallèles au plan OIJ.

32 Soit le plan P d'équation $2x - y + z + 1 = 0$ et Q le plan d'équation $3x + y - 2z = 0$.

1° Déterminez deux points distincts appartenant à l'intersection de P et de Q.

2° Déduisez-en une représentation paramétrique de la droite D, intersection de P avec Q.

3° Soit $A(1, 1, -2)$ un point de l'espace. Vérifiez que A appartient à P.
Déterminez une équation cartésienne du plan Q' passant par A et parallèle au plan Q.

4° Déterminez une équation cartésienne de l'image du plan Q' par l'homothétie de centre O et de rapport -1.

5° Même question pour l'homothétie de centre A et de rapport $k (k \neq 0)$.

33 Dans un repère $(O, \vec{i}, \vec{j}, \vec{k})$ on considère les points $A(1, 1, 0)$ et $B(0, -1, 2)$, ainsi que les vecteurs $\vec{u}(a, -a + 1, -a)$ et $\vec{v}(2a, -3a + 1, a + 3)$ avec $a \in \mathbb{R}^*$.

1° Montrez que $\vec{u}$ et $\vec{v}$ ne sont jamais nuls.

2° Soit D la droite passant par A et de vecteur directeur $\vec{u}$ et D' la droite passant par B et de vecteur directeur $\vec{v}$. Pour quelle(s) valeur(s) de a, D et D' sont-elles strictement parallèles ? sécantes ? confondues ? non coplanaires ?

3° Démontrez que lorsque a varie, l'ensemble des droites D est un plan dont on donnera une équation.

SOLUTIONS DES EXERCICES

1 Si I est milieu de (A, B), il vérifie la relation vectorielle : $\overrightarrow{IA} + \overrightarrow{AB} = \vec{O}$. Posons $\vec{V} = \overrightarrow{MA} + \overrightarrow{MB} - 2\overrightarrow{MI}$. En utilisant la relation de Chasles, on peut écrire $\vec{V} = \overrightarrow{MI} + \overrightarrow{MI} + \overrightarrow{IA} + \overrightarrow{IB} - 2\overrightarrow{MI} = \vec{O}$. Donc $\vec{V}$ est indépendant de M.

D'après la question précédente $\overrightarrow{MA} + \overrightarrow{MB} = \overrightarrow{MC}$ est équivalent à $2\overrightarrow{MI} = \overrightarrow{MC}$ ou encore $2\overrightarrow{MI} = \overrightarrow{MI} + \overrightarrow{IC}$, c'est-à-dire $\overrightarrow{IM} = -\overrightarrow{IC}$. M est le symétrique de C par rapport à I.

2 En utilisant la relation de Chasles et la définition du milieu d'un bipoint, on a :

$\overrightarrow{AB} + \overrightarrow{CD} = \overrightarrow{AI} + \overrightarrow{IJ} + \overrightarrow{JB} + \overrightarrow{CI} + \overrightarrow{IJ} + \overrightarrow{JD}$

$\overrightarrow{AB} + \overrightarrow{CD} = 2\overrightarrow{IJ}$ (car $\overrightarrow{AI} + \overrightarrow{CI} = \vec{O}$ et $\overrightarrow{JB} + \overrightarrow{JD} = \vec{O}$)

De même, $\overrightarrow{AB} - \overrightarrow{CD} = \overrightarrow{AK} + \overrightarrow{KL} + \overrightarrow{LB} - (\overrightarrow{CL} + \overrightarrow{LK} + \overrightarrow{KD}) = 2\overrightarrow{LK}$

(car $\overrightarrow{AK} - \overrightarrow{KD} = \vec{O}$ et $\overrightarrow{LB} - \overrightarrow{CL} = \vec{O}$)

Dans le triangle ADC, la droite (KI) joignant le milieu des deux côtés AC et AD est parallèle au troisième côté (DC). De même, dans le triangle BCD, la droite (JL) est parallèle à (DC).

Deux droites parallèles à une même troisième sont parallèles entre elles ; par conséquent (KI) est parallèle à (JL).

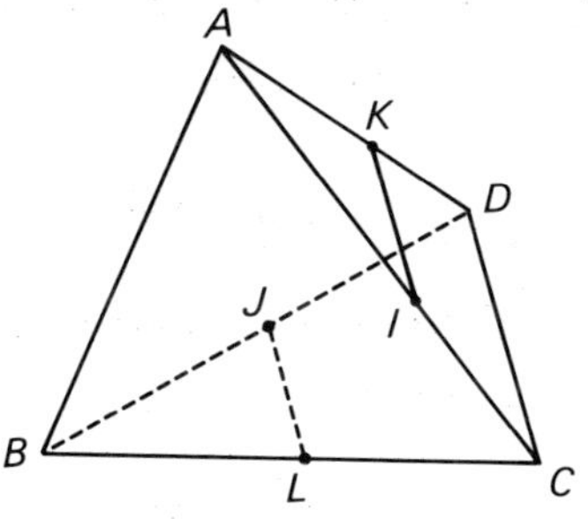

3 $\overrightarrow{EF} = \overrightarrow{EA} + \overrightarrow{AF} = \frac{1}{3}\overrightarrow{BA} + \frac{1}{3}\overrightarrow{AD} = \frac{1}{3}(\overrightarrow{BA} + \overrightarrow{AD}) = \frac{1}{3}\overrightarrow{BD}$

$\overrightarrow{HG} = \overrightarrow{HC} + \overrightarrow{CG} = \frac{1}{3}\overrightarrow{BC} + \frac{1}{3}\overrightarrow{CD} = \frac{1}{3}(\overrightarrow{BC} + \overrightarrow{CD}) = \frac{1}{3}\overrightarrow{BD}$.

Par conséquent, $\overrightarrow{EF} = \overrightarrow{HG}$ et $EFGH$ est un parallélogramme.
On peut remarquer que les quatre points E, F, G, H sont coplanaires.

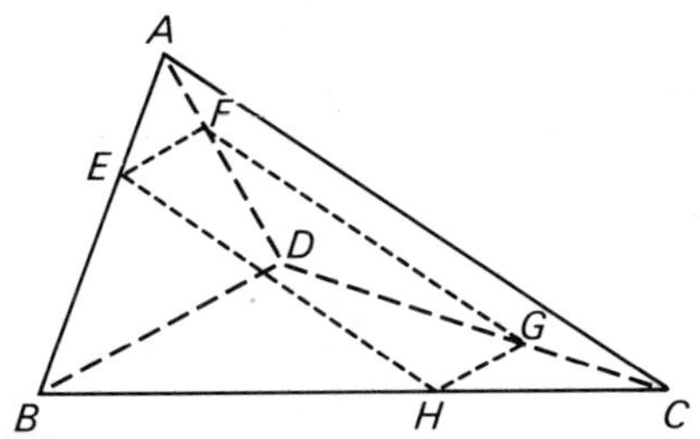

4 Le centre de gravité G de A, B, C vérifie l'égalité vectorielle suivante

$\overrightarrow{GA} + \overrightarrow{GB} + \overrightarrow{GC} = \vec{O}$.

$\overrightarrow{MM'} = \overrightarrow{MA} + \overrightarrow{MB} + \overrightarrow{MC}$

est équivalent à $\overrightarrow{MG} + \overrightarrow{GM'} = \overrightarrow{MG} + \overrightarrow{GA} + \overrightarrow{MG} + \overrightarrow{GB} + \overrightarrow{MG} + \overrightarrow{GC}$

$\overrightarrow{GM'} = -2\overrightarrow{GM}$. Par conséquent f est une homothétie de centre G et de rapport -2.

5 Si G est le barycentre de $(A, 3)$, $(B, -2)$, $(C, 2)$ et $(D, -2)$ on a l'égalité suivante :

$3\overrightarrow{GA} - 2\overrightarrow{GB} + 2\overrightarrow{GC} - 2\overrightarrow{GD} = \vec{O}$

$$\vec{V} = 3\overrightarrow{MA} - 2\overrightarrow{MB} + 2\overrightarrow{MC} - 2\overrightarrow{MD} = 3(\overrightarrow{MG} + \overrightarrow{GA}) - 2(\overrightarrow{MG} + \overrightarrow{GB}) + 2(\overrightarrow{MG} + \overrightarrow{GC}) - 2(\overrightarrow{MG} + \overrightarrow{GD})$$

$\vec{V} = \overrightarrow{MG} + 3\overrightarrow{GA} - 2\overrightarrow{GB} + 2\overrightarrow{GC} - 2\overrightarrow{GD} = \overrightarrow{MG}$.

Pour que $\vec{V}$ soit colinéaire à $\overrightarrow{AB}$, il faut que M appartienne à la droite passant par G et parallèle à (AB).

6 Les barycentres I et J sont définis par :

$$\overrightarrow{OI} = \frac{\overrightarrow{OA} + 2\overrightarrow{OM}}{3}$$

et $$\overrightarrow{OJ} = \frac{-\overrightarrow{OB} + 2\overrightarrow{OC}}{1}$$

(O étant un point quelconque de l'espace.)

si $O = A$ $\quad \overrightarrow{AI} = \frac{2}{3}\overrightarrow{AM}$;

si $O = B$ $\quad \overrightarrow{BJ} = 2\overrightarrow{BC}$.

K barycentre de $(A, 1)$, $(B, -1)$, $(C, 2)$ et $(M, 2)$ est aussi le barycentre de $(I, 3)$ et $(J, 1)$ (barycentres partiels).

$$\overrightarrow{OK} = \frac{3\overrightarrow{OI} + \overrightarrow{OJ}}{4} \cdot \text{Si } O = I \quad \overrightarrow{IK} = \frac{1}{4}\overrightarrow{IJ}.$$

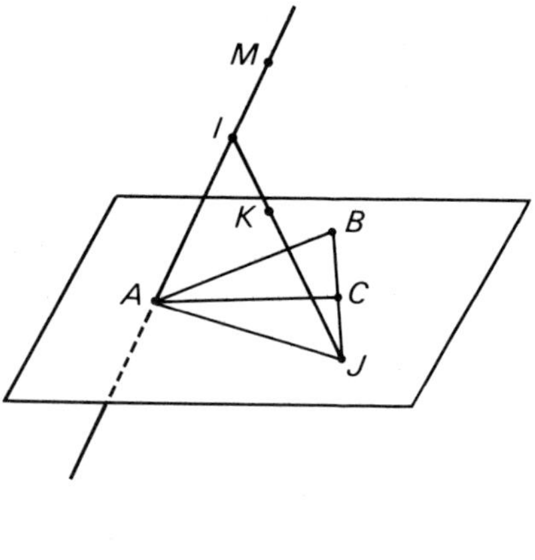

7 $\overrightarrow{AB}(-1, 1, 2) \qquad \overrightarrow{BC}(-2, -1, -1)$

$I\left(\frac{1}{2}, 1, 0\right) \qquad J\left(-1, 1, \frac{1}{2}\right) \qquad K\left(-\frac{1}{2}, \frac{1}{2}, -\frac{1}{2}\right)$

Si $IJKL$ est un parallélogramme alors $\overrightarrow{IJ} = \overrightarrow{LK}$.
Soit (x, y, z) les coordonnées de L. On obtient le système suivant :

$$\begin{cases} -\frac{1}{2} - x = -1 - \frac{1}{2} \\ \frac{1}{2} - y = 1 - 1 \\ -\frac{1}{2} - z = \frac{1}{2} - 0 \end{cases} \qquad \begin{cases} x = 1 \\ y = \frac{1}{2} \\ z = -1 \end{cases}$$

8 La définition des barycentres permet d'écrire :

$$\overrightarrow{OG} = \frac{\overrightarrow{OA} + \overrightarrow{OB} - \overrightarrow{OC}}{1 + 1 - 1} = \overrightarrow{OA} + \overrightarrow{CB}.$$

$$\begin{cases} x_G = 1 + 0 + 2 \\ y_G = \frac{1}{2} + \frac{3}{2} - \frac{1}{2} \\ z_G = -1 + 1 - 0 \end{cases} \qquad \begin{cases} x_G = 3 \\ y_G = \frac{3}{2} \\ z_G = 0 \end{cases}$$

9 On cherche les coordonnées des vecteurs $\overrightarrow{AB}$ et $\overrightarrow{AC}$.

$\overrightarrow{AB}(-3, -1, 1) \qquad \overrightarrow{AC}(6, 2, -2)$

On remarque que $\overrightarrow{AC} = -2\overrightarrow{AB}$. Les vecteurs sont colinéaires, donc les points sont alignés.

10 $\overrightarrow{AB}(1, 8, -4) \qquad \overrightarrow{AC}(-2, -3, 0)$

$\overrightarrow{AB}$ et $\overrightarrow{AC}$ sont colinéaires si leurs coordonnées sont proportionnelles.

Or $\quad \frac{-2}{1} \neq \frac{-3}{8} \neq \frac{0}{-4}$;

ou encore : $\overrightarrow{AB}$ et $\overrightarrow{AC}$ sont colinéaires si $\exists\ k \in \mathbb{R} \quad \overrightarrow{AC} = k\overrightarrow{AB}$, ce qui donne le système suivant

$$\begin{cases} -2 = k \times 1 \\ -3 = k \times 8 \\ \ \ 0 = k \times (-4) \end{cases}$$

Ce système n'admet pas de solution.

Les points A, B, C ne sont pas alignés.

11 Quatre points A, B, C, D distincts sont coplanaires si et seulement si

$\exists\ \alpha \in \mathbb{R} \quad \exists\ \beta \in \mathbb{R} \qquad \overrightarrow{AD} = \alpha\overrightarrow{AB} + \beta\overrightarrow{AC}.$

On obtient le système de trois équations à deux inconnues suivant :

$$\begin{cases} 2\alpha - \frac{1}{2}\beta = 1 \\ 4\alpha - \beta \quad = 2 \\ 6\alpha + \beta \quad = 7 \end{cases}$$

On résout le système formé par les deux dernières équations et on vérifie dans la troisième.

$$\begin{cases} \alpha = \frac{9}{10} \\ \beta = \frac{8}{5} \\ 2 \times \frac{9}{10} - \frac{1}{2} \times \frac{8}{5} = 1 \end{cases}$$

Les quatre points sont coplanaires.

12 Une démarche analogue conduit au système suivant :

$$\begin{cases} -\alpha - 2\beta = -1 \\ \alpha - 4\beta = 1 \\ 0\,\alpha - 3\beta = 4 \end{cases} \qquad \begin{cases} \alpha = \dfrac{19}{3} \\ \beta = -\dfrac{4}{3} \\ -\dfrac{19}{3} + \dfrac{8}{3} \neq -1 \end{cases}$$

Les points A, B, C, D ne sont pas coplanaires.

13 m et p étant non nuls, pour que les vecteurs $\vec{u}$ et $\vec{v}$ soient colinéaires, il faut et il suffit que leurs coordonnées soient proportionnelles :

$$\frac{m}{m} = \frac{m+p}{\dfrac{p}{2}} = \frac{2m-p}{5m+p}$$

c'est-à-dire $\begin{cases} m + p = \dfrac{p}{2} \\ 2m - p = 5m + p \end{cases}$ $\begin{cases} 2m + p = 0 \\ 3m + 2p = 0 \end{cases}$ $\begin{cases} m = 0 \\ p = 0 \end{cases}$

il n'existe pas de valeur de m et p telle que $\vec{u}$ et $\vec{v}$ soient colinéaires.

14 $$\frac{m-p}{\dfrac{m}{2}+p} = \frac{m-2p}{3m+2p} = \frac{p}{-2p}$$

ce qui donne le système $\begin{cases} -2m + 2p = \dfrac{m}{2} + p \\ -2m + 4p = 3m + 2p \end{cases}$ $\begin{cases} -5m + 2p = 0 \\ -5m + 2p = 0. \end{cases}$

Les vecteurs $\vec{u}$ et $\vec{v}$ sont colinéaires dès que $m = \dfrac{2}{5}p$.

15 Les vecteurs $\vec{u}$, $\vec{v}$ et $\vec{w}$ sont coplanaires si et seulement si $\exists\, \alpha \in \mathbb{R}$ $\exists\, \beta \in \mathbb{R}$ $\vec{w} = \alpha\vec{u} + \beta\vec{v}$. On obtient alors le système suivant :

$$\alpha + 2\beta = 3$$
$$-\frac{3}{2}\alpha - \frac{1}{2}\beta = -1$$
$$\frac{7}{2}\alpha + \frac{5}{2}\beta = \frac{1}{2}$$

On résout le système formé par les deux premières équations et on remplace dans la troisième :

$$\alpha = \frac{1}{5}$$
$$\beta = \frac{7}{5}$$
$$\frac{7}{2} \times \frac{1}{5} + \frac{5}{2} \times \frac{7}{5} \neq \frac{1}{2}$$

$\vec{u}$, $\vec{v}$ et $\vec{w}$ ne sont pas coplanaires.

16 Un raisonnement analogue donne le système :

$$\begin{cases} 2\alpha + \sqrt{2}\,\beta = 4 \\ -\alpha - \sqrt{2}\,\beta = -3 \\ 2\sqrt{2}\,\alpha + 2\beta = 4\sqrt{2} \end{cases} \quad \text{équivalent à} \quad \begin{cases} \alpha = 1 \\ \beta = \sqrt{2} \\ 2\sqrt{2} + 2\sqrt{2} = 4\sqrt{2} \end{cases}$$

Par conséquent, $\vec{w} = \vec{u} + \sqrt{2}\,\vec{v}$. Les vecteurs sont coplanaires.

17 Un vecteur directeur de D est $\overrightarrow{AB}(-1, 8, -3)$

M appartient à D si et seulement si $\exists\, k \in \mathbb{R}\ \overrightarrow{AM} = k\overrightarrow{AB}$. Cette égalité vectorielle donne le système : $\begin{cases} x = 2 - k \\ y = -1 + 8k \\ z = 0 - 3k \end{cases}$ représentation paramétrique de D

Il faut se rappeler que D *admet une infinité de représentations paramétriques. Tout dépend du choix du point et du vecteur directeur.*

18 $$\begin{cases} x = 1 - k \\ y = -\dfrac{1}{2} \\ z = \dfrac{1}{4} + 3k \end{cases}$$

19 La droite D' a pour vecteur directeur $\vec{u}(-1, 0, 2)$. D est donc la droite passant par A et de vecteur directeur $\vec{u}$ $\begin{cases} x = \sqrt{3} - k \\ y = 2 \\ z = -\dfrac{1}{3} + 2k \end{cases}$

20 Un vecteur directeur de D est $\overrightarrow{OA}(2, 1, -1)$

Représentation paramétrique de D $\begin{cases} x = 2k \\ y = k \\ z = -k \end{cases}$

21 Si A appartient à D, il existe une valeur de paramètre k donnant les coordonnées de A.

On obtient le système : $\begin{cases} -1 + 2k = 1 \\ 3k = 3 \\ 1 + k = 2 \end{cases} \Leftrightarrow \begin{cases} k = 1 \\ k = 1 \\ k = 1 \end{cases}$ donc $A \in D$.

De même pour B $\begin{cases} -1 + 2k = 0 \\ 3k = 1 \\ 1 + k = \dfrac{3}{2} \end{cases} \Leftrightarrow \begin{cases} k = \dfrac{1}{2} \\ k = \dfrac{1}{3} \\ k = \dfrac{1}{2} \end{cases}$ donc $B \notin D$

De même pour C $\begin{cases} -1 + 2k = -1 \\ 3k = 0 \\ 1 + k = 1 \end{cases} \Leftrightarrow \begin{cases} k = 0 \\ k = 0 \\ k = 0 \end{cases}$ donc $C \in D$

22 Chercher l'intersection de D et de D' revient à résoudre le système :

$$\begin{cases} 2 - 6k = 1 + \frac{9}{2}t \\ 1 + 2k = -3t \\ -1 - 12k = 4 + 18t \end{cases} \quad \begin{cases} 6k + \frac{9}{2}t = 1 \\ 2k + 3t = -1 \\ 12k + 18t = -5 \end{cases} \quad \begin{cases} k = \frac{5}{6} \\ t = -\frac{8}{9} \\ 12 \times \frac{5}{6} + 18\left(-\frac{8}{9}\right) \neq -5 \end{cases}$$

D et D' ont une intersection vide.

D *a pour vecteur directeur* $\vec{u}(-6, 2, -12)$

D' *a pour vecteur directeur* $\vec{u}\left(\frac{9}{2}, -3, 18\right) \cdot \vec{u}' = -\frac{3}{2}\vec{u}$.

D *et* D' *sont parallèles car* $\vec{u}$ *et* $\vec{u}'$ *sont colinéaires.*

23 Même démarche qu'à l'exercice précédent :

$$\begin{cases} -1 + 3k = -4 + t \\ 2 - \frac{1}{2}k = 3 \\ -2k = 1 - t \end{cases} \Leftrightarrow \begin{cases} t = -3 \\ k = -2 \\ 4 = 4 \end{cases}$$

Il existe un point d'intersection entre D et D'. Les coordonnées de ce point A s'obtiennent en remplaçant t ou k par leur valeur dans l'une ou l'autre des représentations paramétriques ;

$$A \begin{cases} x = -1 + 3(-2) = -7 \\ y = 2 - \frac{1}{2}(-2) = 3 \\ z = -2(-2) = 4 \end{cases}$$

24

$$\begin{cases} -1 + k = 1 + 2t \\ 2 + 3k = -3 \\ -4 = -5 + t \end{cases} \qquad \begin{cases} k = -\frac{5}{3} \\ t = -1 \\ -1 - \frac{5}{3} \neq 1 - 2 \end{cases}$$

D et D' ont une intersection vide. L'étude de leurs vecteurs directeurs montre qu'ils ne sont pas colinéaires. D et D' ne sont *ni parallèles ni sécantes*.

Dans l'espace, deux droites peuvent avoir une intersection vide sans être parallèles. Elles sont alors non coplanaires.

25 Un point M appartient à P si et seulement si $\exists\, k \in \mathbb{R} \quad \exists\, k' \in \mathbb{R}$

$\overrightarrow{AM} = k\overrightarrow{AB} + k\overrightarrow{AC}$. On obtient la représentation paramétrique suivante :

$$P \begin{cases} x = 2 - 2k - 3k' \\ y = -1 + 2k + 2k' \\ z = 4 - k - 3k' \end{cases}$$

Considérons le système formé par les deux premières équations et cherchons les valeurs de k et de k' en fonction de x et y.

$$\begin{cases} x = 2 - 2k - 3k' \\ y = -1 + 2k + 2k' \end{cases} \qquad \begin{cases} k' = 1 - x - y \\ k = x + \frac{3}{2}y - \frac{1}{2} \end{cases}$$

Remplaçons dans la troisième équation :

$z = 4 - x - \frac{3}{2}y + \frac{1}{2} - 3 + 3x + 3y$

$2x + \frac{3}{2}y - z = -\frac{3}{2}$ équation cartésienne de P.

Toute équation équivalente à la précédente est bien entendu aussi une équation cartésienne de P.

26 M appartient au plan P si et seulement si $\exists\, k \in \mathbb{R} \quad \exists\, k' \in \mathbb{R} \quad \overrightarrow{AM} = k\,\vec{u} + k'\,\vec{v}$.

$$P \begin{cases} x = 1 + k + 2k' \\ y = \frac{1}{2} - 4k + k' \\ z = +3k + 0k' \end{cases}$$

Les deux dernières équations donnent $\begin{cases} k = \frac{1}{3}z + \frac{1}{6} \\ k' = y + \frac{4}{3}z + \frac{1}{6} \end{cases}$

En remplaçant dans la première, on obtient :

$x - 2y - 3z = \frac{3}{2}$

27 $P \begin{cases} x = 4 - 3k + 2k' \\ y = -1 + k + k' \\ z = 2 - k - 2k' \end{cases}$ en prenant pour vecteurs directeurs $\overrightarrow{AB}$ et $\vec{u}$

Les deux dernières équations donnent $k' = -y - z + 1$
$k = 2y + z$

En remplaçant dans la première, on obtient une équation cartésienne de P ;
$x + 8y + 5z = 6$.

28 On remplace dans l'équation de P, x, y et z par leur valeur en fonction de t ;
$2(-1 + 2t) + 2 - t - (3 + t) = -1 \quad \Rightarrow \quad t = 1$.

P et D ont un point d'intersection le point A de coordonnées

$$\begin{cases} x = 1 \\ y = 1 \\ z = 4 \end{cases}$$

29 Même démarche que dans l'exercice précédent :

$-\frac{1}{2} + 2k + 2 - 2k = 0 \quad \Rightarrow \quad 0k = 0$

k est quelconque dans $\mathbb{R}$. Par conséquent tout point de D est dans P. La droite D est contenue dans le plan P.

30 $1 - k - 2(-5 + 3k) + 1 + 7k = 3$
$1 - k + 10 - 6k + 1 + 7k = 3$
$0k = -9 \quad \Rightarrow \quad S = \varnothing$. D et P ont une intersection vide, D est parallèle à P.

31 **1°** Un plan P parallèle au plan OIJ et passant par M a pour équation $z = m$.
Son intersection avec D est le point A de coordonnées $(m + 3, -4m + 9, m)$
Son intersection avec D' est le point B de coordonnées $(2m + 2, m + 4, m)$

2° Les points M, A, B sont alignés si et seulement si les vecteurs $\overrightarrow{MA}$ et $\overrightarrow{MB}$ sont colinéaires.

$\overrightarrow{MA}(m + 3, -4m + 9, 0) \qquad \overrightarrow{MB}(2m + 2, m + 4, 0)$

$\overrightarrow{MA}$ et $\overrightarrow{MB}$ étant dans le plan P sont colinéaires si et seulement si :

$$\begin{vmatrix} m+3 & 2m+2 \\ -4m+9 & m+4 \end{vmatrix} = 0 \quad \Leftrightarrow \quad 9m^2 - 3m - 6 = 0.$$

Les racines de cette équation sont $m_1 = 1$ et $m_2 = -\frac{2}{3}$.

Il existe deux points M_1 et M_2 de l'axe (OK) tels que M, A et B soient alignés.

3° Soit D_1 la droite passant par A_1, B_1 et M_1
avec $M_1(0, 0, 1)$ $A_1(4, 5, 1)$ et $B_1(4, 5, 1)$ $(A_1 = B_1)$
Soit D_2 la droite passant par A_2, B_2 et M_2
avec $M_2(0, 0, -1)$ $A_2\left(\frac{7}{3}, \frac{35}{3}, -\frac{2}{3}\right)$ et $B\left(\frac{2}{3}, \frac{10}{3}, -\frac{2}{3}\right)$.

D'après la deuxième question, ces droites sont sécantes avec D, D' et (OK) et sont parallèles au plan (OIJ).

32 **1°** Un point M appartient à l'intersection de P et de Q si et seulement si ses coordonnées vérifient le système

$$\begin{cases} 2x - y + z + 1 = 0 \\ 3x + y - 2z = 0 \end{cases}$$

Ce système comportant deux équations à trois inconnues, on choisit l'une des inconnues pour obtenir une solution particulière du système.

Si $z = 1$ $\quad \begin{cases} 2x - y = -2 \\ 3x + y = 2 \end{cases} \quad \begin{cases} x = 0 \\ y = 0 \end{cases}$

Si $z = 0$ $\quad \begin{cases} 2x - y = -1 \\ 3x + y = 0 \end{cases} \quad \begin{cases} x = -\frac{1}{5} \\ y = \frac{3}{5} \end{cases}$

Les points $C(0, 0, 1)$ et $D\left(-\frac{1}{5}, \frac{3}{5}, 0\right)$ appartiennent à l'intersection de D avec C.

2° Un point M appartient à la droite (CD) si et seulement si

$\exists\, k \in \mathbb{R} \quad \overrightarrow{CM} = k\overrightarrow{CD}$.

On obtient la représentation paramétrique suivante

$$D \begin{cases} x = -\frac{1}{5}k \\ y = \frac{3}{5}k \\ z = 1 - k \end{cases}$$

3° $A(1, 1, -2)$. Remplaçons les coordonnées de A dans l'équation de P
$2 \times 1 - 1 - 2 + 1 = 0$. Donc A appartient au plan P.

Deux plans P *et* Q *d'équations respectives* $ux + vy + wz + h = 0$ *et* $u'x + v'y + w'z + h' = 0$ *sont parallèles si et seulement si les coefficients* u, v, w *sont proportionnels aux coefficients* u', v', w'.

Une équation du plan Q' est de la forme : $3x + y - 2z + h = 0$

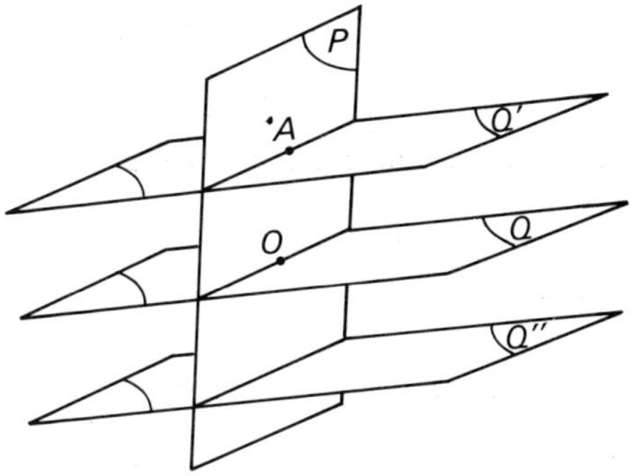

$A \in Q' \Rightarrow 3 \times 1 + 1 - 2(-2) + h = 0 \qquad h = -8$

Q' admet donc pour équation : $3x + y - 2z - 8 = 0$.

4° Dans l'homothétie de centre O et de rapport -1 (ou encore symétrie de centre O) un point M se transforme en un point M' tel que $\overrightarrow{OM'} = -\overrightarrow{OM}$.
On obtient l'expression analytique suivante

$$\begin{cases} x' = -x \\ y' = -y \\ z' = -z \end{cases}$$

L'image du plan Q' est un plan Q'' d'équation :
$3(-x') + (-y') - 2(-z') - 8 = 0$

$3x' + y' - 2z' + 8 = 0 \qquad Q''$ est parallèle à Q'.

5° A appartient à Q' et A est le centre de l'homothétie. Q' est globalement invariant par l'homothétie. Donc Q' est sa propre image.

33 **1°** $\vec{u}$ n'est jamais nul car a ne peut prendre les valeurs 0 et -1 en même temps. Même remarque pour $\vec{v}$.

2° D et D' sont parallèles si et seulement si $\vec{u}$ et $\vec{v}$ sont colinéaires.

$\exists k \in \mathbb{R} \quad \vec{v} = k\vec{u}$ ce qui donne le système $\begin{cases} 2a = ka \\ -3a + 1 = -ka + k \\ a + 3 = k(-a) \end{cases}$

. Si $a \neq 0 \quad \begin{cases} k = 2 \\ -3a + 1 = -2a + 2 \\ a + 3 = -2a \end{cases} \Leftrightarrow \begin{cases} k = 2 \\ a = -1 \end{cases}$

. Si $a = 0 \quad \begin{cases} 0 = 0 \\ k = 1 \\ 3 = 0 \quad \text{impossible} \end{cases}$

. D et D' sont parallèles si $a = -1$.

. D et D' sont confondues si D et D' sont parallèles et si $\overrightarrow{AB}$ et $\vec{u}$ sont colinéaires.

Or $\overrightarrow{AB}(-1, -2, 2)$ et $\vec{u}(-1, 2, 1)$ ne sont pas colinéaires.
D et D' ne peuvent pas être confondues.

. On cherche une représentation paramétrique de D et de D'.

$$D\begin{cases} x = 1 + at \\ y = 1 + (-a+1)t \\ z = 0 - at \end{cases} \qquad D'\begin{cases} x = 0 + 2at' \\ y = -1 + (-3a+1)\,t' \\ z = 2 + (a+3)\,t' \end{cases}$$

D et D' sont sécantes si et seulement si le système suivant admet des solutions :

$$\begin{cases} \left.\begin{array}{l} 1 + at = 2at' \\ 1 + (-a+1)\,t = -1 + (-3a+1)\,t' \end{array}\right\} \text{①} \\ -at = 2 + (a+3)\,t' \end{cases}$$

On résout le système ① en t et en t' et on remplace dans la troisième équation.

$$\text{①} \Leftrightarrow \begin{cases} t = \dfrac{-7a+1}{a^2+a} \\ t' = \dfrac{-3a+1}{a^2+a} \end{cases} \qquad \begin{array}{l} a \neq 0 \text{ par hypothèse} \\ a \neq -1 \text{ sinon } D /\!/ D' \end{array}$$

En remplaçant dans la troisième équation on obtient : $8a^2 + 5a - 3 = 0$ dont les racines sont $a_1 = -1$ et $a_2 = \dfrac{3}{8}$

-1 ne convient pas. D et D' sont sécantes si et seulement si $a = \dfrac{3}{8}$

D et D' ne sont pas coplanaires si et seulement si D et D' ne sont ni parallèles ni sécantes ; c'est-à-dire si $a \notin \left\{-1, 0, \dfrac{3}{8}\right\}$

3° Dans la représentation paramétrique de D ci-dessus, ajoutons membre à membre la première et la troisième équation.
On obtient $x + z = 1$.
Donc D est contenue dans le plan P d'équation $x + z = 1$.

AIRES ET VOLUMES DE SOLIDES USUELS

18

- **Prismes et cylindres**
- **Pyramides et cônes**
- **Sphères et tores**
- **Formulaires d'aires et de volumes**

■ Prismes et cylindres

● Considérons dans un plan P un polygone $ABCD$ et une droite Δ non parallèle à P. L'ensemble des points des droites D parallèles à Δ et passant par un des points du polygône est appelé surface prismatique.

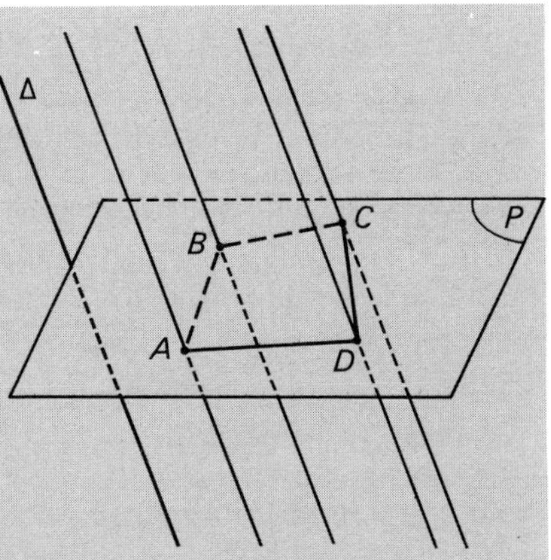

Un **prisme** est le solide obtenu en sectionnant une surface prismatique par deux plans parallèles.

Les sections $ABCD$ et $A'B'C'D'$ sont les **bases** du prisme.

Les côtés AA', BB', CC', DD' sont les **arêtes** du prisme.

Les parallélogrammes $AA'D'D$, $AA'B'B$, $BB'C'C$, $CC'D'D$ sont les **faces latérales** du prisme.

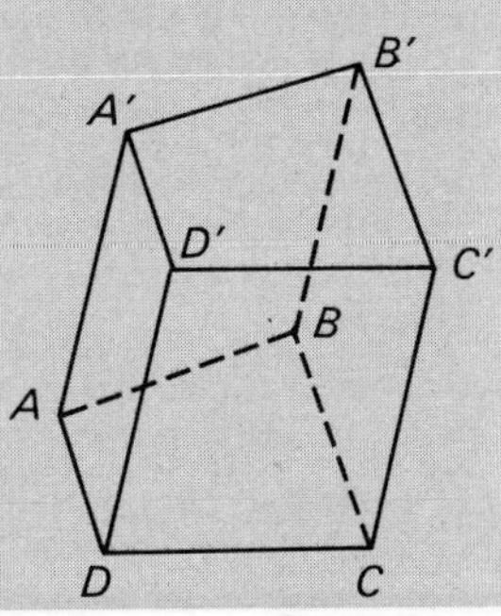

La distance entre les bases est la **hauteur** du prisme.

Un prisme est **droit** si les arêtes sont perpendiculaires aux bases, **régulier** s'il est droit et si les bases sont des polygônes réguliers.

Cas particulier :

. si les bases sont des parallélogrammes, le prisme est un parallélépipède ;

. si les bases sont des carrés de côté a et si toutes les arêtes mesurent a, le prisme est un cube.

Une **surface cylindrique de révolution** est engendrée par une droite variable parallèle à une droite Δ donnée et rencontrant un cercle donné C.

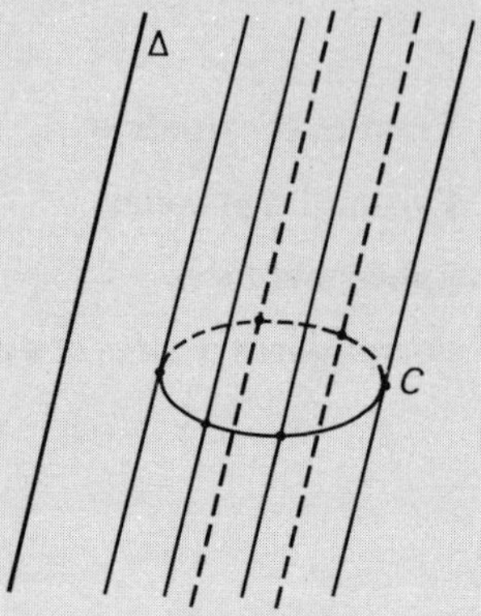

Un **cylindre de révolution** est le solide obtenu en sectionnant une surface cylindrique de révolution par deux plans parallèles, la droite Δ étant orthogonale aux plans.

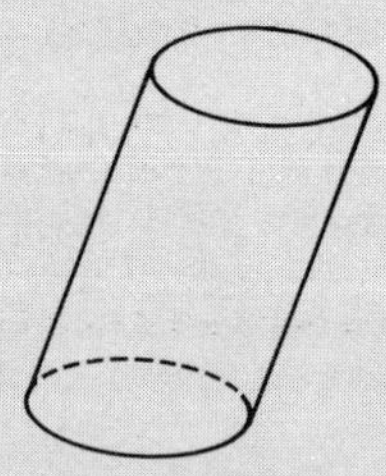

Pyramides et cônes

• Soit un polygône $ABCD$ dans un plan P et O un point extérieur à P.

Une **surface pyramidale** est engendrée par une droite variable Δ, passant par O et coupant le polygône $ABCD$.

Une **pyramide** est le solide limité par le polygône de base et les triangles latéraux de sommet O.

La pyramide est **régulière** si la base est un polygône régulier et si le pied de la hauteur issue de O est le centre de la base.

Si la base est un triangle, la pyramide est appelée **tétraèdre**.

L'**apothème** d'une pyramide régulière est la hauteur issue de O d'un des triangles latéraux.

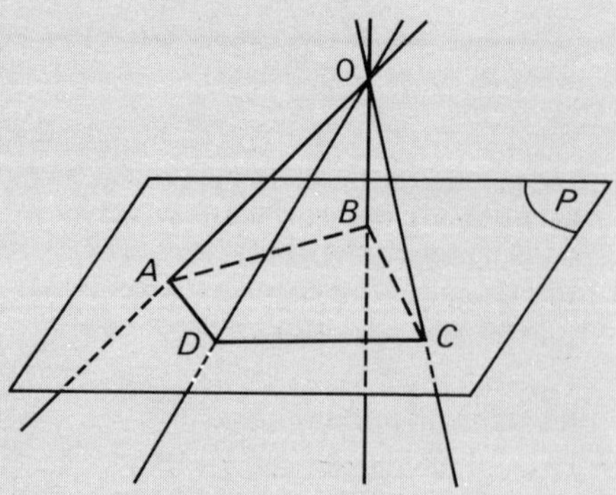

• Soit un cercle *C* dans un plan *P* et *O* un point extérieur à *P*.

Une **surface conique de révolution** est engendrée par une droite *D* variable passant par *O* et coupant le cercle *C*.

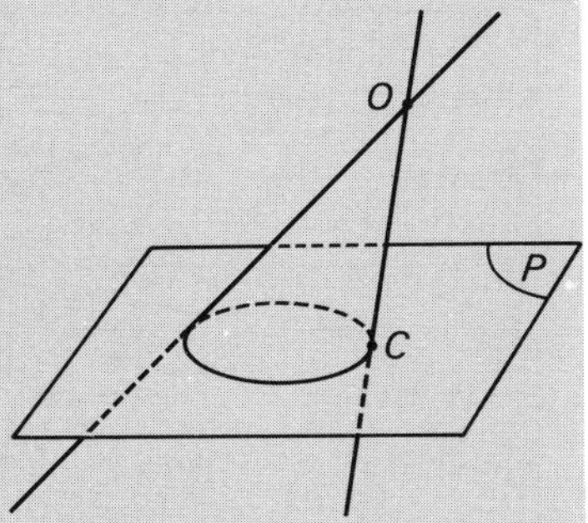

Un **cône de révolution** est le solide limité par le cercle *C* et les droites *D*, lorsque *O* appartient à la perpendiculaire à *P* au centre du cercle.

La longueur *OA* est appelée **apothème** du cône de révolution.

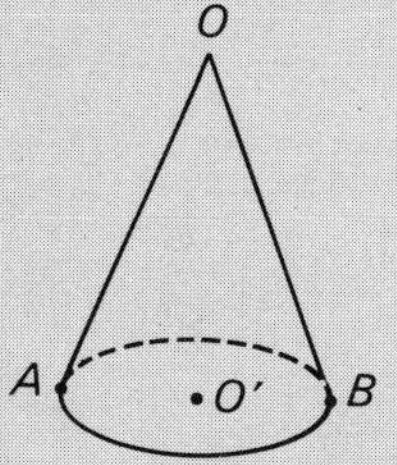

Sphères et tores

Soit *O* un point de l'espace et *R* un réel positif donné. On appelle **sphère de centre *O* et de rayon *R*** l'ensemble des points dont la distance à *O* est *R*.

On appelle **boule de centre *O* et de rayon *R*** l'ensemble des points dont la distance à *O* est inférieure ou égale à *R*.

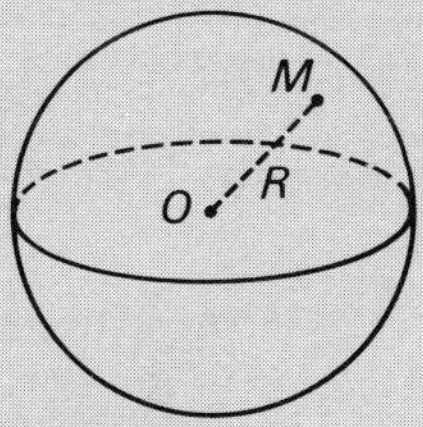

Un **tore** est un solide de révolution engendré par un cercle tournant autour d'une droite située dans son plan, mais ne passant pas par son centre.

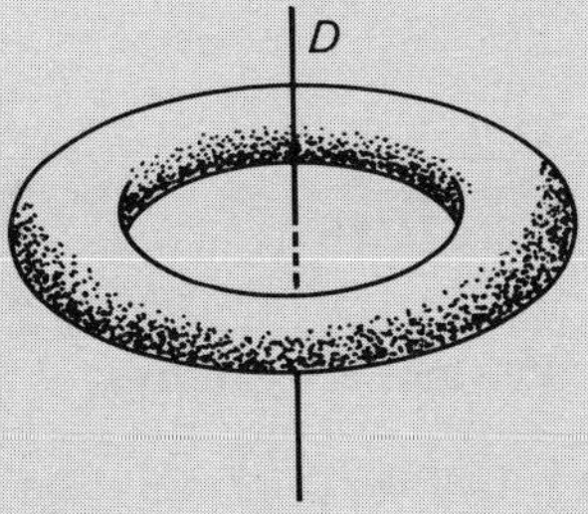

■ Formulaires d'aires et de volumes

Solide	Aire latérale	Volume
Prisme		$V = B \times h$ $\begin{cases} B : \text{aire de la base} \\ h : \text{hauteur} \end{cases}$
Prisme droit	$S = P \times h \begin{cases} P : \text{périmètre de base} \\ h : \text{hauteur} \end{cases}$	$V = B \times h$
Cylindre de révolution	$S = 2\pi Rh \begin{cases} R : \text{rayon de base} \\ h : \text{hauteur} \end{cases}$	$V = \pi R^2 h$
Pyramide		$V = \dfrac{B \times h}{3}$
Pyramide régulière	$S = \dfrac{1}{2} nla \begin{cases} n : \text{nombre de côtés} \\ l : \text{longueur d'un côté} \\ a : \text{apothème} \end{cases}$	$V = \dfrac{B \times h}{3}$
Cône de révolution	$S = \pi Ra \begin{cases} R : \text{rayon de base} \\ a : \text{apothème} \end{cases}$	$V = \dfrac{\pi R^2 h}{3}$
Sphère	$S = 4\,\pi R^2$	$V = \dfrac{4}{3}\pi R^3$
Tore ($d > R$)	$S = 4\,\pi^2 dR \begin{cases} R : \text{rayon} \\ d : \text{distance du} \\ \text{centre à l'axe} \\ \text{de rotation} \end{cases}$	$V = 2\,\pi^2 dR^2$

EXERCICES

■ Prismes et cylindres

1 Calculez l'aire et le volume d'un parallélépipède rectangle dont la base mesure 6 cm sur 8 cm et la hauteur 15 cm.

2 Calculez l'aire et le volume d'un cube de côté 2,71 dm.

3 Un prisme droit a pour base un triangle équilatéral de 3,5 cm de côté. Sa hauteur est de 10,7 cm. Calculez l'aire et le volume de ce prisme.

4 Calculez en fonction du réel x l'aire et le volume d'un prisme droit de hauteur $3x$ dont la base est un losange ; les diagonales mesurent x et $2x$.

5 Calculez l'aire et le volume d'une boîte de bonbons (couvercle compris) constituée d'un prisme droit de 12 cm de hauteur dont la base est un pentagone régulier de côté 6 cm.

6 Calculez l'aire et le volume d'un cube dont une diagonale mesure 1 732 mm.

7 Un prisme droit de 20 cm de hauteur dont la base est un carré, possède un volume de 1 036,8 cm^3. Déterminez la longueur des côtés du carré.

8 Calculez l'aire et le volume d'un cyclindre de révolution de 1,5 dm de hauteur et de 4 cm de rayon.

9 On fait tourner un rectangle mesurant 20 cm sur 12 cm de côtés, autour d'une de ses longueurs ; calculez l'aire et le volume du cylindre obtenu. Même question en faisant tourner le rectangle autour d'une de ses largeurs. Comparez.

10 Les cylindres du moteur à explosion de la R 21 GTS possèdent une hauteur ou course de 83,5 mm et un diamètre ou alésage de 81 mm. Déterminez en cm^3 le volume d'un des 4 cylindres de cette voiture. Déduisez-en la cylindrée (volume total) du moteur.

11 Sur la R 21 GTX la cylindrée est de 1 995 cm^3. Déterminez l'alésage sachant que les quatre cylindres ont une hauteur de 82 mm.

■ Pyramides et cônes

12 Une pyramide $ABCD$ a pour base BCD, un triangle rectangle isocèle de sommet B : AB est perpendiculaire à la base. Calculez l'aire et le volume lorsque $AB = 25$ cm et $BC = BD = 20$ cm.

13 Une pyramide régulière de sommet A a pour base un carré $BCDE$ de 10 cm de côté. Chaque arête mesure 10 cm. Déterminez la hauteur, l'aire et le volume de cette pyramide.

14 Soit une pyramide $OABC$ de base, un triangle isocèle ABC ($AB = AC = 2x$ dm et $BC = 3x$ dm). OA est perpendiculaire à la base et mesure x dm.
Déterminez le volume de cette pyramide.

15 Un cône de révolution mesure 12,19 cm de haut et possède une apothème de 13,18 cm. Déterminez le rayon de la base, l'aire et le volume de ce cône.

16 Parmi tous les cônes de révolution dont l'aire est égale à 1 m^2, déterminez celui qui a le plus grand volume.

17 Un triangle ABC possède les mesures suivantes :
$AB = 8{,}1$ mm $AC = 10{,}8$ mm et $BC = 13{,}5$ *mm.*

Vérifiez que le triangle est rectangle. Calculez les volumes V_1, V_2, V_3 des solides obtenus lorsqu'on fait tourner le triangle autour de l'un de ces côtés. Vérifiez que $\frac{1}{V_1^2} = \frac{1}{V_2^2} + \frac{1}{V_3^2}$ (V_1 est le volume du cône obtenu en tournant autour de BC).

18 Vérifiez la formule précédente lorsque ABC est un triangle rectangle de côtés a, b, c ($a^2 = b^2 + c^2$).

19 Un cône de révolution a pour rayon de base 7 cm et pour angle au sommet 60°. Déterminez la hauteur du cône puis calculez son volume.

20 Le volume d'un tronc de cône est donné par la formule :
$V = \pi \frac{h}{3} (R^2 + r^2 + Rr)$ (h : hauteur, R et r rayons des cercles de base). Calculez le volume d'une boîte de 12 cm de hauteur et de rayons 4 cm et 6 cm.

21 Sachant que le volume d'un tronc de cône est de 29,060 m^3, que sa hauteur est de 3 m et que le rayon d'une de ses bases est 1,5 m, trouvez le rayon de l'autre base.

■ Sphères et tores

22 En supposant la terre sphérique de diamètre 12 750 km et de densité 5,52 tonnes par m^3, déterminez sa masse.

23 Sachant que la lune possède un volume 50 fois plus petit que celui de la terre, déterminez son rayon.

24 Déterminez le rayon d'une boule de 1 dm^3 de volume.

25 Un baba au rhum est un gâteau cuit dans un moule en forme de moitié de tore ; la section du tore est un demi-cercle de 3 cm de rayon. Le centre de ce demi-cercle est à 8 cm du centre du cercle. Déterminez le volume du baba.

PROBLÈMES

26 On considère un cône de révolution d'apothème l, l étant une constante positive donnée.

1° Déterminez une relation entre le rayon de base du cône, son angle au sommet α et l.

2° Déterminez une relation entre la hauteur h, α et l.
3° Calculez le volume V du cône en fonction de α et de l.

4° Étudiez sur $[0, \pi]$ la fonction $f : x \mapsto \cos \frac{\alpha}{2} - \cos^3 \frac{\alpha}{2}$.

5° Déduisez-en le volume maximal obtenu pour un cône d'apothème l.

27 Un triangle OAB est rectangle en O : OA mesure x cm et l'hypothénuse AB mesure $2x$ cm. On appelle D la bissectrice de l'angle $\widehat{OAB}$. Soit I le point d'intersection de D avec la droite (OB).

1° Calculez en fonction de x la distance OI.

2° Montrez que le cercle de centre I et de rayon IO est tangent à (AB) en un point J que l'on déterminera.

3° On fait tourner la figure autour de (OB). Calculez les volumes des solides engendrés par le cercle et le triangle.

28 On considère un triangle équilatéral ABC de 6 cm de côté. Soit G le centre de gravité du triangle et I le milieu de (A, B).

1° Calculez la longueur GI.

2° Sur la perpendiculaire issue de G au plan du triangle on place le point O tel que $OG = GI\sqrt{2}$.
Démontrez que les triangles AOB, BOC et COA sont rectangles.

3° Calculez l'aire et le volume de la pyramide $OABC$.

SOLUTIONS DES EXERCICES

1 L'aire S de chacun des deux rectangles de base vaut $S_1 = 6 \times 8 = 48$ cm^2.
L'aire latérale S_2 est le produit du périmètre du rectangle par la hauteur :
$S_2 = (2 \times (6 + 8)) \times 15 = 420$ cm^2.
L'aire totale du prisme est $S = 2S_1 + S_2 = 516$ cm^2.
Le volume est donné par la formule $V = S_1 \times h$ où h représente la hauteur et S_1 l'aire de la base du prisme : $V = 48 \times 15 = 720$ cm^3.

Ne pas oublier les unités dans les calculs de grandeurs physiques (longueurs, aires, volumes).

2 L'aire totale est six fois l'aire d'une des faces : $S = 6 \times 2{,}71^2 = 44{,}064\,6$ dm^2.
Le volume est égal à $V = (2{,}71)^3 = 19{,}902\,511$ dm^3.

3 Les bases triangulaires ont pour aire : $S_1 = 3{,}5 \times \frac{\sqrt{3}}{2} \times 3{,}5 = \frac{12{,}25\sqrt{3}}{2}$ cm^2

(cf. exercice **16** du chapitre 15).
L'aire latérale du prisme est : $S_2 = 3 \times (3{,}5 \times 10{,}7) = 112{,}35$ cm^2
(chaque face est un rectangle d'aire $3{,}5 \times 10{,}7$ cm^2).
L'aire totale du prisme est $S = 2S_1 + S_2 = 12{,}25\sqrt{3} + 112{,}35 \simeq 133{,}567\,62$ cm^2
Le volume est le produit de la hauteur par l'aire d'une base :

$$V = S_1 \times h = \frac{12{,}25\sqrt{3}}{2} \times 10{,}7 \text{ cm}^3 \simeq 113{,}514\,28 \text{ cm}^3.$$

4 La surface du losange de base est $S_1 = \frac{1}{2}x \times 2x = x^2$.

Chaque côté du losange mesure $\sqrt{\left(\frac{x}{2}\right)^2 + x^2} = \frac{\sqrt{5}\,x}{2}$

Le périmètre du losange est $P = 4 \times \frac{\sqrt{5}\,x}{2} = 2\sqrt{5}\,x$.

L'aire latérale du prisme est $S_2 = P \times h = 2\sqrt{5}\,x \times 3x = 6\sqrt{5}\,x^2$

L'aire totale du prisme est $S = 2S_1 + S_2 = 2x^2 + 6\sqrt{5}\,x^2 = (2 + 6\sqrt{5})x^2$ *ua*.
Le volume est le produit de l'aire d'une base par la hauteur :
$V = S_1 \times h = x^2 \times 3x = 3x^3$ *uv*.

5 Un pentagone est constitué de cinq triangles isocèles égaux. le triangle OAI est rectangle en I.

De plus $\widehat{AOI} = 36°$.

$\tan 36° = \frac{AI}{OI} \Rightarrow OI = \frac{AI}{\tan 36°} = \frac{3}{\tan 36°}$

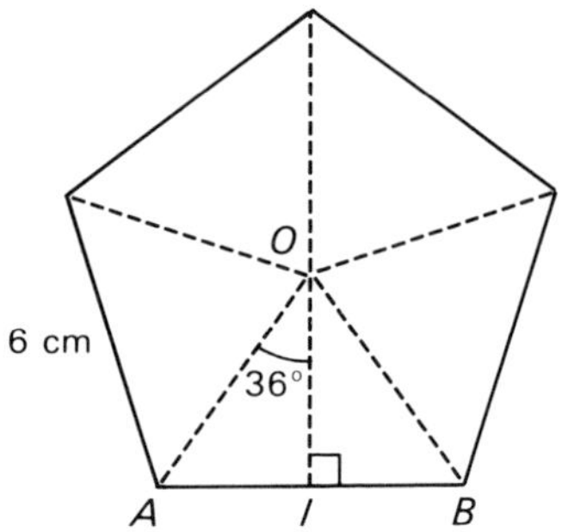

L'aire du triangle OAB est $\frac{1}{2} \times OI \times AB = \frac{1}{2} \times \frac{3}{\tan 36°} \times 6 = \frac{9}{\tan 36°} \simeq 12{,}39$ cm²

L'aire du pentagone est $S_1 = 5 \times \frac{9}{\tan 36°} = \frac{45}{\tan 36°}$ cm².

Son périmètre est de 30 cm. L'aire latérale du prisme est de $S_2 = 30 \times 12$ cm²
$S_2 = 360$ cm².

L'aire totale de la boîte est $S = 2S_1 + S_2 = \frac{9}{\tan 36°} + 360 \simeq 483{,}87$ cm².

Le volume est donné par $V = S_1 \times h = \frac{45}{\tan 36°} \times 12 \simeq 743{,}246$ cm³.

6 Soit a la longueur commune des côtés du cube :
$AC' = 1\,732$ mm. Or
$AC'^2 = AA'^2 + A'C'^2 = AA^2 + A'D'^2 + D'C'^2 = 3a^2$
$3a^2 = (1\,732)^2 \Rightarrow a = 1\,000$ mm $= 1$ m.
L'aire du cube est de 6 m² et son volume de 1 m³.

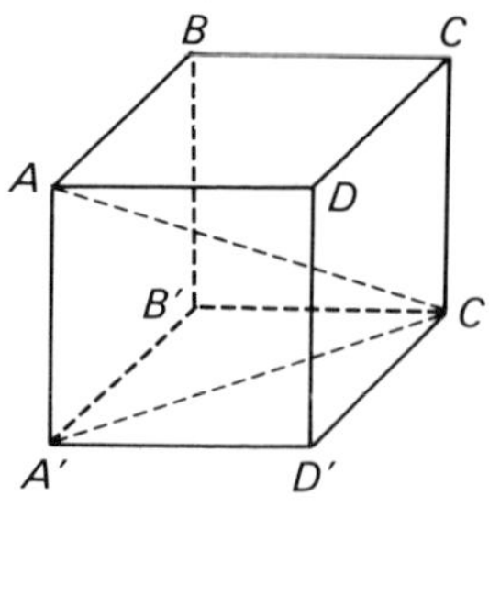

7 Si a est le côté du carré le volume du prisme est $a^2 \times 20$.
$a^2 \times 20 = 1\,036{,}8 \Rightarrow a^2 = 51{,}84$ cm² $\quad a = 7{,}2$ cm.

8 Par application des formules, on obtient :
$S = 2\,\pi R^2 + 2\,\pi Rh = 2\,\pi R(R+h) = 8\,\pi\,(19) = 152\,\pi\ \text{cm}^2 \simeq 477{,}52\ \text{cm}^2$
$V = \pi R^2 h = \pi \times 16 \times 15 = 753{,}982\ \text{cm}^3$.

9 Dans le premier cas, l'aire latérale du cylindre est $S_2 = 2\,\pi \times 12 \times 20 = 480\,\pi\ \text{cm}^2$.
Les disques de base ont pour aire $S_1 = \pi \times 12^2 = 144\,\pi\ \text{cm}^2$.
L'aire totale du cylindre est $S = 2\,S_1 + S_2 = 768\,\pi\ \text{cm}^2$.
Le volume du cylindre est $V = \pi \times 12^2 \times 20 = 2\,880\,\pi\ \text{cm}^3$.
Dans le deuxième cas, on trouve $S_2' = 2\,\pi \times 20 \times 12 = 480\,\pi\ \text{cm}^2$.
$S_1' = \pi \times 20^2 = 400\,\pi\ \text{cm}^2$ et $S' = 1\,280\,\pi\ \text{cm}^2$.
$V' = \pi \times 20^2 \times 12 = 4\,800\,\pi\ \text{cm}^3$.
Le cylindre de plus grand volume est obtenu en faisant tourner le rectangle autour d'une de ses largeurs.

10 Chaque cylindre a un volume $V_1 = \pi \times \left(\frac{81}{2}\right)^2 \times 83{,}5\ \text{mm}^3 \simeq 430\,275{,}28\ \text{mm}^3$.
La cylindrée du moteur est de $4 \times V_1 \simeq 1\,721{,}101\ \text{cm}^3$.
(le constructeur donne $1\,721\ \text{cm}^3$).

11 Chaque cylindre de la R 21 GTX possède un volume de $\frac{1\,995}{4}\ \text{cm}^3$.
L'alésage d vérifie $\pi \times \frac{d^2}{4} \times 8{,}2 = \frac{1\,995}{4}$

$d^2 = \frac{1\,995}{8{,}2\,\pi} \Rightarrow d \simeq 88\ \text{mm}$.

12 L'aire du triangle de base est
$S_1 = \frac{1}{2} \times 20 \times 20 = 200\ \text{cm}^2$

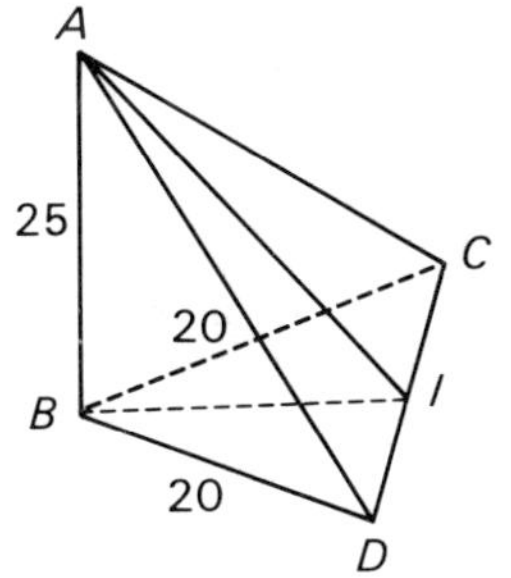

L'aire du triangle ABC est
$S_2 = \frac{1}{2} \times 25 \times 20 = 250\ \text{cm}^2$
L'aire du triangle ABD est S_2.
L'aire du triangle ABC est
$S_4 = \frac{1}{2} \times AI \times CD$ où I est le milieu de $(C,\ D)$.
Or $CD^2 = CB^2 + BD^2 = 800\ \text{cm}^2$.
$$AI^2 = AB^2 + BI^2 = AB^2 + (BD^2 - DI^2) = AB^2 + BD^2 - \left(\frac{CD^2}{4}\right)$$
$$AI^2 = AB^2 + BD^2 - \frac{CB^2 + BD^2}{4} = AB^2 + \frac{1}{2} BD^2 = 825\ \text{cm}^2.$$
$$S_4 = \frac{1}{2}\sqrt{825} \times \sqrt{800} \simeq 406{,}20\ \text{cm}^2$$
L'aire de la pyramide est $S = S_1 + S_2 + S_3 + S_4 = 1\,106{,}20\ \text{cm}^2$.
Le volume est donné par $V = \frac{1}{3} S_1 \times h$. La hauteur est ici AB.
$$V = \frac{1}{3} \times 200 \times 25 \simeq 1\,666{,}667\ \text{cm}^3.$$

13 Soit O le centre du carré de base.

$OB = \frac{BO}{2} = \frac{10\sqrt{2}}{2}.$

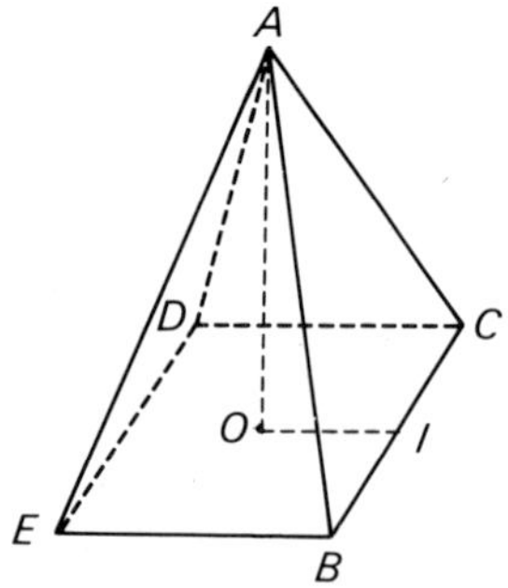

Le triangle OAB est rectangle en O.

$AB^2 = AO^2 + OB^2 \Rightarrow 10^2 = AO^2 + \left(\frac{10\sqrt{2}}{2}\right)^2$

$AO^2 = 100 - 50 = 50.$

La hauteur de la pyramide est $AO = 5\sqrt{2}$.

L'aire du carré de base est $S_1 = 10^2 = 100$ cm^2.

Chaque triangle latéral a une aire éale à $S_2 = \frac{1}{2}\ AI \times BC$ où I est le milieu de $(B,\ C)$.

ABC étant un triangle équilatéral $AI = \frac{\sqrt{3}}{2}$, $AB = 5\sqrt{3}$ cm.

$S_2 = \frac{1}{2} \times 5\sqrt{3} \times 10 = 25\sqrt{3}$ cm^3.

L'aire totale de la pyramide est

$S = S_1 + 4S_2 = 100 + 100\sqrt{3} \simeq 273$ cm^2

Le volume est $V = \frac{1}{3} \times S_1 \times h = \frac{100 \times 5\sqrt{2}}{3} \simeq 236$ cm^3.

14 La hauteur h du triangle isocèle ABC vérifie :

$AB^2 = h^2 + \left(\frac{BC}{2}\right)^2 \Rightarrow h^2 = 1{,}75\ x^2$ dm^2 $\quad h \simeq 1{,}32\ x$ dm

L'aire du triangle est $S = \frac{1}{2} h \times BC \simeq \frac{1}{2} \times 1{,}32\ x + 3x = 1{,}98x^2$ dm^2

Le volume de la pyramide est

$V = \frac{1}{3} \times S \times OA \simeq 0{,}661\ x^3$ dm^3.

15 Le rayon R du cercle de base est donné par utilisation du théorème de Pythagore :
$R^2 = a^2 - h^2$ (a : apothème, h : hauteur).
$R^2 = (13{,}18)^2 - (12{,}19)^2 = 25{,}116\ 3$ cm^2 $\Rightarrow$ $h \simeq 5{,}01$ cm.
L'aire de la base est $S_1 = \pi R^2 \simeq 78{,}905\ 2$ cm^2.
L'aire latérale est $S_2 = \pi Ra \simeq 207{,}512\ 0$ cm^2.
L'aire totale est $S = S_1 + S_2 = 286{,}417\ 2$ cm^2.
Le volume du cône est $V = \frac{1}{3} S_1 \times h \simeq 321$ cm^3.

16 Soit x le rayon du cône.
On a $\pi x^2 + \pi x a = 1$ où a est l'apothème du cône.

$a = \frac{1 - \pi x^2}{\pi x} = \frac{1}{\pi x} - x.$

Le volume est alors $V = \dfrac{\pi x^2 h}{3} = \dfrac{\pi x^2}{3} \sqrt{a^2 - x^2} = \dfrac{\pi x^2}{3} \sqrt{\dfrac{1}{\pi^2 x^2} - \dfrac{2}{\pi}} = f(x)$.

Étude de la fonction f sur l'intervalle $\left]0, \dfrac{1}{\sqrt{2}\,\pi}\right[$:

$$f'(x) = \frac{2\,\pi x}{3} \sqrt{\frac{1}{\pi^2 x^2} - \frac{2}{\pi}} + \frac{\pi x^2}{3} \frac{\dfrac{-2\,\pi^2 x}{\pi^4 x^4}}{2\sqrt{\dfrac{1}{\pi^2 x^2} - \dfrac{2}{\pi}}}$$

$$f'(x) = \frac{1 - 4\,\pi x^2}{3\,\pi x \sqrt{\dfrac{1}{\pi^2 x^2} - \dfrac{2}{\pi}}}$$

x	0		$\dfrac{1}{2\sqrt{\pi}}$		$\dfrac{1}{\sqrt{\pi}}$
$f'(x)$	‖	+	0	−	‖
$f(x)$	‖	↗	M	↘	

Le plus grand volume est obtenu lorsque le rayon est $\dfrac{1}{2\sqrt{\pi}}\,m \simeq 0{,}28$ m.

L'apothème est alors de $\dfrac{3}{2\sqrt{\pi}}\,m \simeq 0{,}85$ m.

17 $BC^2 = AB^2 + AC^2 \Rightarrow$ le triangle ABC est rectangle en A.
Par rotation autour de AB :

$V_2 = \dfrac{1}{3}\pi \times AC^2 \times BA \simeq 989{,}375\ \text{mm}^3$;

par rotation autour de AC :

$V_3 = \dfrac{1}{3}\pi \times AB^2 \times AC \simeq 742{,}032\ \text{mm}^3$;

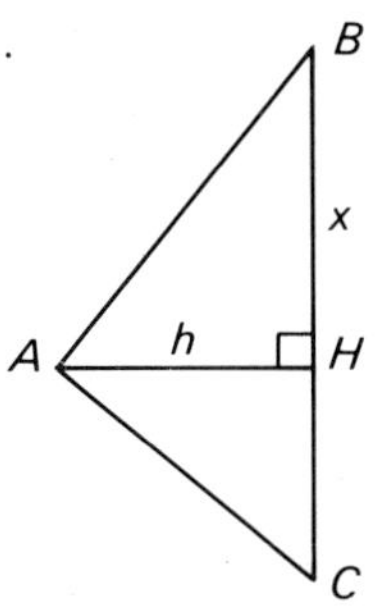

par rotation autour de BC, on obtient un solide constitué de deux cônes.
Soit H le pied de la hauteur issue de A ;

$$\sin \widehat{ABC} = \frac{h}{AB} = \frac{AC}{BC} \Rightarrow h = \frac{AB \times AC}{BC} = 6{,}48\ \text{mm}.$$

Le volume du solide obtenu est $V_1 = \dfrac{1}{3}\pi \times AH^2 \times BH + \dfrac{1}{3}\pi \times AH^2 \times HC$

$$V_1 = \frac{1}{3}\pi \times AH^2 \times (BH + HC) = \frac{1}{3} \times \pi \times AH^2 \times BC \simeq 593{,}625\ \text{mm}^2.$$

On vérifie aisément que $\dfrac{1}{V_1^2} = \dfrac{1}{V_2^2} + \dfrac{1}{V_3^2}$.

18 On a $V_2 = \frac{1}{3}\pi \times b^2 \times c$, $v_1 = \frac{1}{3}\pi \times c^2 \times b$

D'autre part, la hauteur issue de A mesure $h = \frac{bc}{a}$

$$V_3 = \frac{1}{3}\pi \times h^2 \times a = \frac{1}{3}\pi \times \frac{b^2c^2}{a^2} a = \frac{1}{3}\pi \frac{b^2c^2}{a}$$

$$\frac{1}{V_3^2} = \frac{9\,a^2}{\pi^2 b^4 c^4}$$

$$\frac{1}{V_1^2} + \frac{1}{V_2^2} = \frac{9}{\pi^2 b^2 c^4} + \frac{9}{\pi^2 c^2 b^4} + \frac{9\,(b^2 + c^2)}{\pi^2 b^4 c^4} = \frac{9\,a^2}{\pi^2 b^4 c^4}$$

La formule $\frac{1}{V_3^2} = \frac{1}{V_1^2} + \frac{1}{V_2^2}$ est vérifiée.

19 La hauteur h du cône est donnée par :

$\tan 30° = \frac{R}{h}$ $\qquad h = 7\sqrt{3}$ cm.

Le volume du cône est alors $V = \frac{1}{3}\pi R^2 h = \frac{1}{3}\pi \times 7^2 \times 7\sqrt{3}$ cm.

$$V = \frac{343\,\pi\,\sqrt{3}}{3}\ \text{cm}^3 \simeq 622\ \text{cm}^3.$$

20 Par application de la formule, on obtient :

$$V = \pi \times \frac{12}{3} \times (6^2 + 4^2 + 6 \times 4) = 304\,\pi\ \text{cm}^3 \simeq 955\ \text{cm}^3$$

21 Soit R le rayon cherché. En utilisant la formule de l'exercice **20**, on obtient :

$29{,}060 = \frac{1}{3}\pi \times 3 \times (R^2 + 1{,}5^2 + 1{,}5R)$

$R^2 + 1{,}5R - 7 = 0.$

$\Delta = 30{,}25 = 5{,}5^2$ $\quad R = -3{,}5$ à rejeter car négatif ;

$R = 2$ m.

Le tronc de cône a un rayon de base de 2 m.

22 Le volume de la terre est $V = \frac{4}{3}\pi R^3 = \frac{4}{3}\pi\,(6\,375)^3$ km^3

$V \simeq 1{,}085 \times 10^{12}$ km^3.

Sa densité est de $d = 5{,}52$ tonnes/m^3. La masse de la terre est donc approximativement de : $M = V \times d \simeq 5{,}991 \times 10^{21}$ tonnes.

23 D'après l'exercice 22 le volume de la terre est approximativement de $V = 1{,}085 \times 10^{12}$ km^3.

Celui de la lune est donc de $\frac{V}{50} \simeq 2{,}17 \times 10^{10}$ km^3

Si R est le rayon de la lune, on a :

$\frac{4}{3}\pi R^3 = 2{,}17 \times 10^{10} \Rightarrow R^3 \simeq 5{,}180 \times 10^9$ km^3

$R \simeq 1{,}73 \times 10^3$ km.

24 $V = \frac{4}{3}\pi R^3 \Rightarrow R^3 = \frac{3}{4\pi} dm^3$

$$R = \sqrt[3]{\frac{3}{4\pi}} = \left(\frac{3}{4\pi}\right)^{\frac{1}{3}} \simeq 0{,}62 \text{ dm}$$

25 Le volume d'un tore est donné par la formule :
$V = 2\pi^2 dR^2 = 2\pi^2 \times 8 \times 3^2 \text{ cm}^3 = 144\pi^2 \text{ cm}^3$
Le volume du baba est donc : $72\pi^2 \text{ cm}^3 \simeq 711 \text{ cm}^3$.

SOLUTIONS DES PROBLÈMES

26 **1°** Soit AB un diamètre de la base du cône et O son sommet.
Le triangle OAB est isocèle d'angle au sommet α.
Soit H le milieu de (A, B).
H est aussi le pied de la hauteur issue de O.
On a donc $\sin\frac{\alpha}{2} = \frac{h}{l} \Rightarrow R = l\sin\frac{\alpha}{2}$

2° De même, on a $\cos\frac{\alpha}{2} = \frac{h}{l} \Rightarrow h = l\cos\frac{\alpha}{2}$.

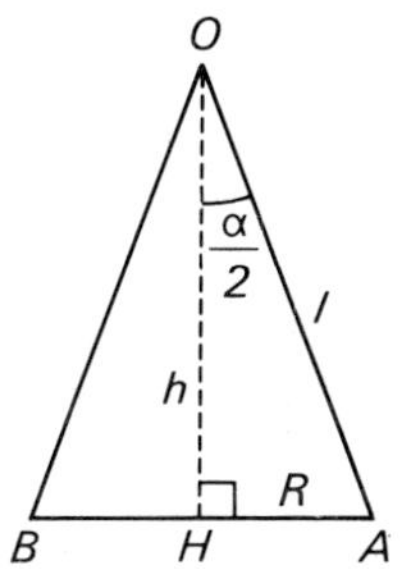

3° Le volume d'un cône de révolution est donné par la formule :

$$V = \frac{1}{3}\pi R^2 h = \frac{1}{3}\pi \times l^2 \times \sin^2\frac{\alpha}{2} \times l\cos\frac{\alpha}{2}$$

$$V = \frac{1}{3}\pi l^3 \left(\cos\frac{\alpha}{2} - \cos^3\frac{\alpha}{2}\right)$$

4° Soit $f(\alpha) = \cos\frac{\alpha}{2} - \cos^3\frac{\alpha}{2}$ $\qquad D_f = [0, \pi]$

$$f'(\alpha) = -\frac{1}{2}\sin\frac{\alpha}{2} + \frac{3}{2}\sin\frac{\alpha}{2}\cos^2\frac{\alpha}{2}$$

$$f'(x) = \frac{1}{3}\sin\frac{\alpha}{2}\left(\sqrt{3}\cos\frac{\alpha}{2} + 1\right)\left(\sqrt{3}\cos\frac{\alpha}{2} - 1\right)$$

Si $\alpha \in [0, \pi]$ alors $\frac{\alpha}{2} \in \left[0, \frac{\pi}{2}\right]$ $\quad \sin\frac{\alpha}{2} > 0$ $\quad$ et $\cos\frac{\alpha}{2} > 0$

Par conséquent, $\sqrt{3}\cos\frac{\alpha}{2} + 1 > 0$

La fonction dérivée est du signe de $\sqrt{3}\cos\frac{\alpha}{2} - 1$.

$\cos\frac{\alpha}{2} = \frac{1}{\sqrt{3}} \Rightarrow \frac{\alpha_0}{2} \simeq 0{,}955 \text{ rad} \qquad \alpha_0 \simeq 1{,}91 \text{ rad}.$

α	0		α_0		π
$f'(x)$		$+$	0	$-$	
$f(x)$	0	↗	M	↘	0

$M \simeq 0{,}3849$

5° Le volume du cône est $V = \frac{1}{3}\pi l^3 f(\alpha)$. Il est donc maximum lorsque l'angle au sommet est $\alpha_0 \simeq 1{,}91$ rad $\simeq 109°\,28'$.
V est alors égal à $0{,}403\ l^3$ en unités de volume.

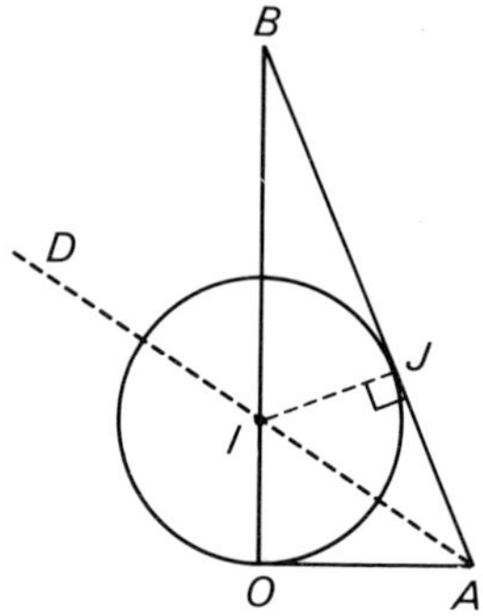

27 **1°** $\cos \widehat{OAB} = \frac{OA}{AB} = \frac{1}{2} \Rightarrow \widehat{OAB} = 60°$.

D étant bissectrice de l'angle $\widehat{OAB}$, $\widehat{OIA} = 30°$.

$\tan \widehat{OIA} = \frac{OI}{OA} \Rightarrow OI = OA \tan 30°$

$$OI = \frac{x}{\sqrt{3}}$$

2° Soit J le pied de la perpendiculaire issue de I sur AB. Les triangles OAI et JAI sont superposables car symétriques par rapport à la droite D.
Donc $IJ = IO$ et le cercle de centre I et de rayon IO passe par J.
D'autre part par construction (AB) est perpendiculaire au rayon IJ. Le cercle est tangent en J à (AB).

3° En tournant autour de la droite (AB) le cercle engendre une sphère et le triangle un cône de révolution (la sphère est contenue dans le cône).

Volume de la sphère $V_1 = \frac{4}{3}\pi^3 = \mathrm{OI}^3 = \frac{4\sqrt{3}\,\pi x^3}{27}$ cm^3

Volume du cône de révolution

$$V_2 = \frac{1}{3}\pi \times OA^2 \times OB = \frac{1}{3}\pi\, OA^3 \times \tan 60°$$

$$V_2 = \frac{\pi x^3 \sqrt{3}}{3}$$

Le volume de la sphère représente $\frac{4}{9}$ du volume du cône ; cette relation ne dépend pas de x

28 1° G centre de gravité du triangle appartient à la médiane (CI).

$\overrightarrow{GA} + \overrightarrow{GB} + \overrightarrow{GC} = \vec{0}$

$\overrightarrow{GI} + \overrightarrow{IA} + \overrightarrow{GI} + \overrightarrow{IB} + \overrightarrow{GI} + \overrightarrow{IC} = \vec{0}$

$\overrightarrow{IG} = \frac{1}{3}\,\overrightarrow{IC}.$

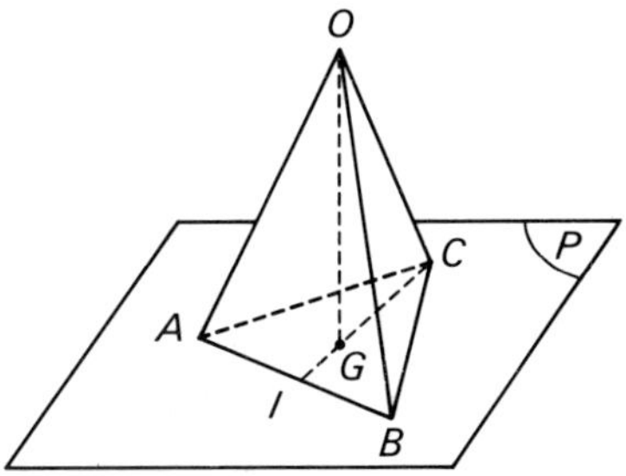

Calcul de la distance IC :
Le triangle étant équilatéral, chaque angle mesure 60°.

$\sin 60° = \frac{CI}{CB} \Rightarrow \text{IC} = \frac{\sqrt{3}}{2} \times 6\text{ cm} = 3\sqrt{3}\text{ cm}$

Par conséquent, $GI = \frac{1}{3}$, $IC = \sqrt{3}$ cm.

2° Démontrons que le triangle OAB est rectangle en O. Par symétrie de la figure, les triangles OBC et OCA seront alors rectangles, également en O.
Le triangle OGI est rectangle en G :
$OI^2 = OG^2 + GI^2 = 3 + 6 = 9$. Donc $OI = 3$.

$\tan \widehat{BAO} = \frac{OI}{AI} = \frac{3}{3} = 1 \quad \Rightarrow \quad \widehat{BAO} = 45°.$

Le triangle OAB étant isocèle, $\widehat{BAO} = \widehat{ABO} = 45°$. L'angle $\widehat{AOB}$ est donc droit (la somme des angles d'un triangle est de 180°). Le triangle AOB est rectangle en O.

3° L'aire de ABC est $S_1 = \frac{1}{2} AB \times CI = \frac{9}{2}\sqrt{3}\text{ cm}^2$.

L'aire de OAB est $S_2 = \frac{1}{2} AB \times OI = 9\text{ cm}^2$.

L'aire totale de la pyramide est
$S = S_1 + 3S_2 = 27 + 4{,}5\sqrt{3}\text{ cm}^2$.
$S \simeq 34{,}79\text{ cm}^2$.
Le volume est égal à

$V = \frac{1}{3} S_1 \times OG = \frac{1}{3} \times \frac{9}{2}\sqrt{3} \times \sqrt{3} \times \sqrt{2}$

$V = 4{,}5\sqrt{2}\text{ cm}^3 \simeq 6{,}364\text{ cm}^3$.

19 ORTHOGONALITÉ DANS L'ESPACE

- **Droites et plans orthogonaux**
- **Projections orthogonales**
- **Produit scalaire dans l'espace**
- **Repères orthonormaux de l'espace**

Droites et plans orthogonaux

- Deux droites D et D' de l'espace sont dites orthogonales si leurs parallèles D_1 et D'_1 menées par un même point O sont perpendiculaires.
- Une droite D est perpendiculaire à un plan P si et seulement si D est orthogonale à deux droites concourantes du plan.
- Si D est perpendiculaire au plan P alors D est orthogonale à toute droite de P.

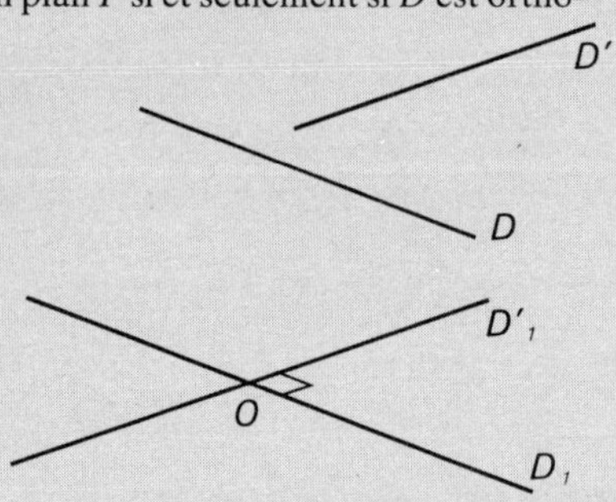

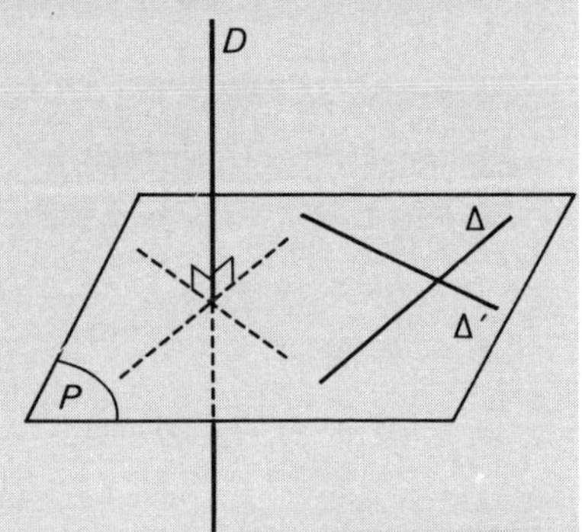

- Un plan P est perpendiculaire à un plan P' si et seulement si P contient une droite perpendiculaire à P'.
- Le plan **médiateur** du couple (A, B) est le plan passant par le milieu I de (A, B) et perpendiculaire à (AB). $(A \neq B)$.

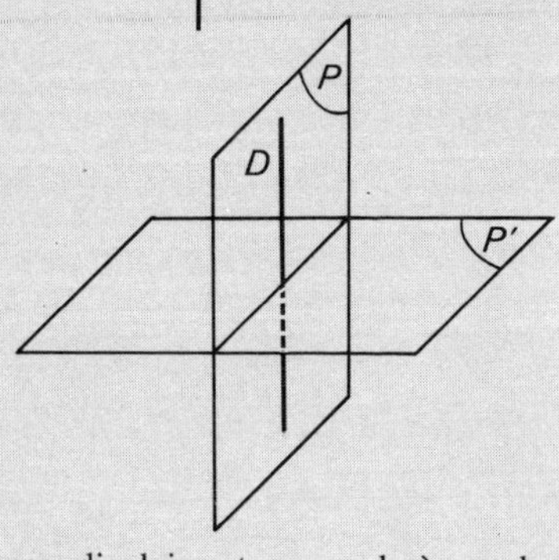

Projections orthogonales

- **Sur un plan**
- Par un point on peut mener une droite D perpendiculaire et une seule à un plan donné P.

• La distance d'un point A au pied H de la perpendiculaire issue de A au plan P est appelée distance de A à P.

• Le projeté orthogonal d'un point A sur le plan P est le point H.

• Si un angle droit a un côté parallèle au plan P, alors il se projette sur le plan P suivant un angle droit.

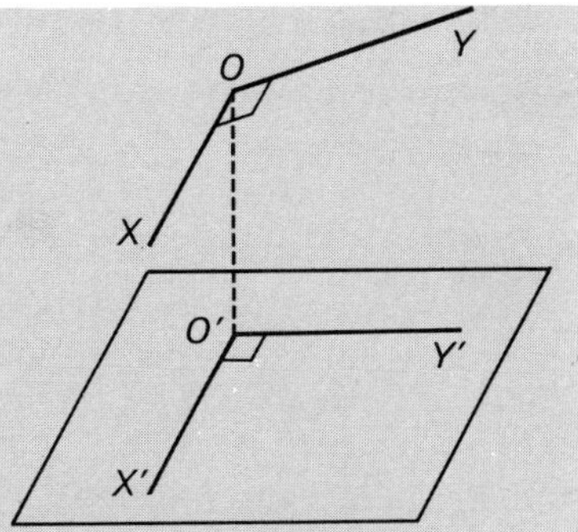

• **Sur une droite**

Par un point A on peut mener un plan perpendiculaire P et un seul à une droite donnée D. Soit H le point d'intersection de D avec P. H est le **projeté orthogonal** de A sur D.

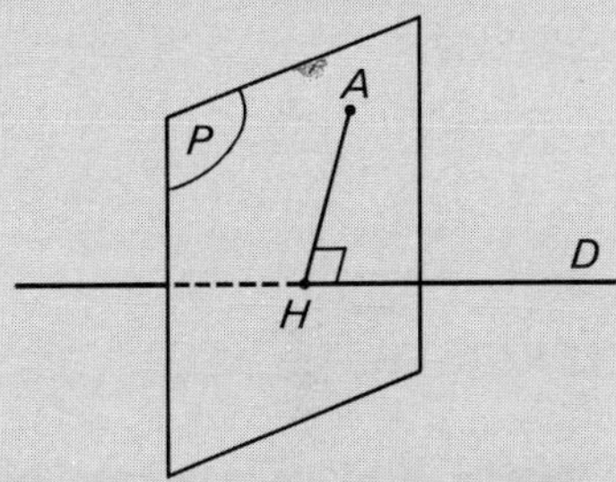

■ Produit scalaire dans l'espace

Soit $\vec{u}$ et $\vec{v}$ deux vecteurs et A, B, C trois points de l'espace tels que :

$\overrightarrow{AB} = \vec{u}$ et $\overrightarrow{AC} = \vec{v}$

Soit H le projeté orthogonal de B sur (AC) s'il existe.

Par définition le **produit scalaire** de $\vec{u}$ par $\vec{v}$ est le réel $\overline{AH}.\overline{AC}$ si $\vec{u}$ et $\vec{v}$ sont non nuls et O si $\vec{u} = \vec{O}$ ou $\vec{v} = \vec{O}$.

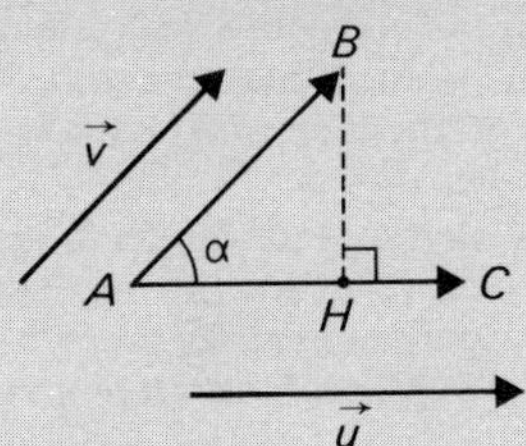

• La **norme** du vecteur $\vec{u}$ est le réel $\|\vec{u}\| = \sqrt{\vec{u}^2}$.

La norme de $\vec{u}$ est la distance de A à B.

• Le produit scalaire de $\vec{u}$ par $\vec{v}$ est aussi égal à :

$\vec{u}.\vec{v} = \|\vec{u}\|\,\|\vec{v}\| \cos \alpha$ où α est l'angle des vecteurs $\vec{u}$ et $\vec{v}$.

• Deux vecteurs sont orthogonaux si leur produit scalaire est nul.

■ Repères orthonormaux de l'espace

$(O\ ;\ \vec{i}, \vec{j}, \vec{k})$ est un repère orthonormal de l'espace si et seulement si :

1) $\vec{i}$, $\vec{j}$ et $\vec{k}$ sont orthogonaux deux à deux ;

2) Les vecteurs $\vec{i}$, $\vec{j}$ et $\vec{k}$ sont unitaires $\|\vec{i}\| = \|\vec{j}\| = \|\vec{k}\| = 1$.

Dans un repère orthonormal si $\vec{u}$ et $\vec{v}$ ont pour coordonnées $\vec{u}(x, y, z)$ et $\vec{v}(x', y', z')$ alors $\vec{u}.\vec{v} = xx' + yy' + zz'$

$$\|\vec{u}\| = \sqrt{x^2 + y^2 + z^2}$$

Par conséquent, si A et B ont pour coordonnées $A(x_A, y_A, z_A)$ et $B(x_B, y_B, z_B)$ la distance de A à B est égale à la norme de $\overrightarrow{AB}$, c'est-à-dire

$AB = \sqrt{(x_B-x_A)^2 + (y_B-y_A)^2 + (z_B-z_A)^2}$

Le cosinus de l'angle formé par deux vecteurs non nuls $\vec{u}(x, y, z)$ et $\vec{v}(x', y', z')$ est donné par :

$$\cos(\vec{u}, \vec{v}) = \frac{\vec{u}.\vec{v}}{\|\vec{u}\|.\|\vec{v}\|} = \frac{xx' + yy' + zz'}{\sqrt{x^2+y^2+z^2}\,\sqrt{x'^2+y'^2+z'^2}}.$$

EXERCICES

■ Droites et plans orthogonaux

1 Soit ABC un triangle non aplati de l'espace. Montrez que si D est la perpendiculaire issue de A aux droites (AB) et (AC), alors D est perpendiculaire à (BC).

2 On considère deux triangles isocèles $IJK(IJ=IK)$ et $LJK(LJ=LK)$.
Montrez que les droites (JK) et (LI) sont orthogonales.
(Attention ! les points I, J, K, L *ne sont pas nécessairement coplanaires)*

3 Soit (C) un cercle de diamètre AB. On appelle D la perpendiculaire en A au plan de (C). Soit M un point de D, distinct de A. Montrez que le plan (ABM) est perpendiculaire au plan de (C). Que pouvez-vous dire des triangles AME, ABE et BME où E est un point quelconque de (C) ?

4 Soit D et D' deux droites orthogonales de l'espace et M un point de D.
Démontrez que le plan passant par M et orthogonal à D' contient D.

5 Soit un plan P contenant un point A et O un point n'appartenant pas à P. Trouvez l'ensemble des points M de P tels que le triangle OAM soit rectangle en M.

■ Projections orthogonales

6 Deux plans P et P' se coupent suivant une droite D. Soit M un point de l'espace n'appartenant ni à P ni à P'. On appelle H le projeté orthogonal de M sur P et H' le projeté orthogonal de M sur P'. Démontrez que D est perpendiculaire au plan (MHH').

7 Soit dans un plan P deux droites D et D' sécantes en O. M est un point extérieur à P qui se projette en H sur P, en I sur D et en J sur D'.
Démontrez que O, I, J, H sont sur un même cercle.

8 Soit D une droite passant par un point O et contenue dans un plan P. A est un point extérieur à P qui se projette en M sur P. Déterminez l'ensemble des points M lorsque D pivote autour de O.

■ Produit scalaire dans l'espace

9 Calculez le produit scalaire des vecteurs $\vec{u}$ et $\vec{v}$ vérifiant $\|\vec{u}\| = 2 \quad \|\vec{v}\| = 1$ et $(\widehat{\vec{u}, \vec{v}}) = \frac{3\pi}{4}$ rd.

10 Calculez le produit scalaire des vecteurs $\vec{u}$ et $\vec{v}$ vérifiant $\|\vec{u}\| = \sqrt{2} \quad \|\vec{v}\| = 1$ et $(\widehat{\vec{u}, \vec{v}}) = 75°$.

11 Calculez le produit scalaire $(2\,\vec{u} - \vec{v}).(\vec{u} + 3\,\vec{v})$ sachant que $\|\vec{u}\| = 1$, $\|\vec{v}\| = 2$ et $\vec{u}.\vec{v} = -1$.

12 Calculez le produit scalaire $(\vec{u} + 2\vec{v}).(\vec{u} - 2\vec{v})$ sachant que les vecteurs $\vec{u}$ et $\vec{v}$ sont unitaires.

13 Calculez le produit scalaire $\vec{u}.(\vec{u} + \vec{v})$ sachant que $\|\vec{u}\| = 2$, $\|\vec{v}\| = \sqrt{3}$ et $(\widehat{\vec{u}, \vec{v}}) = \frac{\pi}{6}$ rd.

14 Démontrez que deux droites (AB) et (CD) de l'espace sont orthogonales si et seulement si $\overrightarrow{AC}^2 - \overrightarrow{AD}^2 = \overrightarrow{BC}^2 - \overrightarrow{BD}^2$.

15 On considère l'application f définie par : $f : E \to \mathbb{R}$

$$M \mapsto 2\overrightarrow{MA}^2 - 3\overrightarrow{MB}^2$$

où A et B sont deux points distincts de l'espace E. Soit G le barycentre de $(A, 2)$ et $(B, -3)$. Démontrez que $\forall\ M \in E \quad f(M) = -\ MG^2 + f(G)$.
Déterminez le point M pour que $f(M)$ soit maximum.

16 A, B, C sont trois points non alignés de l'espace E. On définit une application f par : $f : E \to \mathbb{R}$

$$M \mapsto \overrightarrow{MA}^2 + \overrightarrow{MB}^2 + \overrightarrow{MC}^2$$

Déterminez M pour que $f(M)$ soit minimum.

17 A, B, C sont trois points de l'espace. Trouvez M pour que l'application suivante possède un extremum.

$f : E \to \mathbb{R}$

$$M \mapsto \overrightarrow{MA}.(\overrightarrow{MB} + \overrightarrow{MC}).$$

Vous pourrez utiliser le milieu I de (B, C) et le milieu J de (I, A).

■ Repères orthonormaux de l'espace

Dans les exercices suivants l'espace est rapporté à un repère orthonormal $(O\ ;\ \vec{i}, \vec{j}, \vec{k})$.

18 Calculez en degrés l'angle des vecteurs $\vec{u}$ et $\vec{v}$ définis par :

$$\vec{u} = \vec{i} + \vec{j} + \vec{k} \quad , \quad \vec{v} = -2\vec{i} + \vec{j}.$$

19 Calculez en degrés l'angle des vecteurs $\vec{u}$ et $\vec{v}$ définis par :

$$\vec{u} = \frac{1}{2}\vec{i} - \frac{1}{2}\vec{j} + \frac{1}{2}\vec{k} \quad ; \quad v = -3\vec{i} + 3\vec{j} - 3\vec{k}.$$

20 Calculez en degrés l'angle des vecteurs $\vec{u}$ et $\vec{v}$ définis par :

$$\vec{u} = \sqrt{2}\,\vec{i} - 2\sqrt{2}\,\vec{j} + 4\vec{k},\ \vec{v} = 2\vec{i} + \vec{j}.$$

21 Soit les trois points suivants :

$$A(1, -1, 0), B(0, 1, -1), C(1, 1, 1)$$

Le triangle ABC est-il isocèle ? Déterminez des mesures des angles de ce triangle.

22 Déterminez les longueurs des côtés et les angles du triangle ABC avec $A(1, 1, 0)$, $B(0, 0, 2)$, $C(-1, 1, 0)$.

23 On considère les vecteurs $\vec{a}(2, -1, 1)$ et $\vec{b}(3, -1, 5)$.

Calculez les réels suivants : $\|\vec{a} + \vec{b}\|$, $\|\vec{a}\| + \|\vec{b}\|$

$\|2\vec{a} - 5\vec{b}\|$, $\|-2\vec{a}\|$.

24 Les droites suivantes sont-elles orthogonales :

$D \begin{cases} x = -1 + 3k \\ y = 0 + 2k \\ z = -2 - k \end{cases}$ D' droite passant par $A(1, 1, 1)$ et $B(2, 0, 2)$?

25 Les droites suivantes sont-elles orthogonales ?

D droite passant par O et de vecteur directeur $\vec{i} + \vec{j}$,

D' droite passant par $A\left(1, \frac{1}{2}, -1\right)$ et de vecteur directeur $-\vec{i} - \vec{j} + \vec{k}$

26 Démontrez que le plan P et la droite D définis ci-dessous sont perpendiculaires :

$P : 2x - y + 3z + 1 = 0 \quad D \begin{cases} x = 1 - 4k \\ y = -2 + 2k \\ z = 3 - 6k \end{cases}$

On rappelle que si P *est un plan d'équation* ax + by + cz + d = 0, *le vecteur* $\vec{u}$(a, b, c) *est un vecteur orthogonal ou normal à* P.

27 Les plans P et P' sont-ils perpendiculaires ?

$$P : x + y + z = -3 \qquad P' : x - 2y + z - 5 = 0$$

28 Les plans P et P' sont-ils perpendiculaires ?

$$P : 2x + 3y - z + 3 = 0 \qquad P' : x - 5y + 4 = 0$$

29 On considère les points $A(-2, 1, 0)$ et $B(2, 1, 5)$. Trouvez une équation cartésienne du plan passant par A et perpendiculaire à la droite (AB).

30 Soit D la droite définie par $\begin{cases} x = 2k \\ y = 1 - k \\ z = 3 \end{cases}$

Trouvez une équation cartésienne du plan passant par O et perpendiculaire à D.

PROBLÈMES

31 Dans une base orthonormale $(\vec{i}, \vec{j}, \vec{k})$, on considère les vecteurs $\vec{a}\left(\frac{2}{3}, -\frac{1}{3}, \frac{2}{3}\right)$ et $\vec{b}\left(-\frac{\sqrt{2}}{2}, 0, \frac{\sqrt{2}}{2}\right)$.

1° Démontrez que $\vec{a}$ et $\vec{b}$ sont unitaires et orthogonaux.

2° Trouvez les vecteurs non nuls $\vec{c}\,'(x', y', z')$ tels que $\vec{c}\,'$ soit orthogonal à $\vec{a}$ et à $\vec{b}$.

3° Montrez que $\vec{c} = \dfrac{1}{\|\vec{c}\,'\|}\,\vec{c}\,'$ est un vecteur unitaire.

4° Déduisez-en que $(\vec{a}, \vec{b}, \vec{c})$ est une base orthonormale de l'espace.

32 On considère dans un repère orthonormal $(O ; \vec{i}, \vec{j}, \vec{k})$ les plans suivants : $P : x + y - z + 1 = 0$ et $P' : 2x - y + z = 0$.

1° Déterminez une représentation paramétrique de D, droite d'intersection de P avec P'.
2° Soit $A(1, 0, 1)$ un point de l'espace. Déterminez les coordonnées du point A' projeté orthogonal de A sur D.
3° Déterminez les coordonnées des points H et H', projetés orthogonaux de A sur les plans P et P'.
4° Démontrez que $AH^2 + AH'^2 = AA'^2$. Expliquez géométriquement.

33 On considère dans un plan P un carré $ABCD$ de côté a et de centre O. On appelle D la droite perpendiculaire en A à P. E est le point de D tel que $AE = 2a$.

1° Déterminez les longueurs des côtés des triangles EAB et EAC.

2° Déterminez en degrés les angles $\widehat{AEB}$, $\widehat{EBA}$, $\widehat{AEC}$ et $\widehat{ECA}$.

3° Soit F le point du segment $[A, C]$ tel que $AF = \dfrac{3a\sqrt{2}}{4}$

On appelle P' le plan perpendiculaire à P en F. L'intersection de P' avec la pyramide $(EABCD)$ est un triangle T. Calculez l'aire du triangle T.

SOLUTIONS DES EXERCICES

1 D étant orthogonale aux droites (AB) et (AC) concourantes est perpendiculaire au plan (ABC). Or toute droite perpendiculaire à P est orthogonale à toute droite de P. Par conséquent D est orthogonale à la droite (BC).

2 Soit H le milieu de (J, K) ; H est le pied de la hauteur issue de I dans le triangle IJK. (LH) est également la hauteur dans le triangle LJK. (JK) est orthogonale aux droites (HI) et (IL) concourantes, donc (JK) est perpendiculaire au plan (HIL). (JK) est orthogonale à toute droite de ce plan, donc en particulier à la droite (IL).

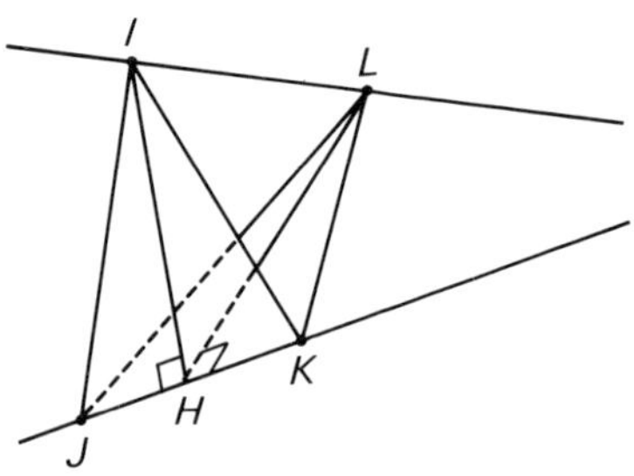

3 La droite (AM) est perpendiculaire au plan P du cercle (C). Tout plan contenant cette droite est perpendiculaire à P. Le plan (ABM) est donc perpendiculaire à P.
AB étant un diamètre de (C), (AE) est orthogonale à (BE). AEB est un triangle rectangle en E.AME est rectangle en A car D est perpendiculaire à P, donc à toute droite de P.
(BE) est orthogonale à (AE) et à D, donc (BE) est perpendiculaire au plan (AME). Par suite, (BE) est orthogonale à (EM). Les trois triangles sont rectangles.

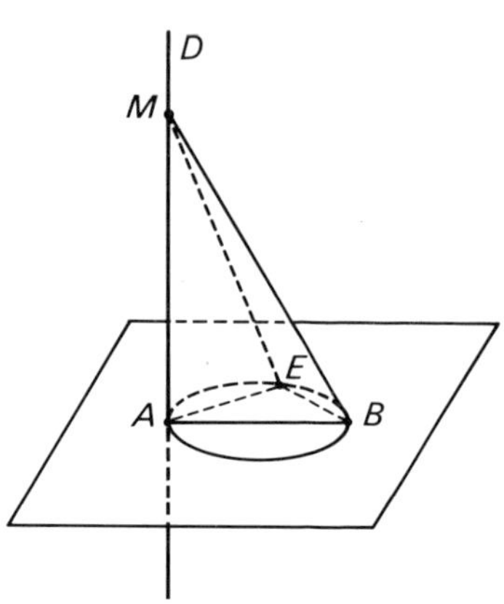

4 Soit P le plan passant par A et perpendiculaire à D'. P est l'ensemble des droites passant par A et orthogonales à D'. Donc D est contenue dans P.

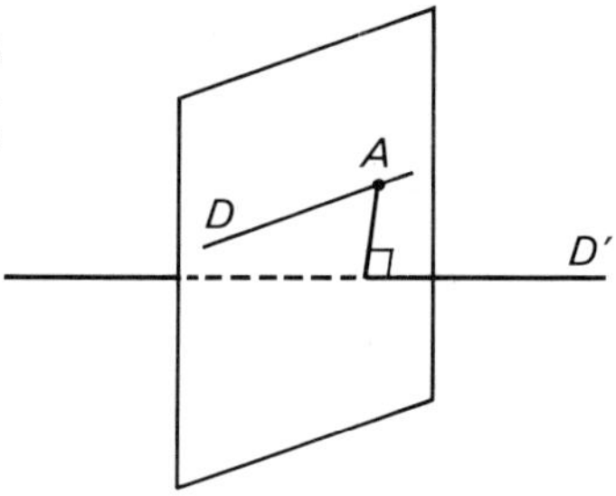

5 Soit H le projeté orthogonal de O sur P. Si OMA est rectangle en M, la droite (AM) est perpendiculaire à la droite (OM).
D'autre part, la droite (AM) est orthogonale à la droite (OH).
(AM) est donc perpendiculaire au plan (OHM), donc orthogonale à toute droite de ce plan et en particulier orthogonale à (HM). Le triangle HMA est alors rectangle en M et l'ensemble des points M cherché est le cercle de diamètre AH contenu dans P.

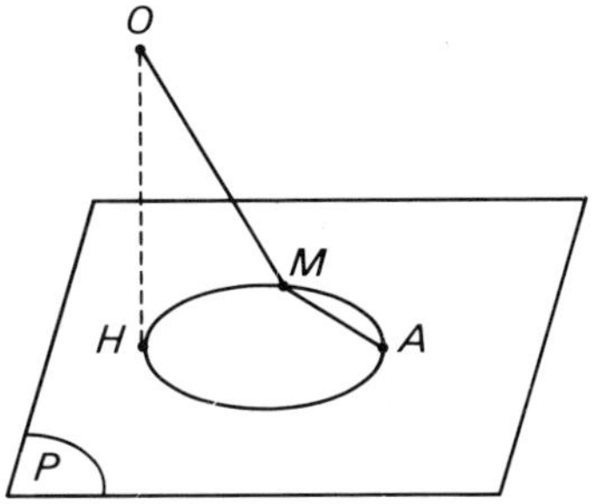

6 La droite (MH) est perpendiculaire à P, donc orthogonale à toute droite de P. En particulier (MH) est orthogonale à D.
De manière analogue on démontre que (MH') est orthogonale à D. D étant orthogonale à deux droites concourantes du plan (MHH') est perpendiculaire à ce plan.

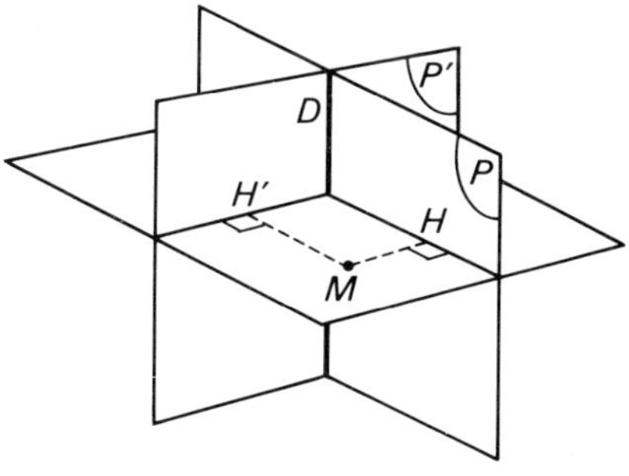

7 Par définition des projections, D est orthogonale à (MH) et à (MI) ; D est perpendiculaire au plan (MHI). On en déduit que D est perpendiculaire à (HI). L'angle $\widehat{HIO}$ étant droit, I appartient au cercle de diamètre HO. Une démarche analogue montre que J appartient au même cercle.

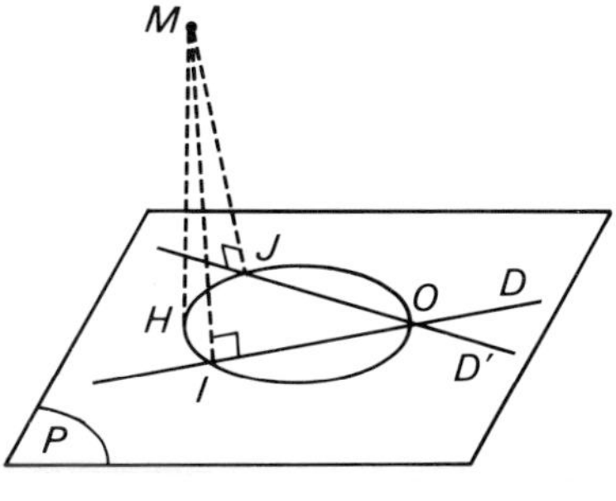

8 L'angle $\widehat{AMO}$ est un angle droit. M appartient à la sphère de diamètre AO. L'ensemble des points M cherché est l'intersection de cette sphère avec le plan P. C'est donc un cercle passant par O et H où H est le projeté orthogonal de A sur P.

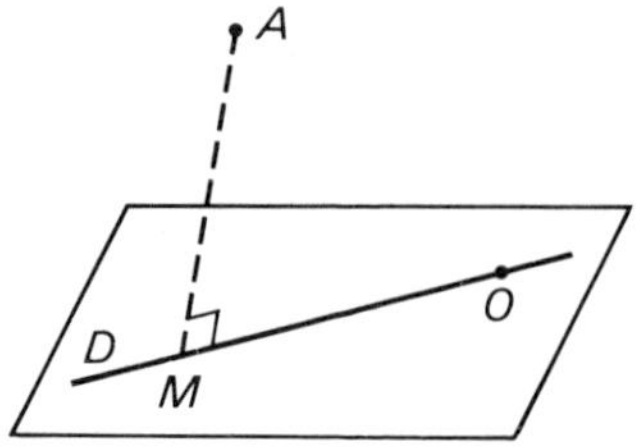

9 Par définition $\vec{u}.\vec{v} = \|\vec{u}\|\,\|\vec{v}\| \cos(\vec{u}, \vec{v}) = 2 \times 1 \times \cos \frac{3\pi}{4} = -\sqrt{2}$.

10 De même $\vec{u}.\vec{v} = \sqrt{2} \times 1 \times \cos 75° \simeq 0{,}37$.

11 $(2\vec{u} - \vec{v})(\vec{u}+3\vec{v}) = 2\vec{u}^2 - \vec{v}.\vec{u} + 6\,\vec{u}.\vec{v} - 3\vec{v}^2$
$= 2\,\|u\|^2 + 5\,\vec{u}.\vec{v} - 3\,\|\vec{v}\|^2 = 2 - 5 - 12 = -15$

12 $(\vec{u} + 2\vec{v})(\vec{u} - 2\vec{v}) = \vec{u}^2 - 4\vec{v}^2 = \|\vec{u}\|^2 - 4\,\|\vec{v}\|^2 = 1 - 4 = -3$

Des vecteurs unitaires sont tels que $\|\vec{u}\| = \|\vec{v}\| = 1$.

13 $\vec{u}\,(\widehat{\vec{u}+\vec{v}}) = \vec{u}^2 + \vec{u}.\vec{v} = \|\vec{u}\|^2 + \|\vec{u}\|\,\|\vec{v}\| \cos(\vec{u}, \vec{v})$
$= 4 + 2\sqrt{3} \cos \frac{\pi}{6} = 7.$

14 $\overrightarrow{AC}^2 - \overrightarrow{AD}^2 = \overrightarrow{BC}^2 - \overrightarrow{BD}^2 \Leftrightarrow (\overrightarrow{AC}-\overrightarrow{AD})\,(\overrightarrow{AC}+\overrightarrow{AD}) = (\overrightarrow{BC}-\overrightarrow{BD})\,(\overrightarrow{BC}+\overrightarrow{BD})$
$\Leftrightarrow \overrightarrow{DC}.(\overrightarrow{AC}+\overrightarrow{AD}) = \overrightarrow{DC}(\overrightarrow{BC}+\overrightarrow{BD})$ (1)

On ne peut ici simplifier de chaque côté par le vecteur $\overrightarrow{DC}$ *car l'opération utilisée est le produit scalaire.*

(1) $\Leftrightarrow \overrightarrow{DC}.(\overrightarrow{AC}+\overrightarrow{AD}-\overrightarrow{BC}-\overrightarrow{BD}) = 0$

(1) $\Leftrightarrow \overrightarrow{DC}.(2\overrightarrow{AB}) = 0$

(1) $\Leftrightarrow \overrightarrow{DC}.\overrightarrow{AB} = 0$
(1) $\Leftrightarrow (AB)$ et (DC) sont orthogonales.

La condition démontrée étant nécessaire et suffisante il faut travailler par équivalence.

15 Par définition du barycentre $2\overrightarrow{GA} - 3\overrightarrow{GB} = \vec{O}$

$\forall M \in E,\ f(M) = 2(\overrightarrow{MG}+\overrightarrow{GA})^2 - 3(\overrightarrow{MG}+\overrightarrow{GB})^2$
$f(M) = 2\overrightarrow{MG}^2 + 4\,\overrightarrow{MG}.\overrightarrow{GA} + 2\overrightarrow{GA}^2 - 3\overrightarrow{MG}^2 - 6\overrightarrow{MG}.\overrightarrow{GB} - 3\overrightarrow{GB}^2$
$f(M) = -\,\overrightarrow{MG}^2 + 2\overrightarrow{MG}(2\overrightarrow{GA} - 3\overrightarrow{GB}) + 2\overrightarrow{GA}^2 - 3\overrightarrow{GB}^2$
$f(M) = -\,\overrightarrow{MG}^2 + f(G)$

$f(M)$ est donc maximum si $\overrightarrow{MG}^2 = 0$, c'est-à-dire si M est en G.

16 Soit G l'isobarycentre ou centre de gravité du triangle (ABC).

$$\forall M \in E,\ f(M) = (\overrightarrow{MG}+\overrightarrow{GA})^2 + (\overrightarrow{MG}+\overrightarrow{GB})^2 + (\overrightarrow{MG}+\overrightarrow{GC})^2$$

$$f(M) = 3\overrightarrow{MG}^2 + 2\overrightarrow{MG}.(\overrightarrow{GA}+\overrightarrow{GB}+\overrightarrow{GC}) + \overrightarrow{GA}^2 + \overrightarrow{GB}^2 + \overrightarrow{GC}^2$$

$$f(M) = 3\overrightarrow{MG}^2 + f(G)$$

$f(G)$ ne dépendant pas de M, $f(M)$ sera minimum lorsque $\overrightarrow{MG}^2 = 0$, c'est-à-dire lorsque M est en G.

17 Soit I le milieu de (B, C). Alors $\overrightarrow{MB} + \overrightarrow{MC} = 2\overrightarrow{MI}$

$f(M) = 2\overrightarrow{MA}.\overrightarrow{MI}$

Soit J le milieu de (A, I) ;

alors $f(M) = 2(\overrightarrow{MJ}+\overrightarrow{JA})\ (\overrightarrow{MJ}+\overrightarrow{JI})$

$$f(M) = 2\overrightarrow{MJ}^2 + 2\overrightarrow{MJ}.(\overrightarrow{JA}+\overrightarrow{JI}) + 2\overrightarrow{JA}.\overrightarrow{JI}$$

$$f(M) = 2\overrightarrow{MJ}^2 + 2\left(\frac{1}{2}\overrightarrow{IA}\right)\cdot\left(\frac{1}{2}\overrightarrow{AI}\right)$$

$$f(M) = 2\overrightarrow{MJ}^2 - \frac{1}{2}\overrightarrow{AI}^2$$

Par conséquent, f est minimum lorsque M est en J.

18 $\vec{u}.\vec{v} = \|\vec{u}\|\,\|\vec{v}\|\cos(\vec{u}, \vec{v})$

$$\cos(\widehat{\vec{u}, \vec{v}}) = \frac{\vec{u}.\vec{v}}{\|\vec{u}\|.\|\vec{v}\|} = \frac{-2+1}{\sqrt{3}\,\sqrt{5}} = -\frac{1}{\sqrt{15}}$$

En utilisant la machine, on obtient $(\vec{u}, \vec{v}) \simeq 104{,}96° \simeq 104°57'48''$.

19 Par une démarche analogue, on trouve $\cos(\widehat{\vec{u}, \vec{v}}) = -1$.

Par conséquent $(\widehat{\vec{u}, \vec{v}}) = 180°$. Les vecteurs $\vec{u}$ et $\vec{v}$ sont colinéaires et de sens contraires.

20 $\cos(\widehat{\vec{u}, \vec{v}}) = \dfrac{2\sqrt{2} - 2\sqrt{2}}{\sqrt{26} - .\sqrt{5}} = 0$; $(\widehat{\vec{u}, \vec{v}}) = 0°$. Les vecteurs $\vec{u}$ et $\vec{v}$ sont colinéaires et de même sens.

21 On calcule les distances AB, AC, et BC

$\overrightarrow{BA}(1, -2, 1)$ $\quad AB = \sqrt{1^2 + (-2)^2 + 1^2} = \sqrt{6}$

$\overrightarrow{BC}(1, 0, 2)$ $\quad BC = \sqrt{1^2 + 0^2 + 2^2} = \sqrt{5}$

$\overrightarrow{AC}(0, 2, 1)$ $\quad AC = \sqrt{0^2 + 2^2 + 1^2} = \sqrt{5}$

ABC est isocèle de sommet C.

$$\cos \widehat{ABC} = \frac{\overrightarrow{BA}.\overrightarrow{BC}}{\|\overrightarrow{BA}\| \times \|\overrightarrow{BC}\|} = \frac{3}{\sqrt{30}} \Rightarrow \widehat{ABC} \simeq 56°47'20''$$

$$\cos \widehat{ACB} = \frac{\overrightarrow{CA}.\overrightarrow{CB}}{\|\overrightarrow{CA}\| \times \|\overrightarrow{CB}\|} = \frac{2}{5} \Rightarrow \widehat{ACB} \simeq 66°25'19''$$

Le triangle étant isocèle $\widehat{ABC} = \widehat{BAC}$.

22 $\|\overrightarrow{AB}\| = \sqrt{6}$; $\|\overrightarrow{AC}\| = 2$; $\|\overrightarrow{BC}\| = \sqrt{6}$

$$\cos \widehat{ABC} = \frac{\overrightarrow{BA}.\overrightarrow{BC}}{\|\overrightarrow{BA}\|\,\|\overrightarrow{BC}\|} = \frac{2}{3} \Rightarrow \widehat{ABC} \simeq 48°11'23''$$

$$\cos \widehat{BCA} = \frac{1}{\sqrt{6}} \qquad \Rightarrow \widehat{BCA} \simeq 65°54'19''$$

$$\cos \widehat{CAB} = \frac{1}{\sqrt{6}} \qquad \Rightarrow \widehat{CAB} \simeq 65°54'19''$$

Le triangle est isocèle de sommet B.

23 $\vec{a} + \vec{b}(5, -2, 6)$; $2\vec{a} - 5\vec{b}(-11, 3, -23)$; $-2\vec{a}(-4, 2, 2)$

$\|\vec{a} + \vec{b}\| = \sqrt{65}$; $\|2\vec{a} - 5\vec{b}\| = \sqrt{659}$; $\|-2\vec{a}\| = 2\sqrt{6}$; $\|\vec{a}\| + \|\vec{b}\| = \sqrt{6} + \sqrt{35}$

On peut remarquer que $\|\vec{a} + \vec{b}\| \leqslant \|\vec{a}\| + \|\vec{b}\|$ *et* $\|-2\vec{a}\| = 2\|\vec{a}\|$

24 D a pour vecteur directeur $\vec{u}(3, 2, -1)$

D' a pour vecteur directeur $\overrightarrow{AB}(1, -1, 1)$

Or $\vec{u}.\overrightarrow{AB} = 3 - 2 - 1 = 0 \Rightarrow \vec{u} \perp \overrightarrow{AB}$.
D et D' sont orthogonales.

25 $(\vec{i} + \vec{j})(-\vec{i} - \vec{j} + \vec{k}) = -\vec{i}^2 - \vec{i}.\vec{j} + \vec{i}.\vec{k} - \vec{j}.\vec{i} - \vec{j}^2 + \vec{j}.\vec{k} = -2$.
D et D' ayant des vecteurs directeurs non orthogonaux ne sont pas orthogonales.

26 Un vecteur orthogonal à P est $\vec{u}(2, -1, 3)$.

Un vecteur directeur de D est $\vec{v}(4, -2, 6)$.

P et D sont perpendiculaires si et seulement si $\vec{u}$ et $\vec{v}$ sont colinéaires.

Or $\frac{4}{2} = \frac{-2}{-1} = \frac{6}{3}$; $\vec{v} = 2\vec{u}$. P et D sont perpendiculaires.

27 P et P' seront perpendiculaires si leurs vecteurs normaux le sont.

Un vecteur normal de P est $\vec{u}(1, 1, 1)$.

Un vecteur normal de P' est $\vec{v}(1, -2, 1)$. $\quad \vec{u}.\vec{u}' = 1 - 2 + 1 = 0 \Rightarrow \vec{u} \perp \vec{u}'$.
P et P' sont perpendiculaires.

28 On adopte une démarche analogue à celle de l'exercice précédent :

$\vec{u}(2, 3, -1) \qquad \vec{u}\,'(1, -5, 0)$

$\vec{u}.\vec{u}\,' = 2 - 15 + 0 = -13.$

$\vec{u}$ et $\vec{v}\,'$ n'étant pas orthogonaux, P et P' ne sont pas perpendiculaires.

29 Un point M appartient au plan cherché si et seulement si les vecteurs $\overrightarrow{AM}$ et $\overrightarrow{AB}$ sont orthogonaux.

Soit (x, y, z) les coordonnées de M ; $\overrightarrow{AM}(x+2, y-1, z) \qquad \overrightarrow{AB}(4, 0, 5)$

$\overrightarrow{AM} \perp \overrightarrow{AB} \Leftrightarrow 4(x+2) + 0(y-1) + 5z = 0.$

Une équation cartésienne de P est : $4x + 5y + 8 = 0$.

30 D a pour vecteur directeur $\vec{u}(2, -1, 0)$.

Un point $M(x, y, z)$ appartient à P si et seulement si $\overrightarrow{OM} \perp \vec{u}$.

$$x \times 2 + y(-1) + z \times 0 = 0.$$

Une équation cartésienne de P est $2x - y = 0$.

SOLUTIONS DES PROBLÈMES

31 **1°** $\|\vec{a}\| = \sqrt{\left(\frac{2}{3}\right)^2 + \left(-\frac{1}{3}\right)^2 + \left(\frac{2}{3}\right)^2} = 1 \qquad \|\vec{b}\| = \sqrt{\left(-\frac{\sqrt{2}}{2}\right)^2 + 0^2 + \left(\frac{\sqrt{2}}{2}\right)^2} = 1$

$$\vec{a}.\vec{b} = \frac{2}{3} \times \left(-\frac{\sqrt{2}}{2}\right) + \left(-\frac{1}{3}\right) \times 0 + \frac{2}{3} \times \frac{\sqrt{2}}{2} = 0$$

$\vec{a}$ et $\vec{b}$ sont unitaires et orthogonaux.

2° Si $\vec{c}\,'(x', y', z')$ est orthogonal à $\vec{a}$, on a :

$$\vec{c}\,'.\vec{a} = 0 \Leftrightarrow \frac{2}{3}x' - \frac{1}{3}y' + \frac{2}{3}z' = 0$$

De même puisque $\vec{c}\,'$ est orthogonal à $\vec{b}$, on a $-\frac{\sqrt{2}}{2}x' + Oy' + \frac{\sqrt{2}}{2}z' = 0.$

On obtient le système de deux équations à trois inconnues suivant :

$$\begin{cases} 2x' - y' + 2z' = 0 \\ -x' + z' = 0 \end{cases} \Leftrightarrow \begin{cases} y' = 4z' \\ x' = z' \end{cases}$$

Les vecteurs $\vec{c}\,'$ sont de la forme $\vec{c}\,'(z', 4z', z')$ ou encore $\vec{c}\,' = z'\,\vec{e}$ avec $\vec{e}(1, 4, 1)$.

3° $\|\vec{c}\,'\| = |z'|\,\|\vec{e}\| = 3\sqrt{2}\,|z'| \qquad \vec{c} = \frac{1}{\|\vec{c}\,'\|}\,\vec{c}\,' \Rightarrow \|\vec{c}\| = \frac{\|\vec{c}\,'\|}{\|\vec{c}\,'\|} = 1.$

4° $\vec{c}$ est unitaire et orthogonal à $\vec{a}$ et $\vec{b}$. $(\vec{a}, \vec{b}, \vec{c})$ est une base orthonormale de l'espace.

Il y a deux vecteurs $\vec{c}$ répondant à la question posée :

$$\vec{c}_1\left(\frac{1}{3\sqrt{2}}, \frac{4}{3\sqrt{2}}, \frac{1}{3\sqrt{2}}\right) \quad \text{et} \quad \vec{c}_2 = -\vec{c}_1.$$

32 **1°** Un point M est sur D si ses coordonnées vérifient le système :

$$\begin{cases} x + y - z + 1 = 0 \\ 2x - y + z = 0 \end{cases}$$

Posons $z = k$; on obtient :

$$\begin{cases} x = -\dfrac{1}{3} \\ y = -\dfrac{2}{3} + k \quad \text{représentation paramétrique de } D \\ z = k \end{cases}$$

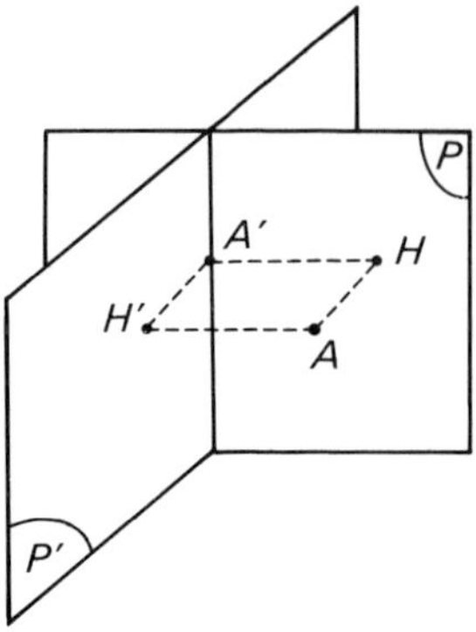

2° A' est un point de D tel que $\overrightarrow{AA'}$ soit orthogonal à $\vec{u}$ (0, 1, 1), vecteur directeur de D.

A' a des coordonnées de la forme $\left(-\dfrac{1}{3}, -\dfrac{2}{3} + k, k\right)$

$$\overrightarrow{AA'} \perp \vec{u} \Leftrightarrow \left(-\frac{1}{3} - 1\right) \times 0 + \left(-\frac{2}{3} + k - 0\right) \times 1 + (k-1) \times 1 = 0.$$

$\overrightarrow{AA'} \perp \vec{u} \Leftrightarrow k = \dfrac{5}{6}\cdot$ A' a pour coordonnées $\left(-\dfrac{1}{3}, \dfrac{1}{6}, \dfrac{5}{6}\right)$

3° H est un point de P tel que $\overrightarrow{AH}$ soit orthogonal à P ; $\overrightarrow{AH}$ est donc colinéaire au vecteur $\vec{v}(1, 1, -1)$ normal à P.
Si H a pour coordonnées (x, y, z) on a :

$$\begin{cases} \dfrac{x-1}{1} = \dfrac{y-0}{1} = \dfrac{z-1}{-1} \\ x+y-z+1=0 \end{cases} \quad \begin{cases} x+z=2 \\ x-y=1 \\ x+y-z=-1 \end{cases} \quad \begin{cases} x = \dfrac{2}{3} \\ y = -\dfrac{1}{3} \\ z = \dfrac{4}{3} \end{cases} \qquad H\left(\frac{2}{3}, -\frac{1}{3}, \frac{4}{3}\right)$$

On raisonne de même pour déterminer les coordonnées de H' :

$$\begin{cases} \dfrac{x-1}{2} = \dfrac{y-0}{-1} = \dfrac{z-1}{1} \\ 2x-y+z=0 \end{cases} \quad \begin{cases} x-2z=-1 \\ x+2y=1 \\ 2x-y+z=0 \end{cases} \quad \begin{cases} x = 0 \\ y = \dfrac{1}{2} \\ z = \dfrac{1}{2} \end{cases} \qquad H'\left(0, \frac{1}{2}, \frac{1}{2}\right)$$

4° $AH^2 = \left(\frac{2}{3} - 1\right)^2 + \left(-\frac{1}{3} - 0\right)^2 + \left(\frac{4}{3} - 1\right)^2 = \frac{1}{3}$

$AH'^2 = (0-1)^2 + \left(\frac{1}{2} - 0\right)^2 + \left(\frac{1}{2} - 1\right)^2 = \frac{3}{2}$

$AA'^2 = \left(-\frac{1}{3} - 1\right)^2 + \left(\frac{1}{6} - 0\right)^2 + \left(\frac{5}{6} - 1\right)^2 = \frac{11}{6}$

Donc $AA'^2 = AH^2 + AH'^2$

Les points A, A', H et H' sont coplanaires. P et P' sont deux plans perpendiculaires. Donc $AHA'H'$ est un rectangle et le théorème de Pythagore appliqué au triangle AHA' explique le résultat précédent.

33 **1°** Le triangle EAB est rectangle en A. Par définition, on a : $AB = a$ et $EA = 2a$

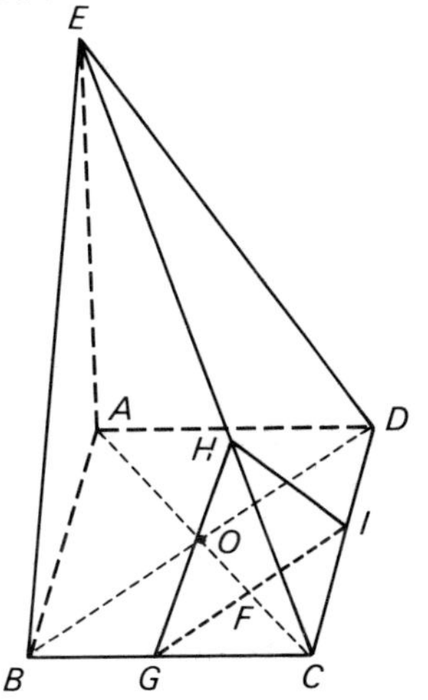

$EB^2 = EA^2 + AB^2 = 5a^2 \Rightarrow EB = \sqrt{5}\, a.$

De même, le triangle EAC est rectangle en A.

AC est une diagonale du carré et mesure $a\sqrt{2}$.

$EC^2 = EA^2 + AC^2 = 4a^2 + 2a^2 = 6a^2 \Rightarrow EC = \sqrt{6}\, a.$

2° $\cos \widehat{ABE} = \frac{AB}{EB} = \frac{a}{\sqrt{5}\, a} = \frac{\sqrt{5}}{5} \Rightarrow \widehat{ABE} \simeq 63°26'06''$

$\cos \widehat{AEB} = \frac{EA}{EB} = \frac{2a}{\sqrt{5}\, a} = \frac{2\sqrt{5}}{5} \Rightarrow \widehat{AEB} \simeq 26°33'54''$

$\cos \widehat{ACE} = \frac{AC}{EC} = \frac{a\sqrt{2}}{\sqrt{6}a} = \frac{\sqrt{3}}{3} \Rightarrow \widehat{ACE} \simeq 54°44'08''$

$\cos \widehat{AEC} = \frac{AE}{EC} = \frac{2a}{\sqrt{6}a} = \frac{\sqrt{6}}{3} \Rightarrow \widehat{AEC} \simeq 35°15'52''$

3° Soit G, H, I les intersections du plan P' avec les droites (BC), (EC), (DC).

L'aire du triangle T est $\mathscr{A} = \frac{1}{2}\, GI \times FH$

Calcul de la distance FH :

Appliquons le théorème de Thalès dans le triangle AEC :

$$\frac{CF}{CA} = \frac{FH}{AE} \Rightarrow FH = 2a \times \frac{\frac{a\sqrt{2}}{4}}{a\sqrt{2}} = \frac{a}{2}$$

De même, appliquons le théorème de Thalès au triangle BCD

$$\frac{CF}{CD} = \frac{GI}{BD} \Rightarrow GI = a\sqrt{2} \times \frac{\frac{a\sqrt{2}}{4}}{\frac{a\sqrt{2}}{2}} = \frac{a\sqrt{2}}{2}$$

L'aire cherchée est $a = \frac{1}{2} \times \frac{a\sqrt{2}}{2} \times \frac{a}{2} = \frac{a^2\sqrt{2}}{8}.$

V PROBABILITÉS ET COMPLÉMENTS

20 PROBABILITÉS

- **Rappel sur les fréquences**
- **Expériences aléatoires et événements**
- **Construction d'une probabilité (cas général)**
- **Probabilité uniforme sur Ω**
- **Aide méthodologique pour dénombrer**

Rappel sur les fréquences

- **Définition**

Quand on observe un caractère statistique, ses éventualités sont :

des *modalités* dans le cas d'un caractère qualitatif,
des *valeurs* (des nombres) dans le cas d'un caractère quantitatif discret,
des *classes* (des intervalles) dans le cas d'un caractère quantitatif continu.
Dans tous les cas, la *fréquence* d'une éventualité est le quotient f_i de l'effectif n_i concerné par l'effectif total :

$$f_i = \frac{n_i}{n}$$

- **Propriétés**

– Les fréquences sont des nombres positifs.
– La somme de toutes les fréquences est égale à 1.

Expériences aléatoires et événements

- Une **expérience aléatoire** $\mathscr{E}$ est une expérience qui, répétée dans des conditions apparemment identiques, peut conduire à des résultats différents.

Exemples : lancer d'un dé, sexe d'un nouveau-né.

- **Univers**

L'ensemble de tous les résultats possibles de $\mathscr{E}$ esr l'*univers* associé à $\mathscr{E}$. On le note Ω.

Exemples précédents : $\{1, 2, 3, 4, 5, 6\}$, $\{F, G\}$.

• Un **événement** est **lié à l'expérience aléatoire** $\mathscr{E}$, dont l'univers associé est Ω, si pour tout résultat ω de Ω, on sait dire si l'événement est réalisé ou non.
Dans le cas où Ω est fini, tout événement lié à $\mathscr{E}$ peut être identifié à la partie de Ω constituée par les résultats pour lesquels l'événement est réalisé.

Exemple : dans le lancer d'un dé, l'événement « obtenir un nombre pair » sera assimilé à la partie de Ω : $\{2, 4, 6\}$.

• **Événements particuliers**
Un singleton $\{\omega\}$ est un **événement élémentaire.**
L'événement Ω est toujours réalisé. C'est l'**événement certain.**
L'événement $\varnothing$ n'est jamais réalisé. C'est l'**événement impossible.**

Construction d'une probabilité (cas général)

• **Observation expérimentale**
Soit A un événement liè à une expérience aléatoire $\mathscr{E}$. Répétons n fois cette expérience aléatoire. La fréquence f_n de A est le quotient du nombre de réalisations de A par le nombre n de répétitions.
Lorsque n est grand, on observe que les valeurs de f_n sont à peu près stables, c'est-à-dire varient peu quand n augmente.

Exemple : lorsqu'on lance un très grand nombre de fois un dé cubique bien équilibré, la fréquence d'apparition de l'as est un nombre qui devient proche de 0,167.

• **Construction d'une probabilité**
– Soit un univers fini $\Omega = \{\omega_1, ..., \omega_n\}$. Pour définir une probabilité P sur Ω, il faut associer à chaque événement élémentaire $\{\omega_i\}$ un nombre p_i qui est sa probabilité de réalisation.
Les nombres p_i doivent tous être positifs ou nuls, et leur somme doit être égale à 1.
– Si A est un événement quelconque, sa probabilité $P(A)$ s'obtient en additionnant les probabilités des événements élémentaires inclus dans A.
Il en résulte que :

$$\mathbf{P(\varnothing) = 0 \quad ; \quad P(\Omega) = 1 \quad ; \quad 0 \leqslant P(A) \leqslant 1}$$

– Les nombres p_i s'obtiennent souvent à partir de l'observation des fréquences.

Probabilité uniforme sur Ω

Dans toutes les situations où aucun événement élémentaire ne doit être distingué des autres, on suppose que tous les événements élémentaires ont la même probabilité. On dit qu'ils sont *équiprobables.*
Sur un univers fini Ω, l'**hypothèse d'équiprobabilité** définit la **probabilité uniforme** sur Ω. Pour tout événement A, on a :

$$\mathbf{P(A) = \frac{card\ A}{card\ \Omega}}$$

Pour un ensemble E, on note card E (lire : cardinal de E) le nombre d'éléments de E.
card A est souvent appelé *nombre de cas favorables* (sous-entendu : à la réalisation de A) et card Ω *nombre de cas possibles.*

Exemples : L'hypothèse d'équiprobabilité est souvent indiquée par des mots conventionnels.
– Un dé est dit *parfait*, ou *non pipé*, si ses faces sont équiprobables.

– Un jeu de cartes est dit *bien battu* lorsque les cartes ont toutes la même probabilité d'être tirées.
– Tirer *au hasard* une boule dans une urne, une fiche dans un fichier, signifie que les boules, ou les fiches, sont toutes équiprobables.

■ Aide méthodologique pour dénombrer

Dans le cas particulier de l'équiprobabilité, le calcul d'une probabilité se ramène à des dénombrements, c'est-à-dire à compter des situations.

• **Opérations**
Quand une situation comporte plusieurs choix à effectuer :
– On effectue un **produit** quand on doit faire un choix, **puis** un autre choix...
– On effectue une **addition** quand on a à considérer un cas **ou bien** un autre cas...

• **Représentations**
Il est souvent utile de s'aider de diverses représentations :
– des *arbres* où chaque situation est représentée par un chemin (cf. exercice 2);
– des *codages* qui font appel à des chiffres, des lettres... (cf. exercice 2);
– des *tableaux* qui permettent de croiser deux événements et leurs contraires (cf. exercice 7).

EXERCICES

■ Rappel sur les fréquences

1 L'observation de la durée de vie en mois de 800 pièces mécaniques a donné les résultats suivants :

durée	$]0,1]$	$]1,2]$	$]2,3]$	$]3,4]$	$]4,5]$	$]5,6]$	$]6,7]$	$]7,8]$	$]8,9]$
effectif	2	6	13	21	37	59	89	133	107
fréquence									

durée	$]9,10]$	$]10,11]$	$]11,12]$	$]12,13]$	$]13,14]$	$]14,15]$	$]15,16]$	$]16,17]$	$]17,18]$
effectif	83	65	51	38	29	24	19	16	8
fréquence									

1° Déterminez les fréquences des différentes classes statistiques.

2° Calculez la fréquence de l'événement : « la durée de vie de la pièce mécanique est d'au moins un an ».

■ Expériences aléatoires et événements

2 Choisissez un codage pour représenter les diverses possibilités de familles à trois enfants en tenant compte de l'ordre de naissances.
Écrivez alors sous la forme d'une partie de Ω l'événement « dans la famille il y a des enfants des deux sexes ».

■ Construction d'une probabilité (cas général)

3 Les Grecs et les Romains utilisaient à la place des dés des osselets d'agneaux appelés astragales.
Ces astragales pouvaient retomber sur une de leurs quatre faces numérotées 1, 2, 3, 4 dans cet exercice.
p_i désignant la probabilité qu'un astragale retombe sur la face n° i, des expériences statistiques ont permis d'établir que :

$$p_1 = p_2, \quad p_3 = p_4 \quad \text{et} \quad p_1 = 4p_3.$$

Lorsqu'on jette un astragale, calculez les probabilités d'obtention de chaque face.

4 Un dé a été truqué de sorte que la probabilité d'obtenir l'as est le double de la probabilité d'obtenir un 6.
Les numéros 2, 3, 4, 5, 6 ont la même probabilité de sortie.
1° Calculez la probabilité d'obtenir chacun des six numéros?
2° Calculez la probabilité de l'événement A « obtenir un numéro impair ».

5 Sur l'univers $\Omega = \{x_1, x_2, x_3, x_4, x_5\}$, on définit une probabilité en posant :
$P(\{x_1\}) = 0{,}3$; $P(\{x_2\}) = 0{,}2$; $P(\{x_3\}) = 0{,}1$; $P(\{x_4\}) = 0{,}1$;
$P(\{x_5\}) = 0{,}3$.

Quelle est la probabilité de $A = \{x_2, x_4, x_5\}$?

■ Probabilité uniforme sur Ω

6 Une loterie édite 1 000 000 de billets numérotés de 000 000 à 999 999.
1° Quelle est la probabilité pour qu'un billet pris au hasard porte un numéro composé de 6 chiffres tous différents entre eux?
2° Quelle est la probabilité pour qu'un billet pris au hasard porte un numéro composé de 6 chiffres identiques?

7 Dans une classe de quarante élèves, un professeur a chargé un élève d'une enquête.
Les quarante élèves ont répondu soit par oui, soit par non (pas d'abstention) à chacune des deux questions posées :
A la question n° 1 : *aimez-vous la lecture?* vingt élèves ont répondu oui.
A la question n° 2 : *aimez-vous le sport?* vingt-six élèves ont répondu oui.
On a par ailleurs dénombré huit élèves n'aimant ni la lecture, ni le sport.
On interroge au hasard un élève de la classe.
1° Quelle est la probabilité pour qu'il aime à la fois le sport et la lecture?
2° Quelle est la probabilité pour qu'il n'aime que le sport?

8 Deux enfants disposent chacun d'une boîte contenant dix jetons de forme identique, numérotés de 1 à 10.
A un signal, chaque enfant prend un jeton dans sa boîte et le dépose sur la table.
Quelle est la probabilité de l'événement « *les deux jetons déposés sur la table ont le même numéro* ».

9 1° Après le tirage du 20 décembre 1989, voici le nombre S de sorties de chaque numéro depuis la création du loto (il n'est pas tenu compte du numéro complémentaire).

nos	1	2	3	4	5	6	7	8	9	10	11	12	13
S	116	120	120	119	122	120	128	128	114	112	117	129	105

nos	14	15	16	17	18	19	20	21	22	23	24	25
S	124	129	141	114	133	132	128	123	124	121	133	129

nos	26	27	28	29	30	31	32	33	34	35	36	37
S	133	123	125	114	115	126	117	114	140	121	131	131

nos	38	39	40	41	42	43	44	45	46	47	48	49
S	148	116	142	112	121	119	109	133	119	107	138	131

a) Sachant que 6 numéros sont choisis à chaque tirage, déterminez le nombre de tirages entre la création du loto et le tirage indiqué.
b) Déterminez les fréquences de sortie de chaque numéro en divisant les effectifs *S* par le nombre de tirages. Exprimez ces fréquences en ‰.

2° Voici les renseignements analogues après le tirage du 20 février 1991. Répondez aux mêmes questions que précédemment.

nos	1	2	3	4	5	6	7	8	9	10	11	12	13
S	139	144	144	139	147	145	148	152	131	127	134	147	126

nos	14	15	16	17	18	19	20	21	22	23	24	25
S	141	150	162	134	154	160	154	143	141	141	159	146

nos	26	27	28	29	30	31	32	33	34	35	36	37
S	151	140	145	134	137	142	144	132	159	134	148	158

nos	38	39	40	41	42	43	44	45	46	47	48	49
S	175	132	161	131	136	143	129	156	139	128	156	162

3° Commentez ces informations avec un point de vue probabiliste.

10 On considère un dé ayant la forme d'un tétraèdre régulier. Sur les quatre faces sont respectivement marqués les nombres : 1, 3, 5, 10. Après chaque lancer du dé, une face est cachée et trois faces sont visibles. On admet que chaque face a la même probabilité d'être cachée. On lance le dé. Quelle est la probabilité pour que :
1° sur la face cachée soit inscrit un nombre impair?
2° la somme des nombres inscrits sur les trois faces visibles soit un nombre pair?
3° la somme des nombres inscrits sur les trois faces visibles soit strictement supérieure à 14?

11 On a deux dés cubiques identiques dont les faces sont numérotées par les chiffres de 1 à 6. On jette ces deux dés. Sous l'hypothèse où toutes les éventualités sont équiprobables, calculez la probabilité des événements suivants :
1° la somme des chiffres marqués sur les faces supérieures des deux dés est 7;
2° la même somme est 10.

12 Au XVIe siècle, à la cour du Grand Duc de Toscane, se pratiquait un jeu consistant à lancer trois dés et à additionner les points obtenus. Le Grand Duc avait observé que la somme 10 était obtenue plus souvent que la somme 9, alors que ces deux sommes se décomposent de 6 manières :

$$9 = 1 + 2 + 6 = 1 + 3 + 5 = 1 + 4 + 4 = 2 + 2 + 5 = 2 + 3 + 4 = 3 + 3 + 3;$$
$$10 = 1 + 3 + 6 = 1 + 4 + 5 = 2 + 2 + 6 = 2 + 3 + 5 = 2 + 4 + 4 = 3 + 3 + 4.$$

Galilée en trouva l'explication. Et vous?
On dispose de trois dés bien équilibrés. Les faces de chaque dé sont numérotées de 1 à 6. On lance les trois dés. On lit les trois nombres a, b, c apparaissant sur les faces supérieures et on calcule $S = a + b + c$.
1° Calculez le nombre de triplets (a, b, c) possibles.
2° Calculez les probabilités des événements $S = 9$ puis $S = 10$. Concluez.

SOLUTIONS DES EXERCICES

1 **1°** On obtient les fréquences en divisant chaque effectif par l'effectif total $n = 800$. En choisissant, par exemple, des arrondis à 10^{-3} près, on obtient les fréquences :

0,002; 0,007; 0,016; 0,026; 0,046; 0,074; 0,111; 0,166; 0,134; 0,104; 0,081; 0,064; 0,047; 0,036; 0,030; 0,024; 0,020; 0,010.

2° L'événement « la durée de vie de la pièce mécanique est d'au moins un an » est constitué par les classes :]12, 13],]13, 14],]14, 15],]15, 16],]16, 17],]17, 18].
Sa fréquence s'obtient par addition des fréquences correspondantes :

0,047 + ... + 0,010 = 0,167

Vous pouvez aussi additionner les effectifs : 38 + ... + 8 *puis diviser par l'effectif total* 800.

2 Comme l'ordre des naissances compte, on peut coder les situations :
– soit avec des mots de 3 lettres construits sur l'alphabet $\{F, G\}$ où F = fille et G = garçon;
– soit avec des chemins sur un arbre.
L'univers Ω peut s'écrire $\Omega = \{FFF, FFG, FGF, FGG, GFF, GFG, GGF, GGG\}$.
On observe qu'il y a 8 possibilités.

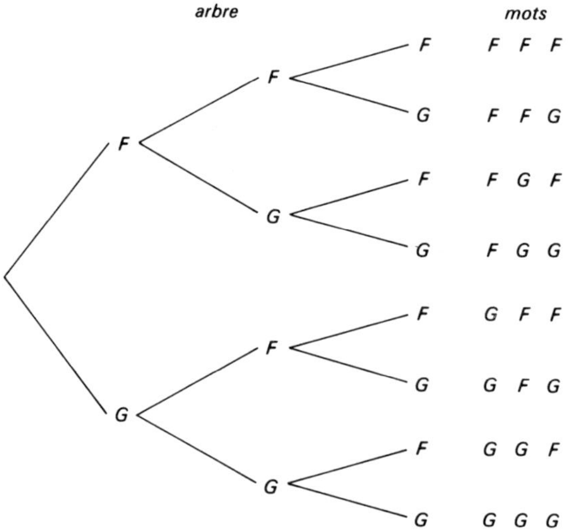

L'événement « dans la famille il y a des enfants des deux sexes » s'écrit :
$A = \{FFG, FGF, FGG, GFF, GFG, GGF\}$.

3 La somme des probabilités des événements élémentaires est toujours égale à 1.
On a donc : $p_1 + p_2 + p_3 + p_4 = 1$

En reportant : $p_1 = 4p_3$, $p_2 = 4p_3$, $p_4 = p_3$, on obtient :

$4p_3 + 4p_3 + p_3 + p_3 = 1$ soit $10p_3 = 1$.
Les probabilités demandées sont donc :

$p_3 = 0{,}1$; $p_1 = 0{,}4$; $p_2 = 0{,}4$; $p_4 = 0{,}1$.

4 **1°** Appelons respectivement $p_1, p_2, p_3, p_4, p_5, p_6$ les probabilités d'obtenir les numéros respectifs 1, 2, 3, 4, 5, 6. La somme des probabilités des événements élémentaires est toujours égale à 1, soit :

$p_1 + p_2 + p_3 + p_4 + p_5 + p_6 = 1$

Par ailleurs, le dé a été truqué de sorte que :

$p_1 = 2p_6$ et $p_2 = p_3 = p_4 = p_5 = p_6$.

Reportons ces expressions en fonction de p_6 dans l'égalité précédente :

$2p_6 + p_6 + p_6 + p_6 + p_6 + p_6 = 1$

On a donc $7p_6 = 1$, ce qui donne $p_6 = \frac{1}{7}$, puis $p_1 = \frac{2}{7}$, $p_2 = \frac{1}{7}$, $p_3 = \frac{1}{7}$, $p_4 = \frac{1}{7}$, $p_5 = \frac{1}{7}$.

2° L'événement A « obtenir un numéro impair » s'écrit : $A = \{1, 3, 5\}$. Sa probabilité s'obtient en additionnant les probabilités des événements élémentaires $\{1\}$, $\{3\}$, $\{5\}$.

$$P(A) = p_1 + p_3 + p_5 = \frac{2}{7} + \frac{1}{7} + \frac{1}{7} = \frac{4}{7}.$$

5 L'événement $A = \{x_2, x_4, x_5\}$ est constitué par les événements élémentaires $\{x_2\}$, $\{x_4\}$, $\{x_5\}$. Sa probabilité s'obtient en additionnant les probabilités correspondantes :

$$P(A) = 0{,}2 + 0{,}1 + 0{,}3 = 0{,}6.$$

6 1° Si on prend un billet au hasard, il y a 1 000 000 de résultats possibles, tous équiprobables.
Il reste à compter combien de numéros sont composés de 6 chiffres tous différents entre eux.
Pour obtenir un numéro de ce type, il faut choisir le premier chiffre (10 possibilités), *puis* choisir le deuxième chiffre (9 possibilités car on ne peut pas reprendre le chiffre déjà utilisé), *puis* le troisième chiffre (8 possibilités), *puis* le quatrième chiffre (7 possibilités), *puis* le cinquième chiffre (6 possibilités), *puis* le sixième chiffre (5 possibilités). Il y a donc $10 \times 9 \times 8 \times 7 \times 6 \times 5 = 151\,200$ billets dont le numéro est composé de 6 chiffres tous différents entre eux.
La probabilité demandée est donc :

$$p_1 = \frac{151\,200}{1\,000\,000} = 0{,}151\,2$$

2° Il y a toujours 1 000 000 de cas possibles.
Un numéro composé de 6 chiffres identiques est connu dès qu'on connaît le chiffre répété 6 fois. Il y en a donc 10.
La probabilité demandée est :

$$p_2 = \frac{10}{1\,000\,000} = 10^{-5}$$

7 Puisqu'on n'interroge qu'un seul élève, il y a 40 cas possibles, et qui sont supposés équiprobables par l'hypothèse « au hasard ».
Puisqu'il y a 40 élèves dont 20 aiment la lecture, il en reste 20 qui n'aiment pas la lecture. Parmi ceux-ci, il y en a 8 qui n'aiment ni la lecture, ni le sport. Il y en a donc 12 qui aiment le sport et pas la lecture.
Il y en a 26 qui aiment le sport dont 12 qui n'aiment pas la lecture. Il y en a donc 14 qui aiment à la fois le sport et la lecture.

Remarque :
Toute cette démarche est plus facile à réaliser, et même à comprendre, si on utilise une visualisation sous la forme d'un tableau. Notons L *« aimer la lecture »,* $\overline{\text{L}}$ *« ne pas aimer la lecture »,* S *« aimer le sport »,* $\overline{\text{S}}$ *« ne pas aimer le sport ».*
On a au départ le tableau 1 où 20 est le total de la première ligne, 26 le total de la première colonne, 40 le total général. (*Voir tableaux en page suivante.*)

	S	$\overline{S}$	
L			20
$\overline{L}$		8	
	26		40

tableau 1

	S	$\overline{S}$	
L	14	6	20
$\overline{L}$	12	8	20
	26	14	40

tableau 2

Après les diverses opérations déjà indiquées, on aboutit au tableau 2.

1° La probabilité pour qu'un élève pris au hasard aime à la fois le sport et la lecture est $p_1 = \frac{14}{40} = 0{,}35$.

2° La probabilité pour qu'un élève pris au hasard aime le sport et pas la lecture est $p_2 = \frac{12}{40} = 0{,}3$.

8 L'univers Ω est l'ensemble des couples (x, y) où x est le numéro du jeton du premier enfant et y le numéro du jeton du deuxième enfant. Pour choisir un tel couple, il faut choisir x (de 10 façons) *et* choisir y (10 possibilités). Il y a donc $10 \times 10 = 100$ éléments dans Ω, tous équiprobables.

L'événement A « les deux jetons déposés sur la table ont le même numéro » est réalisé par tous les couples (x, x). Il y a 10 situations favorables à la réalisation de A.

La probabilité de A est donc :

$$P(A) = \frac{10}{100} = 0{,}1.$$

9 1° **Tirage du loto du 20 décembre 1989**

a) Il faut d'abord déterminer l'effectif total des sorties en additionnant tous les effectifs fournis. On obtient : 6 066. Comme il y a 6 numéros par tirage, le nombre de tirages est donc $\frac{6\,066}{6} = 1\,011$.

b) En divisant les effectifs S par 1 011, on obtient les fréquences f_1 de sortie des numéros par tirage. En multipliant les résultats par 1 000, on exprime ces fréquences en $^{0}/_{00}$.

n^{os}	1	2	3	4	5	6	7	8	9	10
f_1 en $^{0}/_{00}$	115	119	119	118	121	119	127	127	113	111
f_2 en $^{0}/_{00}$	118	122	122	118	125	123	125	129	111	108

n^{os}	11	12	13	14	15	16	17	18	19	20
f_1 en $^{0}/_{00}$	116	128	104	123	128	139	113	132	131	127
f_2 en $^{0}/_{00}$	114	125	108	119	127	137	114	131	136	131

n^{os}	21	22	23	24	25	26	27	28	29	30
f_1 en $^{0}/_{00}$	122	123	120	132	128	132	122	124	113	114
f_2 en $^{0}/_{00}$	121	119	119	135	124	128	119	123	114	116

n^{os}	31	32	33	34	35	36	37	38	39	40
f_1 en $^{0}/_{00}$	125	116	113	138	120	130	130	146	115	140
f_2 en $^{0}/_{00}$	120	122	112	135	114	125	134	148	112	136

n^{os}	41	42	43	44	45	46	47	48	49
f_1 en $^{0}/_{00}$	111	120	118	108	132	118	106	136	130
f_2 en $^{0}/_{00}$	111	115	121	109	132	118	108	132	137

2° **Tirage du loto du 20 février 1991**

a) En additionnant tous les effectifs S fournis, on obtient le nombre total de numéros sortis, soit 7 080.

Comme il y a 6 numéros pris en compte à chaque tirage, le nombre de tirages est donc $\frac{7\,080}{6} = 1\,180$.

b) En divisant les effectifs S par 1 180, on obtient les fréquences f_2 de sortie des numéros par tirage. En multipliant les résultats par 1 000, on exprime ces fréquences en $^o/_{oo}$.

3° Commentaires

On observe que les valeurs des fréquences obtenues sont assez proches les unes des autres, même si on pouvait s'attendre à ce qu'elles le soient plus.

Vous pouvez aussi remarquer que la somme des valeurs notées f_1 et la somme des valeurs notées f_2 sont proches de 6 000. Ceci signifie que dans chacun des deux cas, la somme des fréquences est égale à 6 aux erreurs d'arrondi près. Cela prouve que ces fréquences ne sont pas associées à des événements élémentaires.

Si les boules sont supposées équiprobables, chaque numéro a 6 chances sur 49 de sortir lors d'un tirage, soit une probabilité de $\frac{6}{49}$. La somme de toutes ces probabilités est bien égale à 6.

D'autre part, lorsque le nombre de tirages tend vers l'infini, les fréquences doivent toutes tendre vers la même valeur. *Mais nous sommes encore loin de l'infini. Et cela ne donne aucune information sur le prochain tirage car le « hasard n'a ni mémoire ni conscience »* (Émile Borel).

10 **Dé tétraédrique**

1° Les nombres inscrits sur la face cachée peuvent être 1, 3, 5, 10. Parmi ces nombres, trois sont impairs. Comme les faces sont supposées équiprobables, la probabilité demandée est $\frac{3}{4} = 0{,}75$.

2° Si on effectue la somme des nombres inscrits sur les trois faces visibles, quatre résultats (équiprobables) sont possibles : $\{9, 14, 16, 18\}$. La probabilité pour que la somme soit paire est donc de $\frac{3}{4} = 0{,}75$.

3° La somme des nombres inscrits sur les trois faces visibles est strictement supérieure à 14 dans 2 cas sur 4. Comme il y a équiprobabilité, la probabilité demandée est $\frac{2}{4} = 0{,}5$.

11 **1° Probabilité pour que la somme soit 7**

L'univers Ω où les éventualités sont équiprobables est l'ensemble des couples (x, y) où x est le résultat du premier dé et y le résultat du deuxième dé. Une éventualité correspond au choix de x (6 possibilités) *et* au choix de y (6 possibilités). Il y a donc $6 \times 6 = 36$ éléments dans Ω.

Les résultats qui donnent une somme égale à 7 sont les suivants : (1,6), (2,5), (3,4), (4,3), (5,2), (6,1).

La probabilité pour que la somme soit 7 est donc égale à : $\frac{6}{36} = \frac{1}{6}$.

2° Probabilité pour que la somme soit 10

Dans le même univers Ω, les résultats qui donnent une somme égale à 10 sont les suivants : (4,6), (5,5), (6,4).

La probabilité pour que la somme soit 10 est donc égale à : $\frac{3}{36} = \frac{1}{12}$.

12 **Problème du Grand Duc de Toscane**

1° Nombre de triplets (*a*, *b*, *c*)

Pour déterminer un triplet (a, b, c), il faut choisir a (de 6 façons), *puis* b (de 6 façons), *puis* c (de 6 façons).
Il y a donc $6 \times 6 \times 6 = 6^3 = 216$ triplets possibles.

2° Les dés étant bien équilibrés, les triplets sont équiprobables. Pour obtenir les probabilités demandées, il suffit donc de compter les triplets qui réalisent les événements indiqués.

Somme égale à 9

Il y a 25 triplets pour lesquels $S = 9$ qui se décomposent en :
6 du type $(1, 2, 6)$, ce sont $(1, 2, 6)$, $(1, 6, 2)$, $(2, 1, 6)$, $(2, 6, 1)$, $(6, 1, 2)$, $(6, 2, 1)$;
6 du type $(1, 3, 5)$;
3 du type $(1, 4, 4)$, ce sont $(1, 4, 4)$, $(4, 1, 4)$, $(4, 4, 1)$;
3 du type $(2, 2, 5)$;
6 du type $(2, 3, 4)$;
1 du type $(3, 3, 3)$.

La probabilité de l'événement $S = 9$ est donc $\frac{25}{216}$.

Somme égale à 10

Il y a 27 triplets pour lesquels $S = 10$ qui se décomposent en :
6 du type $(1, 3, 6)$;
6 du type $(1, 4, 5)$;
3 du type $(2, 2, 6)$;
6 du type $(2, 3, 5)$;
3 du type $(2, 4, 4)$;
3 du type $(3, 3, 4)$.

La probabilité de l'événement $S = 10$ est donc $\frac{27}{216}$.

La probabilité de $S = 10$ est plus grande que la probabilité de $S = 9$. Il est donc normal que, *pour un très grand nombre d'observations*, la somme 10 apparaisse plus souvent que la somme 9.

21 OPÉRATIONS SUR LES ÉVÉNEMENTS

- **Événement contraire $\overline{A}$**
- **Événement $A \cap B$**
- **Événement $A \cup B$**

Soit A et B deux événements liés à une expérience aléatoire pour laquelle une probabilité P a été construite.

Événement contraire $\overline{A}$

Définition

L'événement $\overline{A}$, contraire de A,
est réalisé quand A n'est pas réalisé;
n'est pas réalisé quand A est réalisé.

Théorème

$$\mathbf{P(\overline{A}) = 1 - P(A)}$$

Événement $A \cap B$

Définition

L'événement $A \cap B$ est réalisé si, et seulement si, A et B sont simultanément réalisés.

Événements incompatibles

Si $A \cap B = \varnothing$, c'est-à-dire si la réalisation simultanée des événements A et B est impossible, on dit que les événements A et B sont *incompatibles.*

Événements $A \cup B$

Définition

L'événement $A \cup B$ est réalisé si, et seulement si, l'un au moins des événements A ou B est réalisé.

Théorème

Dans le cas général, on a :

$$\mathbf{P(A \cup B) = P(A) + P(B) - P(A \cap B)}$$

Dans le cas particulier où A et B sont incompatibles :

$$\mathbf{P(A \cup B) = P(A) + P(B)}$$

EXERCICES

1 En lançant 4 fois une pièce bien équilibrée, quelle est la probabilité d'obtenir au moins une fois « face »?

2 Sur 100 personnes interrogées au sujet de l'utilisation de deux lessives A et B, on note :
45 utilisent A, 30 utilisent B, 10 utilisent A et B.
Si l'on prend au hasard une personne parmi elles, calculez les probabilités des événements suivants :
1° elle utilise au moins l'une des deux lessives;
2° elle n'utilise aucune de ces deux lessives;
3° elle utilise A et n'utilise pas B.

3 Lors d'un sondage portant sur 1 500 personnes, 438 personnes ont déclaré avoir un chien, 651 personnes ont déclaré avoir un chat. Parmi elles, 116 ont déclaré avoir à la fois un chien et un chat.
Quelle est la probabilité pour qu'une personne prise au hasard parmi les personnes sondées possède un chien ou un chat?

4 Un commerçant pense que, au cours de la semaine, il vendra « plus de 6 téléviseurs » avec une probabilité 0,8 mais « moins de 10 téléviseurs » avec une probabilité 0,6.
Quelle est la probabilité qu'il en vende « sept, huit ou neuf »?

5 Dans une ville, la probabilité pour qu'un habitant pris au hasard parle français est 0,6. La probabilité pour qu'il parle allemand est 0,3. La probabilité pour qu'il parle ces deux langues est 0,1.
Trouvez la probabilité pour qu'un habitant pris au hasard :
1° parle français ou allemand;
2° ne parle ni français ni allemand;
3° parle français sans parler allemand.

6 Un test consiste à répondre à 5 questions par oui ou par non. Un candidat répond au hasard à chacune de ces questions, c'est-à-dire que la réponse « oui » et la réponse « non » ont la même probabilité.
Quelle est la probabilité pour que le candidat ait au moins 2 réponses exactes?

PROBLÈMES

7 Quatre amateurs d'astrologie se rencontrent. Chacun donne son signe du zodiaque (il y en a 12); on note $(\delta_1, \delta_2, \delta_3, \delta_4)$ le résultat.
1° Combien y a-t-il de résultats possibles?
2° Quelle est la probabilité pour qu'ils aient tous des signes différents?
3° Quelle est la probabilité pour qu'au moins deux d'entre eux soient du même signe?
4° L'aînée de ces quatre personnes est de la Balance, quelle est la probabilité pour qu'au moins une des trois autres soit du même signe que l'aînée?

8 Dans un centre de vacances accueillant 120 personnes, deux sports (tennis et canoé) sont proposés aux vacanciers.
On sait que 24 personnes font du tennis et 15 du canoé. En outre, 6 personnes pratiquent à la fois tennis et canoé.
1° Combien de personnes ne pratiquent aucun des deux sports?
2° On interroge au hasard une personne de ce centre (on suppose que chacune des personnes a la même probabilité d'être choisie). Quelles sont les probabilités d'avoir choisi :
a) une personne faisant du tennis?
b) une personne faisant uniquement l'un des deux sports?
3° On choisit au hasard dans ce centre un échantillon de deux personnes distinctes. Quelle est la probabilité pour que, dans l'échantillon choisi, il se trouve exactement une personne pratiquant le tennis et exactement une personne pratiquant le canoé?
(Attention au cas des vacanciers qui pratiquent à la fois le tennis et le canoé).

SOLUTIONS DES EXERCICES

1 • Un résultat à l'issue des 4 lancers peut s'écrire sous la forme d'un mot de 4 lettres qui utilise des F (face) ou des P (pile). Par exemple, $PFFP$ signifie que le résultat a été pile lors des premier et quatrième lancers et face lors des deuxième et troisième lancers.
L'univers Ω peut donc s'écrire :

$$\Omega = \{FFFF, FFFP, FFPF, FFPP, FPFF, FPFP, FPPF, FPPP, PFFF, PFFP, PFPF, PFPP, PPFF, PPFP, PPPF, PPPP\}$$

On remarque que Ω comporte 16 éléments, tous équiprobables car la pièce est supposée bien équilibrée.

• L'événement A « obtenir au moins une fois face » est compliqué car il peut y avoir exactement une fois face (à quel tirage?) ou deux fois face (à quels tirages?)...
Par contre, l'événement contraire $\overline{A}$ est très simple. Il correspond à l'événement élémentaire $\{PPPP\}$.
On a donc $P(\overline{A}) = \dfrac{1}{16}$,
et par conséquent $P(A) = 1 - P(\overline{A}) = \dfrac{15}{16}$.

2 Notons A l'événement « la personne choisie utilise la lessive A », et B l'événement « la personne choisie utilise la lessive B ». Les informations fournies permettent d'écrire :

$$P(A) = \frac{45}{100} = 0{,}45; \quad P(B) = \frac{30}{100} = 0{,}30; \quad P(A \cap B) = \frac{10}{100} = 0{,}10.$$

1° On sait que $P(A \cup B) = P(A) + P(B) - P(A \cap B)$, soit ici
$P(A \cup B) = 0{,}45 + 0{,}30 - 0{,}10 = 0{,}65$

La probabilité que la personne choisie au hasard utilise au moins l'une des deux lessives est donc 0,65.

2° L'événement $\overline{A} \cap \overline{B}$ « elle n'utilise aucune de ces deux lessives » est le contraire de l'événement $A \cup B$ « elle utilise au moins l'une des deux lessives ». On a donc :

$P(\overline{A} \cap \overline{B}) = 1 - P(A \cup B) = 1 - 0{,}65 = 0{,}35$

3° On demande la probabilité de l'événement $A \cap \overline{B}$.

On peut écrire $A = (A \cap B) \cup (A \cap \overline{B})$ c'est-à-dire qu'une personne qui utilise A, soit utilise aussi B soit n'utilise pas B.

Les événements $A \cap B$ et $A \cap \overline{B}$ étant incompatibles, on a donc :

$P(A) = P(A \cap B) + P(A \cap \overline{B})$

d'où $P(A \cap \overline{B}) = P(A) - P(A \cap B) = 0{,}45 - 0{,}10 = 0{,}35$.

Remarque

L'exercice peut aussi se faire avec les tableaux d'effectifs qui suivent, le tableau 1 comportant les données initiales, le tableau 2 les informations détaillées obtenues par des soustractions successives.

	B	$\overline{B}$	
A	10		45
$\overline{A}$			
	30		100

tableau 1

	B	$\overline{B}$	
A	10	35	45
$\overline{A}$	20	35	55
	30	70	100

tableau 2

3 Notons A l'événement « la personne prise au hasard a un chien » et B l'événement « la personne prise au hasard a un chat ». D'après les informations fournies, on a :

$$P(A) = \frac{438}{1\,500}, \quad P(B) = \frac{651}{1\,500}, \quad P(A \cap B) = \frac{116}{1\,500}$$

Et on demande $P(A \cup B)$.
On sait que :

$$P(A \cup B) = P(A) + P(B) - P(A \cap B)$$

soit ici :

$$P(A \cup B) = \frac{438}{1\,500} + \frac{651}{1\,500} - \frac{116}{1\,500} = \frac{973}{1\,500}$$

La probabilité pour qu'une personne prise au hasard parmi les personnes sondées possède un chien ou un chat est donc $\frac{973}{1\,500}$, soit environ 0,65.

4 Notons A l'événement « le commerçant vendra plus de 6 téléviseurs » et B l'événement « le commerçant vendra moins de 10 téléviseurs ».
On donne $P(A) = 0{,}8$ et $P(B) = 0{,}6$ et on demande $P(A \cap B)$. Mais ici on a $A \cup B = \Omega$ c'est-à-dire que l'événement $A \cup B$ est certain. On a donc $P(A \cup B) = 1$.
On sait qu'on a toujours :

$$P(A \cup B) = P(A) + P(B) - P(A \cap B)$$

d'où $\quad P(A \cap B) = P(A) + P(B) - P(A \cup B)$

soit ici $\quad P(A \cap B) = 0{,}8 + 0{,}6 - 1 = 0{,}4$

La probabilité pour que le commerçant vende sept, huit ou neuf téléviseurs est donc 0,4.

5 Notons F l'événement « l'habitant pris au hasard parle français », et A l'événement « l'habitant pris au hasard parle allemand ».
On donne : $P(F) = 0{,}6$; $\mathrm{P(A)} = 0{,}3$; $P(F \cap A) = 0{,}1$.

1° L'événement « l'habitant pris au hasard parle français ou allemand » est l'événement $F \cup A$.
On sait que : $P(F \cup A) = P(F) + P(A) - P(F \cap A)$.
La probabilité demandée est donc : $0{,}6 + 0{,}3 - 0{,}1 = 0{,}8$.

2° L'événement « l'habitant pris au hasard ne parle ni français ni allemand » est l'événement $\overline{F} \cap \overline{A}$. C'est le contraire de l'événement $F \cup A$ de la question précédente.
On a donc : $P(\overline{F} \cap \overline{A}) = 1 - P(F \cup A) = 1 - 0{,}8 = 0{,}2$

3° L'événement « l'habitant pris au hasard parle français sans parler allemand » est l'événement $F \cap \overline{A}$.
On peut écrire $F = (F \cap A) \cup (F \cap \overline{A})$ c'est-à-dire qu'on distingue parmi les habitants qui parlent français ceux qui parlent aussi allemand et ceux qui ne parlent pas allemand.
Les événements $F \cap A$ et $F \cap \overline{A}$ étant incompatibles, on a :

$$P(F) = P(F \cap A) + P(F \cap \overline{A})$$

d'où : $\quad P(F \cap \overline{A}) = P(F) - P(F \cap A) = 0{,}6 - 0{,}1 = 0{,}5$

6 • L'univers Ω est constitué par les réponses possibles aux 5 questions. Un élément de Ω peut s'écrire sous la forme d'un mot de 5 lettres qui utilise des O (oui) ou des N (non). Par exemple $NOONN$ signifie que le candidat a répondu « non » aux questions 1, 4, 5 et « oui » aux questions 2 et 3.
Comme il y a deux choix possibles pour chaque question, l'univers Ω comporte $2^5 = 32$ éléments, tous équiprobables car le candidat répond au hasard.

• Pour étudier l'événement A « le candidat a *au moins* 2 réponses exactes », il faudrait le décomposer en « 2 réponses exactes », « 3 réponses exactes », « 4 réponses exactes », « 5 réponses exactes ». Il est plus facile de considérer l'événement contraire $\overline{A}$ qui se décompose en :
« 0 réponse exacte » (1 cas possible);
« 1 réponse exacte » (5 cas possibles).
On a donc $P(\overline{A}) = \dfrac{6}{32}$ et on en déduit :

$$P(A) = 1 - P(\overline{A}) = \frac{26}{32} = 0{,}812\,5.$$

7 **Astrologie**

1° Nombre de résultats possibles

Pour connaître un résultat, il faut connaître δ_1 (12 possibilités), *puis* δ_2 (de 12 façons), *puis* δ_3 (12 cas possibles), *puis* δ_4 (encore 12 possibilités).
Il y a donc $12 \times 12 \times 12 \times 12 = 12^4 = 20\,736$ résultats possibles.

2° Les signes sont tous différents

Pour que les signes soient tous différents, on peut choisir δ_1 de 12 façons différentes, *puis* δ_2 de 11 façons, *puis* δ_3 de 10 façons, *puis* δ_4 de 9 façons.
Il y a donc $12 \times 11 \times 10 \times 9 = 11\,880$ résultats qui réalisent l'événement « les amateurs sont tous de signes différents ». S'il y a équiprobabilité, c'est-à-dire si tout se passe au hasard, la probabilité demandée est :

$$p_1 = \frac{11\,880}{20\,736} = \frac{55}{96} \quad \text{soit} \quad p_1 \approx 0{,}57.$$

3° Deux personnes au moins sont du même signe

L'événement « au moins deux personnes sont du même signe » est très compliqué. En effet il peut y avoir deux personnes du même signe (lesquelles? lequel?) les deux autres étant, ou non, de même signe; il peut y avoir trois personnes de même signe (lesquelles? lequel?); il peut y avoir toutes les personnes de même signe.
Heureusement, l'événement contraire « les personnes sont de signes tous différents » est simple, et sa probabilité p_1 a été calculée dans la question précédente. La probabilité demandée est donc :

$$p_2 = 1 - p_1 = \frac{41}{96} \quad \text{soit} \quad p_2 \approx 0{,}43.$$

4° L'aînée est de la Balance

Là encore, l'événement contraire $\overline{A}$ est plus facile : « les trois autres personnes sont de signes autres que la Balance ». Dans ce cas, l'univers à considérer ne concerne que les signes des trois autres personnes. Il comporte

$$12 \times 12 \times 12 = 12^3 = 1\,728 \text{ éventualités.}$$

Le nombre des éventualités qui réalisent $\overline{A}$ est $11 \times 11 \times 11 = 11^3 = 1\,331$ car 11 signes seulement restent possibles.
S'il y a équiprobabilité, on a donc :

$$P(\overline{A}) = \frac{1\,331}{1\,728}$$

On en déduit :

$$P(A) = 1 - P(\overline{A}) = \frac{397}{1\,728} \quad \text{soit} \quad P(A) \approx 0{,}23.$$

8 **Tennis ou canoé, si je veux!**

En notant T « faire du tennis » et C « faire du canoé », les informations fournies par l'énoncé sont reportées dans la tableau 1.

	C	$\overline{C}$	
T	6		24
$\overline{T}$			
	15		120

tableau 1

	C	$\overline{C}$	
T	6	18	24
$\overline{T}$	9	87	96
	15	105	120

tableau 2

Le tableau 2 comportant l'ensemble des résultats se remplit par des soustractions successives :

$120 - 24 = 96$ ne pratiquent pas le tennis;
$120 - 15 = 105$ ne pratiquent pas le canoé;
$15 - 6 = 9$ pratiquent le canoé et pas le tennis;
$24 - 6 = 18$ pratiquent le tennis et pas le canoé;
$105 - 18 = 96 - 9 = 87$ ne pratiquent ni le tennis ni le canoé.

1° D'après ce qui précède, 87 personnes ne pratiquent aucun des deux sports.

2° ***a)*** La probabilité d'avoir choisi une personne faisant du tennis est $\frac{24}{120} = 0{,}2$.

b) La probabilité d'avoir choisi une personne faisant uniquement un des deux sports est $\frac{18 + 9}{120} = \frac{27}{120} = 0{,}225$.

3° Échantillon de deux personnes

• Déterminons d'abord le nombre de choix possibles de deux personnes distinctes.

Le choix d'une première personne a puis d'une deuxième personne b peut avoir lieu de $120 \times 119 = 14\,280$ façons. Mais en fait le choix (a, b) et le choix (b, a) donne le même échantillon de deux personnes. Ceci signifie que chaque échantillon est compté deux fois et qu'il y a $\frac{14\,280}{2} = 7\,140$ échantillons possibles.

• Pour déterminer le nombre d'échantillons comportant exactement une personne pratiquant le tennis et exactement une personne pratiquant le canoé, il faut distinguer deux cas :

– une personne pratique le canoé et le tennis (6 possibilités) *et* une personne ne pratique aucun de ces deux sports (87 possibilités); il y a $6 \times 87 = 522$ échantillons de ce type;

– une personne pratique le canoé et pas le tennis (9 possibilités) *et* une personne pratique le tennis et pas le canoé (18 possibilités); il y a $9 \times 18 = 162$ échantillons de ce type.

Il y a donc $522 + 162 = 684$ échantillons qui correspondent à l'événement étudié.

• La probabilité demandée est donc : $\frac{684}{7\,140} \approx 0{,}096$.

COMPLÉMENTS DE CINÉMATIQUE ET DE CALCUL VECTORIEL

22

- **Interprétation cinématique de la dérivée**
- **Notion de produit vectoriel**

Cette partie ne concerne pas les sections F5, F6 et F12

Interprétation cinématique de la dérivée

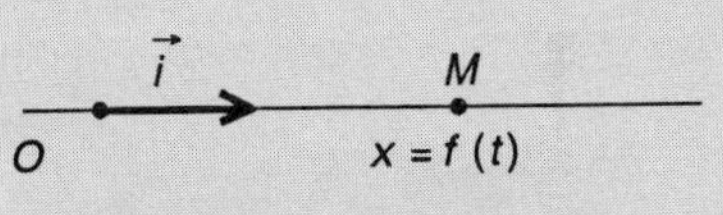

Soit M un point d'un axe Ox, de repère normal $(O, \vec{i})$, tel que $\overrightarrow{OM} = f(t)\vec{i}$, t désignant le temps et f une fonction dérivable.
Si $f(t)$ est une constante, alors M est dit **fixe** (par rapport à O).
Si $f(t)$ est un réel variable, alors M est dit **en mouvement par rapport à O.** Dans ce cas :

- la relation $x = f(t)$ est l'**équation horaire** de M
- l'ensemble des positions de M est la **trajectoire** de M
- $f'(t)\vec{i}$ est le **vecteur vitesse de M à l'instant t**; on le note $\overrightarrow{V_M}(t)$
- $f'(t)$ est la **vitesse** de M à l'instant t; on la note $v(t)$

Notion de produit vectoriel

(*Ce complément intéresse les seules sections* F1, F2, F3, F4, F9 et F10)

- **Définition**

Soit $\vec{u}$ et $\vec{v}$ deux vecteurs de l'espace. Le **produit vectoriel** du vecteur $\vec{u}$ par le vecteur $\vec{v}$, noté $\vec{u} \wedge \vec{v}$, est le vecteur $\vec{w}$ défini ainsi :

1er cas : **$\vec{u}$ et $\vec{v}$ sont colinéaires**
Dans ce cas, on a $\vec{w} = \vec{0}$

2e cas : **$\vec{u}$ et $\vec{v}$ ne sont pas colinéaires**

(Rappelons que dans ce cas on a : $\vec{u} \neq \vec{0}$; $\vec{v} \neq \vec{0}$; $\vec{u}$ et $\vec{v}$ n'ont pas la même direction)

Soit A un point quelconque de l'espace, (A, U) un représentant du vecteur $\vec{u}$ et (A, V) un représentant du vecteur $\vec{v}$. On a donc $\overrightarrow{AU} = \vec{u}$ et $\overrightarrow{AV} = \vec{v}$. Rappelons que $\widehat{UAV} = \alpha$ est l'angle $(\vec{u}, \vec{v})$ des vecteurs $\vec{u}$ et $\vec{v}$ (avec : $0 < \alpha < \pi$). Un représentant (A, W) du vecteur $\vec{w}$ est défini de la manière suivante :

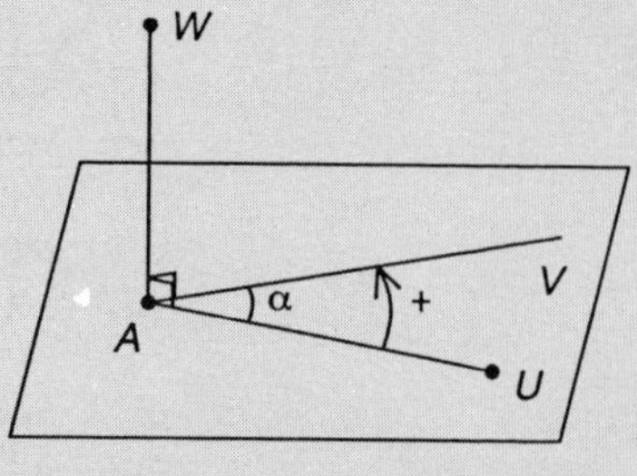

— la droite (AW) est la **perpendiculaire** en A au plan (UAV)

— la distance AW est égale à : $\boldsymbol{AU \times AV \times \sin \alpha}$

— le sens du vecteur $\overrightarrow{AW}$ est tel que le trièdre (AU, AV, AW) soit de **sens direct,** c'est-à-dire qu'un observateur placé sur la demi-droite $[AW$, les pieds en A et la tête en W, serait amené à faire tourner d'un angle α la demi-droite $[AU$, pour l'amener à coïncider avec la demi-droite $[AV$, dans le *sens direct* ou *anti-horaire* (sens inverse de celui dans lequel tournent les aiguilles d'une horloge).

- **Propriétés du produit vectoriel**

$\|\vec{u} \wedge \vec{v}\| = \|\vec{u}\| \times \|\vec{v}\| \times \sin(\vec{u}, \vec{v})$ (lorsque $\vec{u}$ et $\vec{v}$ ne sont pas nuls)

$\vec{u} \wedge \vec{v} = \vec{0}$ si, et seulement si, **$\vec{u}$ et $\vec{v}$ sont colinéaires**

$\vec{v} \wedge \vec{u} = -(\vec{u} \wedge \vec{v})$

$(\vec{u} + \vec{u}') \wedge \vec{v} = u \wedge \vec{v} + \vec{u}' \wedge \vec{v}$

$\vec{u} \wedge (\vec{v} + \vec{v}') = \vec{u} \wedge \vec{v} + \vec{u} \wedge \vec{v}'$

$(a\vec{u}) \wedge \vec{v} = a(\vec{u} \wedge \vec{v})$

$\vec{u} \wedge (b\vec{v}) = b(\vec{u} \wedge \vec{v})$

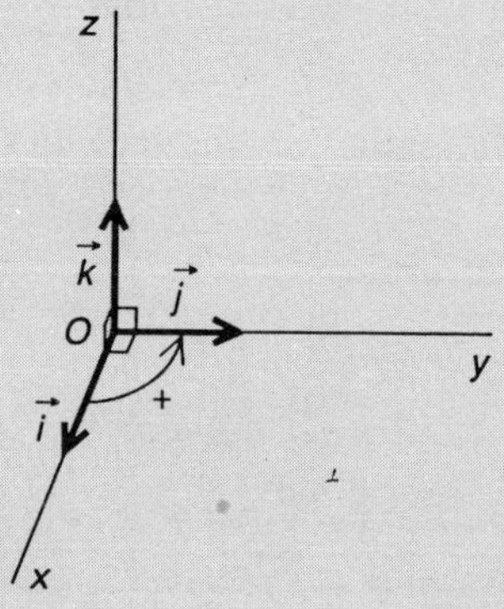

- **Expression analytique du produit vectoriel**

En supposant l'espace E rapporté à un repère *orthonormal* $(O, \vec{i}, \vec{j}, \vec{k})$ de *sens direct* le produit vectoriel $\vec{u} \wedge \vec{v}$ du vecteur $\vec{u}(x, y, z)$ par le vecteur $\vec{v}(x', y', z')$ est le vecteur $\vec{w}(yz' - zy', zx' - xz', xy' - yx')$

EXERCICES

■ Interprétation cinématique de la dérivée

Dans les quatre exercices suivants, *un point* M *est en mouvement sur un axe* Ox *de repère normal* $(O, \vec{i})$; *son abscisse* $\boldsymbol{x = f(t)}$ *est précisée dans chaque cas.*

1 $f(t) = 2t - 5$; précisez la trajectoire $[AB]$ de M, quand t croît de 0 à 3, ainsi que le vecteur vitesse $\overrightarrow{V_M}(t)$ de M à l'instant t.

2 $f(t) = -3t + 1$; précisez la trajectoire $[CD]$ de M quand t croît de -1 à 2, ainsi que la vitesse $v(t)$ de M à l'instant t.

3 $f(t) = t^2 - 4t + 2$; précisez la trajectoire $[EF]$ de M quand t varie de -2 à 5; comparez les vitesses de M lors de ses deux passages au point L d'abscisse 2.

4 $f(t) = 2 \sin t + 1$; précisez la trajectoire $[GH]$ de M quand t décrit l'intervalle $[0, \pi]$; comparez les positions et les vecteurs vitesses de M aux instants $t_1 = \dfrac{\pi}{3}$ et $t_2 = \dfrac{2\pi}{3}$.

■ Notion de produit vectoriel

On suppose que l'espace est rapporté à un repère orthonormal de sens direct.

5 On donne les vecteurs $\vec{u}$ et $\vec{v}$; calculez les coordonnées du vecteur $\vec{w} = \vec{u} \wedge \vec{v}$:
a) $\vec{u}(1, -2, 3)$ et $\vec{v}(-4, 0, 7)$
b) $\vec{u}(-4, 1, 5)$ et $\vec{v}(3, 8, 1)$.

6 On donne les vecteurs $\vec{u}(6, 3, 15)$ et $\vec{v}(10, a, a^2)$. Calculez les coordonnées du vecteur $\vec{w} = \vec{u} \wedge \vec{v}$. Déduisez-en qu'il est possible de donner une valeur à a de telle sorte que $\vec{u}$ et $\vec{v}$ soient colinéaires.

7 Déterminez les réels a et b de telle sorte que les vecteurs $\vec{u}(1, 2, 3)$ et $\vec{v}(3, a, b)$ soient colinéaires.

8 Soit trois points A, B, C de l'espace, non alignés. Comparez l'aire du triangle ABC avec $\|\overrightarrow{AB} \wedge \overrightarrow{AC}\|$.

Application. On donne les points : $A(1, 0, 0)$; $B(0, 2, 2)$; $C(-1, 0, -3)$. Calculez l'aire du triangle ABC.

9 Soit A, B, C trois points non alignés. Démontrez d'un point M de l'espace appartient au plan (ABC) si, et seulement si, on a : $(\overrightarrow{AB} \wedge \overrightarrow{AC}) \cdot \overrightarrow{AM} = 0$.

Application. On donne les points : $A(2, 3, 0)$; $B(-5, -4, 14)$; $C(-2, 0, 1)$. Trouvez une équation cartésienne du plan (ABC).

10 Soit $\vec{u}$ et $\vec{v}$ deux vecteurs quelconques de l'espace. Démontrez que l'on a :
$\|\vec{u} \wedge \vec{v}\|^2 + (\vec{u} \cdot \vec{v})^2 = \|\vec{u}\|^2 \times \|\vec{v}\|^2$ (1)

11 On considère deux points M_1 et M_2 en mouvement sur un même axe Ox, de repère normal $(O, \vec{i})$. Les abscisses de ces deux points sont respectivement $x_1 = t + 1$ et $x_2 = t^2 - 4t + 5$.

1° *a*) Précisez la trajectoire $[A_1 B_1]$ de M_1 quand t varie de 0 à 5.
b) Précisez la trajectoire $[A_2 B_2]$ de M_2 quand t varie de 0 à 5.

2° *a*) Étudiez pour quelles valeurs t' et t'' de t, M_1 et M_2 se trouvent au même endroit sur Ox.
b) Précisez les vitesses de M_1 et M_2 aux instants t' et t''.
c) Étudiez, pour chaque rencontre de M_1 et M_2, s'il s'agit d'un croisement ou d'un dépassement.

3° Représentez, dans un même repère orthogonal (t en abscisses) les variations de x_1 et x_2, en fonction de t, sur l'intervalle $[0, 5]$.

12 **Distance d'un point à une droite, dans l'espace**
Sur un exemple, nous vous proposons quatre méthodes indépendantes pour chercher la distance d'un point à une droite.

Dans l'espace rapporté à un repère orthonormal direct, on donne le point $A(1, 2, 3)$ ainsi que la droite D passant par $B(-9, 14, 1)$ et dont un vecteur directeur est $\vec{u}(-1, 3, 1)$.

1° Démontrez qu'un point $M(x, y, z)$ de l'espace appartient à D si, et seulement si, il existe un réel t tel que l'on ait :

$$x = -9 - t; \quad y = 14 + 3t; \quad z = 1 + t$$

2° On désigne par δ la distance du point A à la droite D, c'est-à-dire la distance de A à son projeté orthogonal H sur D. Les quatre questions suivantes, qui ont pour but le calcul de δ, doivent être traitées de manière indépendante.
a) *Première méthode.* Soit M un point de D. En utilisant le produit scalaire $\overrightarrow{AM} \cdot \vec{u}$, trouvez les coordonnées de H puis calculez δ.
b) *Deuxième méthode.* Trouvez une équation cartésienne du plan P passant par A et perpendiculaire à D. Trouvez les coordonnées de H en cherchant l'intersection de D et de P, puis calculez δ.
c) *Troisième méthode.* On désigne par $f(t)$ [cf. **1°** pour la signification de t] le carré de la distance de A à un point M de D. Démontrez que $f(t)$ passe par une valeur minimale que vous interpréterez géométriquement, puis calculez δ.
d) *Quatrième méthode.* Démontrez que: $\delta \times \|\vec{u}\| = \|\overrightarrow{AB} \wedge \vec{u}\|$ (cf. exercice **8**).
Calculez les coordonnées de $\vec{w} = \overrightarrow{AB} \wedge \vec{u}$ et déduisez-en δ.

1 On a $f'(t) = 2$, donc $\overrightarrow{V_M}(t) = 2\vec{i}$; lorsque t croît de 0 à 3, $f(t)$ croît de -5 à 1, donc la trajectoire de M est le segment $[AB]$ (A a pour abscisse -5 et B a pour abscisse 1).

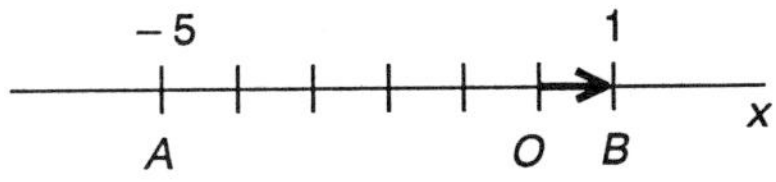

2 On a $f'(t) = -3$, donc $v(t) = -3$; lorsque t croît de -1 à 2, $f(t)$ décroît de 4 à -5, donc la trajectoire de M est le segment $[CD]$ (C a pour abscisse 4 et D a pour abscisse -5).

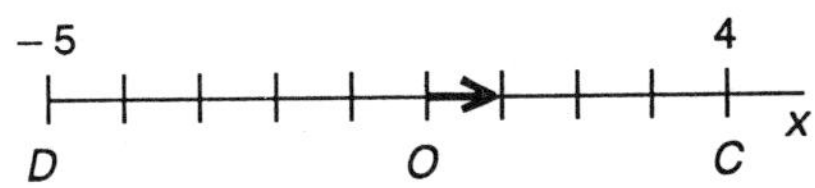

3 On a $f'(t) = 2t - 4$. Pour préciser la trajectoire de M, étudions les variations de $f(t)$:

t	-2		2		5
$f'(t)$		$-$	0	$+$	
$f(t)$	14	↘	-2	↗	7

Le tableau ci-dessus prouve que la trajectoire de M est le segment $[EF]$ (E a pour abscisse 14 et F a pour abscisse -2).

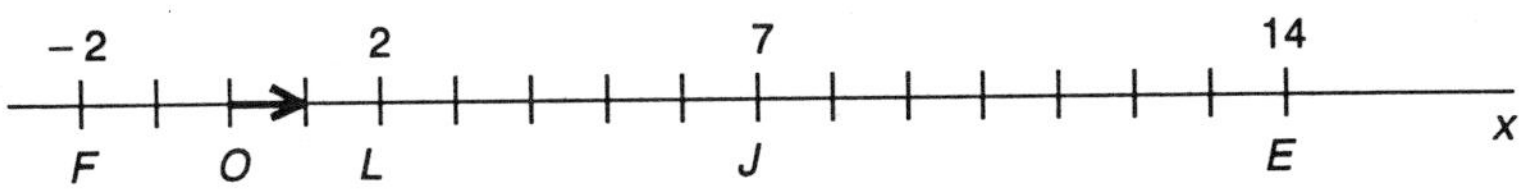

Soit J le point d'abscisse 7; on peut observer que le segment $[FJ]$ est parcouru deux fois par le point M : une première fois lorsque t croît de -2 à 2 (on a $v(t) < 0$, l'abscisse de M décroît) et une deuxième fois lorsque t croît de 2 à 5 (on a $v(t) > 0$, l'abscisse de M croît). En particulier, M passe deux fois en L. L'égalité $t^2 - 4t + 2 = 2$ est satisfaite pour $t = 0$ et $t = 4$. Lorsque $t = 0$, M passe une première fois en L et $v(t) = -4$; lorsque $t = 4$, M passe une deuxième fois en L et $v(t) = 4$.

4 On a $f'(t) = \cos t$. Étudions les variations de $f(t)$:

t	0		$\frac{\pi}{2}$		π
$f'(t)$		$+$	0	$-$	
$f(t)$	1	$\nearrow$	3	$\searrow$	1

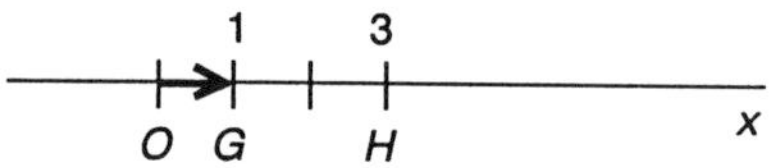

Le tableau ci-dessus prouve que la trajectoire de M est le segment $[GH]$ (G a pour abscisse 1 et H a pour abscisse 3). A l'instant $t_1 = \frac{\pi}{3}$ M est au point K d'abscisse $\sqrt{3} + 1$, et son vecteur vitesse est : $\overrightarrow{V_M}\left(\frac{\pi}{3}\right) = \frac{1}{2}\vec{i}$; à l'instant $t_2 = \frac{2\pi}{3}$ M est encore en K et $\overrightarrow{V_M}\left(\frac{2\pi}{3}\right) = -\overrightarrow{V_M}\left(\frac{\pi}{3}\right)$.

5 Soit (X, Y, Z) les coordonnées du vecteur $\vec{w}$. On utilise les formules données dans le résumé du cours :

a) $X = [(-2) \times 7] - (0 \times 3) = -14$; $Y = [3 \times (-4)] - (1 \times 7) = -19$;
$Z = (1 \times 0) - [(-2) \times (-4)] = 8$

b) $X = (1 \times 1) - (8 \times 5) = -39$; $Y = (5 \times 3) - [(-4) \times 1] = 19$;
$Z = [(-4) \times 8] - (1 \times 3) = -35$

6 Les coordonnées (X, Y, Z) de $\vec{w}$ sont (cf. exercice précédent) : $X = 3a^2 - 15a$; $Y = 150 - 6a^2$; $Z = 6a - 30$; $\vec{u}$ et $\vec{v}$ sont colinéaires si, et seulement si, on a $\vec{w} = \vec{0}$, c'est-à-dire : $X = Y = Z = 0$, on en déduit que $a = 5$.

7 Posons $\vec{w} = \vec{u} \wedge \vec{v}$; soit (X, Y, Z) les coordonnées de $\vec{w}$: $X = 2b - 2a$; $Y = 9 - b$; $Z = a - 6$; $\vec{u}$ et $\vec{v}$ sont colinéaires si, et seulement si, on a $\vec{w} = \vec{0}$, c'est-à-dire : $a = 6$ et $b = 9$.

8 Posons $\widehat{BAC} = \theta$; on a :

$$\|\overrightarrow{AB} \wedge \overrightarrow{AC}\| = AB \times AC \times \sin\theta \quad \textbf{(1)}$$

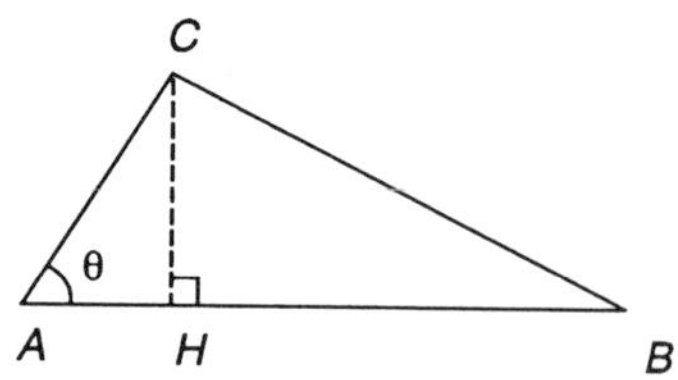

Si $\widehat{BAC}$ est un angle aigu, on a : $AC \sin\theta = HC$ (H projeté orthogonal de C sur (AB)); si $\widehat{BAC}$ est droit, on a $AC = HC$ et $\sin\frac{\pi}{2} = 1$, d'où $AC \sin\theta = HC$; si $\widehat{BAC}$ est un angle obtus, on a : $HC = AC \times \sin(\pi - \theta)$, d'où $HC = AC \sin\theta$, puisque : $\sin(\pi - \theta) = \sin\theta$.

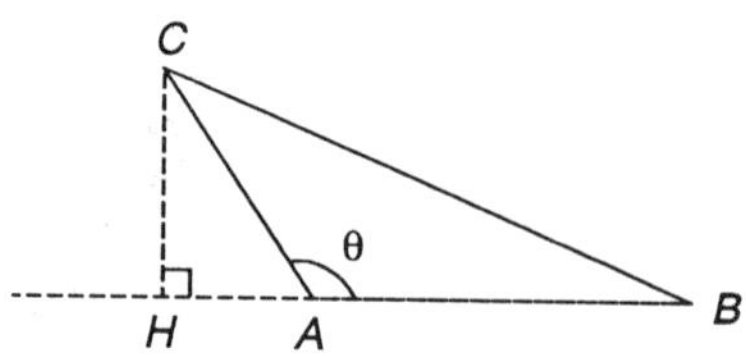

Ainsi, dans tous les cas, d'après **(1)** on a toujours : $\|\overrightarrow{AB} \wedge \overrightarrow{AC}\| = AB \times HC$.

Il en résulte que $\|\overrightarrow{AB} \wedge \overrightarrow{AC}\|$ est le double de l'aire du triangle BAC.

Application : soit (X, Y, Z)les coordonnées de $\vec{w} = \overrightarrow{AB} \wedge \overrightarrow{AC}$. On a successivement : $\overrightarrow{AB}(-1, 2, 2)$; $\overrightarrow{AC}(-2, 0, -3)$; $X = -6$; $Y = -7$; $Z = 4$;

$$\|\vec{w}\| = \sqrt{36 + 49 + 16} = \sqrt{101}; \text{ aire } (ABC) = \frac{\sqrt{101}}{2}.$$

9 Posons $\vec{w} = \overrightarrow{AB} \wedge \overrightarrow{AC}$; $\vec{w}$ est un vecteur non nul orthogonal aux vecteurs non colinéaires $\overrightarrow{AB}$ et $\overrightarrow{AC}$, donc $\vec{w}$ est un vecteur normal au plan (ABC). Un point M de l'espace appartient au plan (ABC) si, et seulement si, on a : $\vec{w} \cdot \overrightarrow{AM} = 0$ (vecteurs orthogonaux), c'est-à-dire : $(\overrightarrow{AB} \wedge \overrightarrow{AC}) \cdot \overrightarrow{AM} = 0$

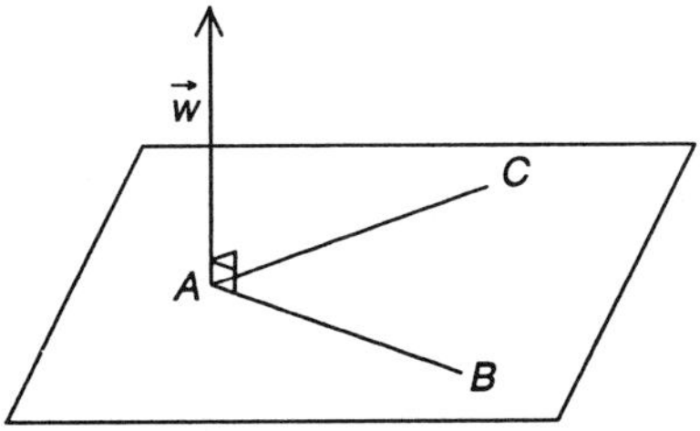

Application. On a successivement :

$\overrightarrow{AB}(-7, -7, 14)$; $\overrightarrow{AC}(-4, -3, 1)$; $\vec{w}(35, -49, -7)$.

Posons $\vec{w} = 7\vec{u}$, avec $\vec{u}(5, -7, -1)$; $\vec{w} \cdot \overrightarrow{AM} = 0$ équivaut à $\vec{u} \cdot \overrightarrow{AM} = 0$; $M(x, y, z)$ appartient au plan (ABC) si, et seulement si, on a :

$5(x-2) - 7(y-3) - 1(z-0) = 0.$

Une équation cartésienne du plan (ABC) est donc : $5x - 7y - z + 11 = 0$.

10 *1er cas :* $\vec{\boldsymbol{u}} = \vec{\boldsymbol{0}}$

On a : $\vec{u} \wedge \vec{v} = \vec{0}$; $\vec{u} \cdot \vec{v} = 0$; $\|\vec{u}\| = 0$. L'égalité **(1)** en résulte; il en est de même si $\vec{\boldsymbol{v}} = \vec{\boldsymbol{0}}$

2e cas : $\vec{\boldsymbol{u}} \neq \vec{\boldsymbol{0}}$ *et* $\vec{\boldsymbol{v}} \neq \vec{\boldsymbol{0}}$

Posons : $(\vec{u}, \vec{v}) = \theta$, avec $0 < \theta < \pi$. On sait que

$\|\vec{u} \wedge \vec{v}\| = \|\vec{u}\| \times \|\vec{v}\| \times \sin\theta$

et que $\vec{u} \cdot \vec{v} = \|\vec{u}\| \times \|\vec{v}\| \times \cos\theta$. L'égalité **(1)** en résulte, car on a :

$\cos^2\theta + \sin^2\theta = 1$

11 1° *a*) **Trajectoire $[A_1 B_1]$ de M_1**

Posons $f_1(t) = t + 1$; on a $f'_1(t) = 1$; lorsque t croît de 0 à 5, $f_1(t)$ croît de 1 à 6; la trajectoire de M_1 est donc le segment $[A_1 B_1]$ (A_1 a pour abscisse 1 et B_1 a pour abscisse 6)

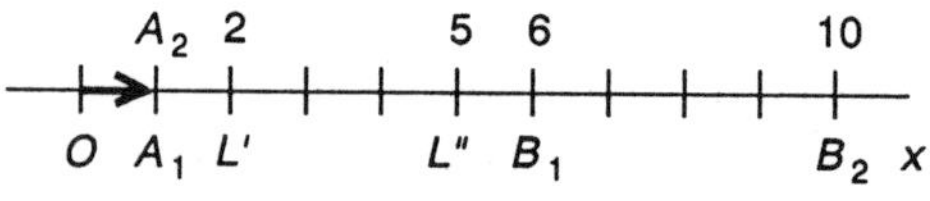

b) **Trajectoire $[A_2 B_2]$ de M_2**

Posons $f_2(t) = t^2 - 4t + 5$; on a $f'_2(t) = 2t - 4$. Étudions les variations de $f_2(t)$ lorsque t croît de 0 à 5 :

t	0		2		5
$f'_2(t)$		$-$	0	$+$	
$f_2(t)$	5	↘	1	↗	10

Le tableau ci-dessus prouve que la trajectoire de M_2 est le segment $[A_2 B_2]$ (A_2 a pour abscisse 1 et B_2 a pour abscisse 10).

2° *a*) Calcul de t' et t''

$x_1 = x_2$ équivaut à $t + 1 = t^2 - 4t + 5$, ou encore à : $t^2 - 5t + 4 = 0$; les solutions de cette équation sont $t' = 1$ et $t'' = 4$.

b) **Vitesses de M_1 et M_2 aux instants t' et t''**

$v_1(t') = f'_1(t') = 1;\quad v_2(t') = f'_2(t') = -2;$
$v_1(t'') = f'_1(t'') = 1;\quad v_2(t'') = f'_2(t'') = 4$

c) **Nature de chaque rencontre**

A l'instant t', M_1 et M_2 sont en L', d'abscisse 2; on a $v_1(t') > 0$, donc M_1 a son abscisse qui croît (t' appartient à l'intervalle [0,5] et lorsque t décrit cet intervalle, x_1 croît); on a au contraire $v_2(t') < 0$, donc M_2 a son abscisse qui décroît (t' appartient à l'intervalle [0,2] et lorsque t décrit cet intervalle, x_2 décroît, le point M_2 parcourt le segment $[L'' A_2]$ de L'' vers A_2); la rencontre en L' est donc un croisement.
En raisonnant de la même manière on voit que la rencontre en L'', d'abscisse 5, à l'instant t'', est un dépassement (M_2 dépasse M_1)

3° Représentations graphiques

La représentation graphique des variations de x_1, en fonction de t, est un segment de droite $[A_1R_1]$, avec $A_1(0,1)$ et $R_1(5,6)$.
La représentation graphique des variations de x_2, en fonction de t, est un arc de parabole $L''R_2$, avec $L''(0,5)$ et $R_2(5, 10)$, dont le sommet a pour coordonnées : $t = 2$, $x = 1$ (cf. tableau de variation dans **1° *b***)).
On peut observer que le segment de droite $[A_1R_1]$ et l'arc de parabole $L''R_2$ se coupent en $N'(1, 2)$ et $N''(4, 5)$; ces intersections mettent en évidence les résultats obtenus dans **2° *a*)** et **2° *b*)**.

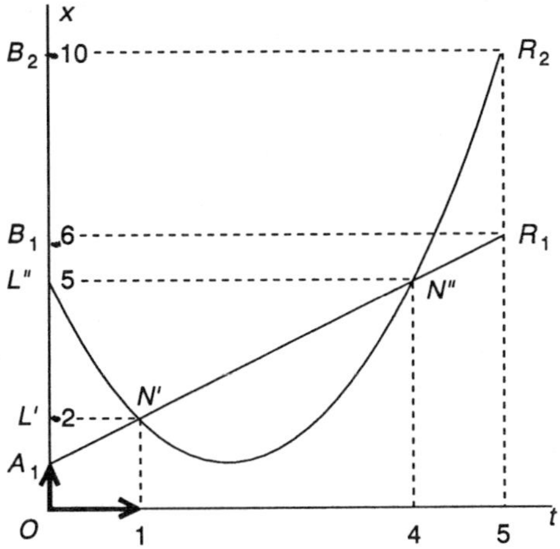

12 **1° Appartenance de *M* à *D***

$M(x, y, z)$ appartient à D si, et seulement si, il existe un réel t tel que l'on ait : $\overrightarrow{BM} = t\vec{u}$ **(1)**. L'égalité **(1)** est équivalente au système :

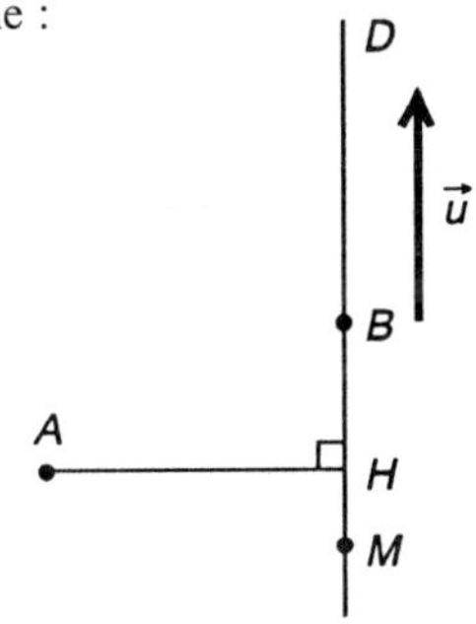

$$\begin{cases} x + 9 = t(-1) \\ y - 14 = t(3) \\ z - 1 = t(1) \end{cases} \quad \text{d'où} \quad \begin{cases} x = -9 - t & \textbf{(2)} \\ y = 14 + 3t & \textbf{(3)} \\ z = 1 + t & \textbf{(4)} \end{cases}$$

2° *a*) Première méthode

Soit M un point de D; M est en H si, et seulement si, on a $\overrightarrow{AM} \cdot \vec{u} = 0$ **(5)**.
En tenant compte des égalités **(2)**, **(3)**, **(4)** obtenues dans **1°**, **(5)** donne :

$(-10 - t)(-1) + (12 + 3t)(3) + (-2 + t)(1) = 0;$

on en déduit que $t = -4$. Les coordonnées $(-5, 2, -3)$ de H sont obtenues en remplaçant t par -4 dans les égalités **(2)**, **(3)** et **(4)**.
On a alors $\delta^2 = AH^2 = (-5 - 1)^2 + (2 - 2)^2 + (-3 - 3)^2$,

d'où $\delta^2 = 72$, puis $\delta = 6\sqrt{2}$

***b*) Deuxième méthode**

Un point $N(x, y, z)$ appartient au plan P si, et seulement si, on a :

$\overrightarrow{AN} \cdot \vec{u} = 0,$

soit :

$$(x - 1)(-1) + (y - 2)(3) + (z - 3)(1) = 0.$$

Une équation cartésienne de P est donc :

$-x + 3y + z - 8 = 0$ **(6).**

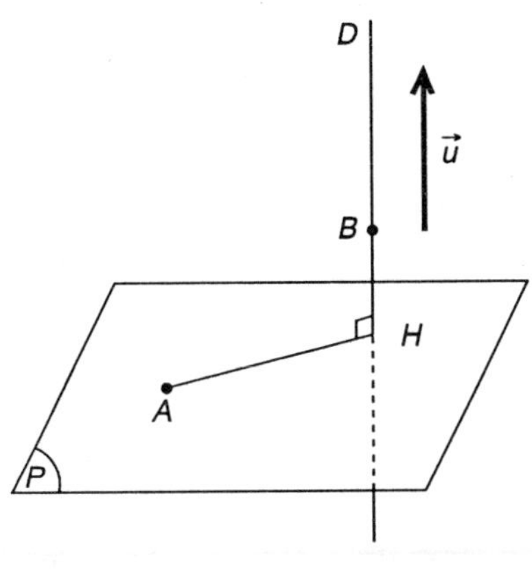

Utilisons les égalités **(2)**, **(3)** et **(4)** du **1°**; un point M de D est en H si, et seulement si, M appartient à P, c'est-à-dire si, et seulement si, ses coordonnées vérifient l'équation **(6)**. L'égalité $-(-9-t)+3(14+3t)+(1+t)-8=0$ donne $t=-4$.

On obtient ainsi les coordonnées de H en remplaçant t par -4 dans les égalités **(2)**, **(3)** et **(4)**, et l'on achève comme dans la première méthode pour calculer δ.

***c*) Troisième méthode**

Dans le plan (D, A), la propriété de la distance AH est connue, c'est la valeur minimale de la distance AM lorsque M parcourt la droite D. Donc, δ^2 est la valeur minimale de $AM^2 = f(t)$. Utilisons les égalités **(2)**, **(3)**, **(4)** du **1°** :

$f(t) = (-10-t)^2 + (12+3t)^2 + (-2+t)^2$;

le calcul donne $f(t) = 11t^2 + 88t + 248$. On a $f'(t) = 22t + 88$. Étudions les variations de $f(t)$:

t	$-\infty$		-4		$+\infty$
$f'(t)$		$-$	0	$+$	
$f(t)$	$+\infty$	↘	72	↗	$+\infty$

On déduit du tableau ci-dessus que $AH^2 = 72$, d'où $\delta = 6\sqrt{2}$

***d*) Quatrième méthode**

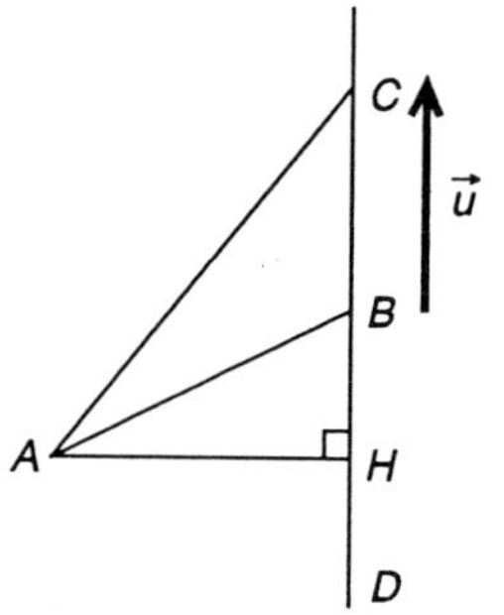

Soit C le point de la droite D tel que $\overrightarrow{BC} = \vec{u}$. On sait (cf. exercice 8) que $\|\overrightarrow{BA} \wedge \overrightarrow{BC}\|$ est égal au double de l'aire s du triangle BAC; d'autre part, $\|\overrightarrow{AB} \wedge \vec{u}\| = \|\overrightarrow{BA} \wedge \overrightarrow{BC}\|$,

d'où $\|\overrightarrow{AB} \wedge \vec{u}\| = 2s$ **(7)**

Mais on a aussi : $s = \dfrac{BC \times AH}{2}$; or, $BC = \|\vec{u}\|$

et $\delta = AH$, d'où $\delta \times \|\vec{u}\| = 2s$ **(8)**

En comparant **(7)** et **(8)**, on obtient : $\delta \times \|\vec{u}\| = \|\overrightarrow{AB} \wedge \vec{u}\|$ **(9)**

Posons $\vec{w} = \overrightarrow{AB} \wedge \vec{u}$. Les coordonnées (X, Y, Z) de $\vec{u}$ sont :

$X = 12 + 6 = 18$; $Y = 2 + 10 = 12$; $Z = -30 + 12 = 18$,

d'où $\|\vec{w}\|^2 = 18^2 + 12^2 + 18^2 = 36(9+4+9) = 36 \times 22$

D'autre part, on a : $\|\vec{u}\|^2 = (-1)^2 + (3)^2 + (1)^2 = 11$
L'égalité **(9)** donne : $\delta^2 \times 11 = 36 \times 22$, d'où $\delta^2 = 72$;

on en déduit que : $\delta = 6\sqrt{2}$

Imprimé en France par I.M.E. - 25110 Baume-les-Dames - Dépôt légal : avril 1994 - N° édition 10656